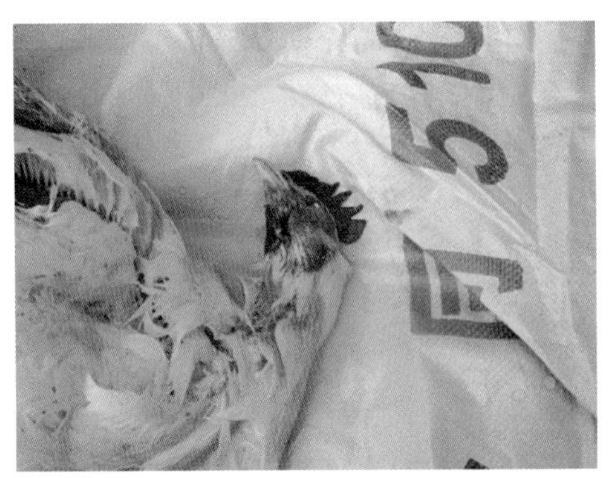

彩图 1　鸡禽流感鸡冠呈棕黑色

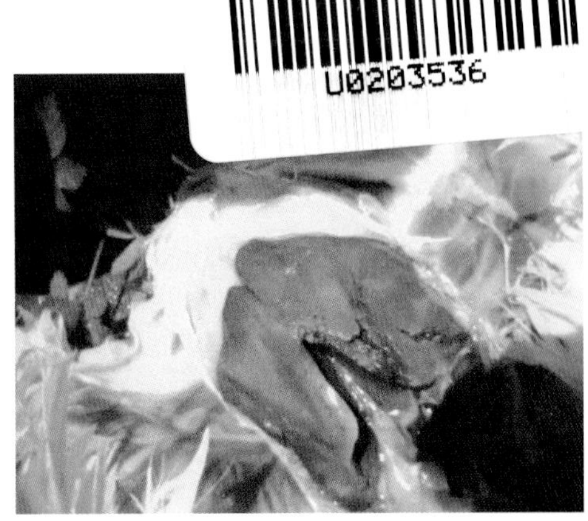

彩图 2　禽流感引起肝脏变质，没有弹性

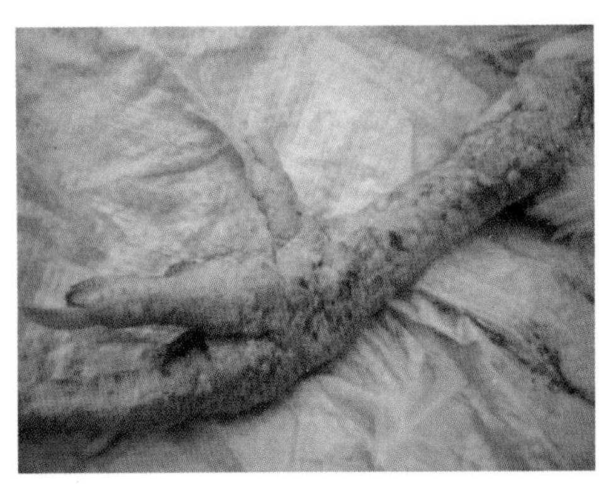

彩图 3　禽流感引起角质层下出血

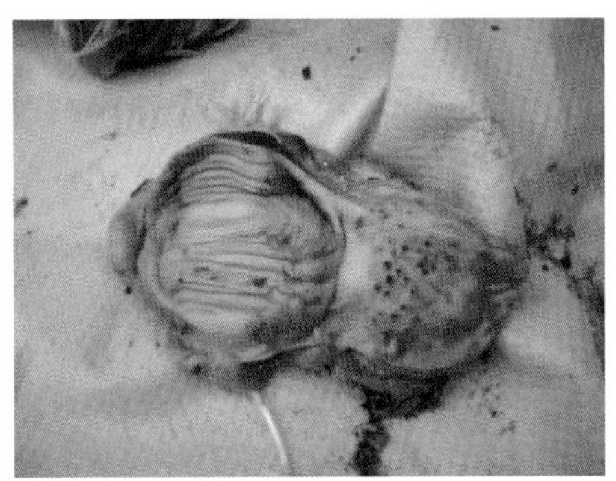

彩图 4　禽流感引起肌胃角质层下出血，和腺胃黏膜出血

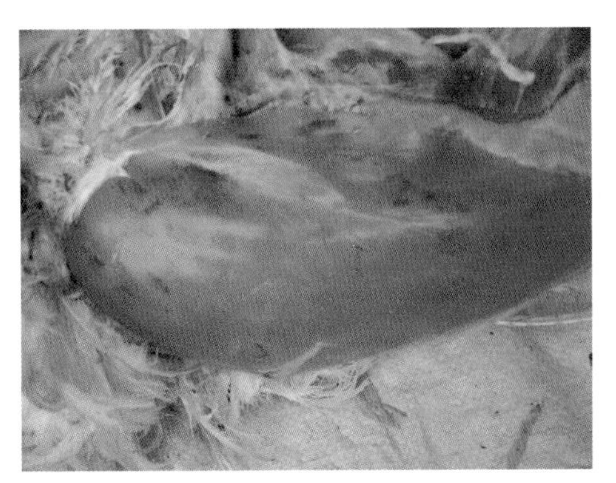

彩图 5　禽流感引起胸肌上有出血点

彩图 6　禽流感引起输卵管有浓性分泌物

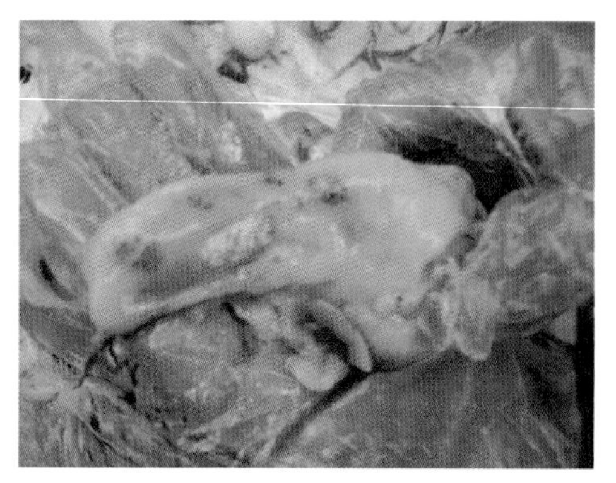

彩图 7　禽流感引起脂肪出血

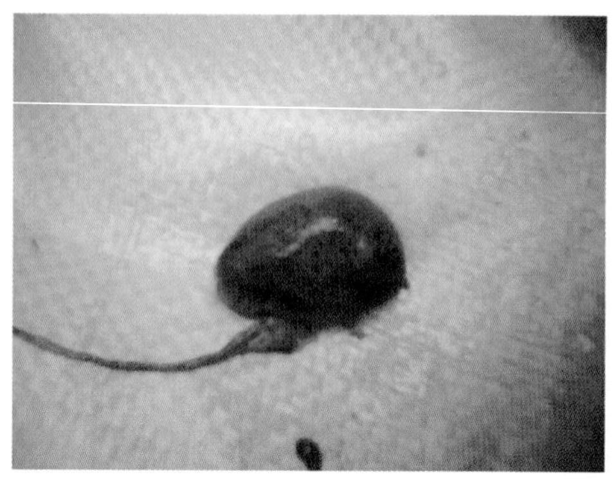

彩图 8　禽流感引起脾脏出血

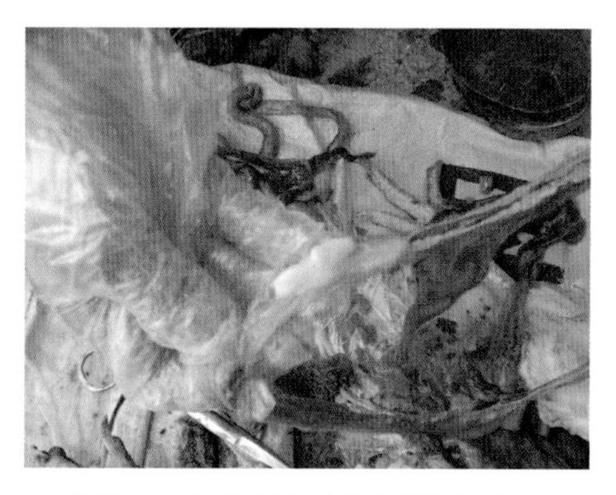

彩图 9　禽流感引起输卵管有浓性分泌物块

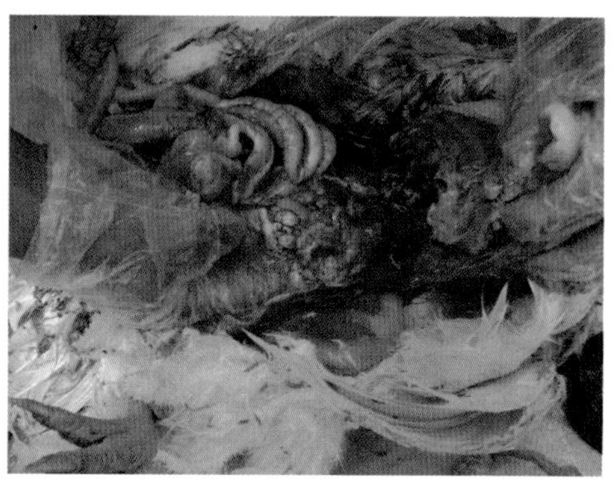

彩图 10　禽流感引起卵泡完全变性

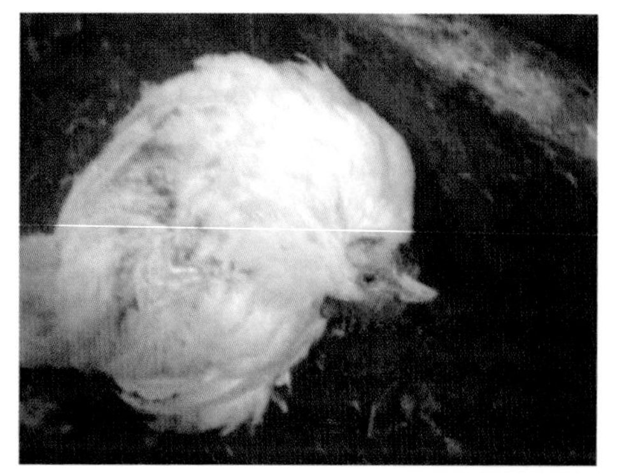

彩图 11　禽流感病恢复期的各种歪头病鸡

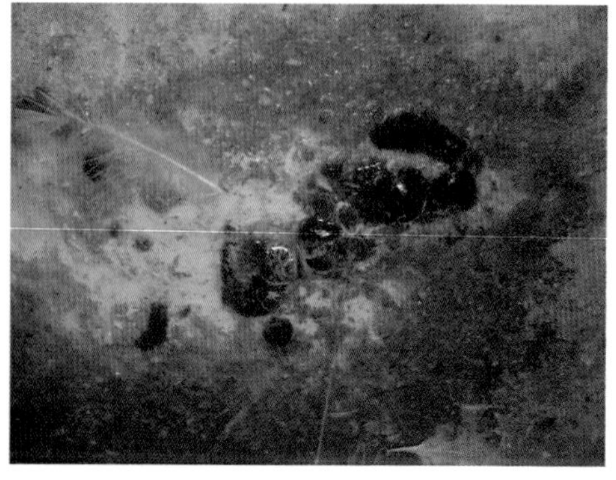

彩图 12　禽流感病鸡的粪便

彩图 13　禽流感初病中鸡冠鲜红

彩图 14　传染性法氏囊病引起腿肌出血

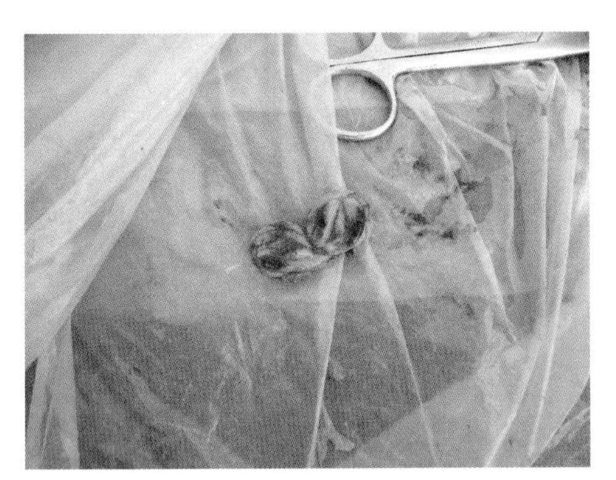

彩图 15　传染性法氏囊病引起的明显出血

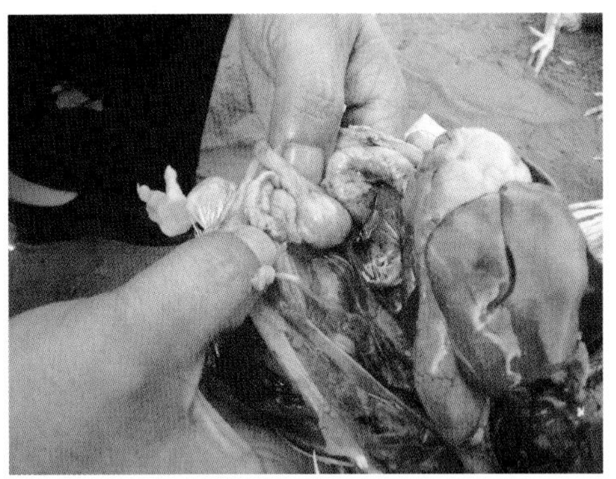

彩图 16　传染性法氏囊病引起的囊水肿

彩图 17　传染性法氏囊病病鸡高度精神沉郁

彩图 18　传染性法氏囊病病鸡的黄色稀粪

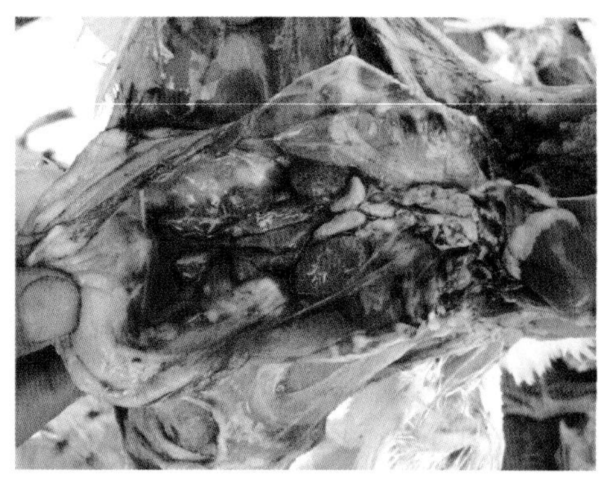

彩图 19　传染性法氏囊病引起的肾水肿

彩图 20　传染性法氏囊病病鸡腺胃肌胃交界处出血明显

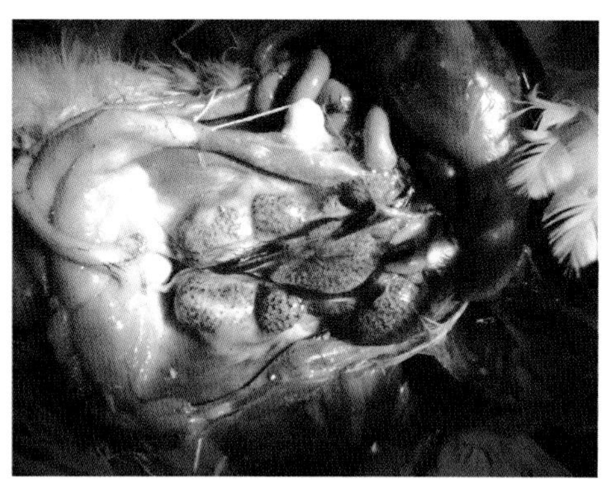

彩图 21　肾型传染性支气管炎 1

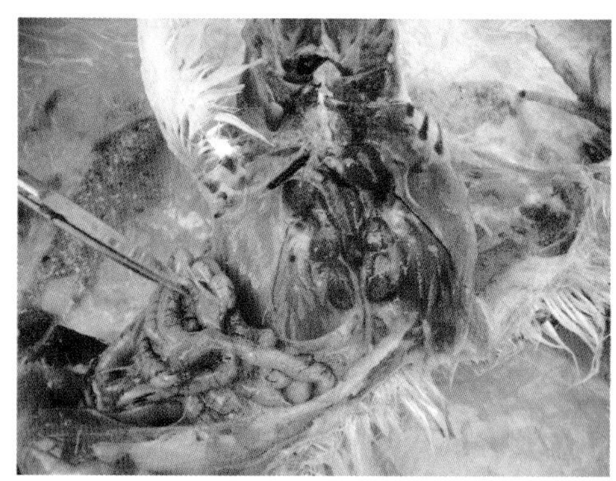

彩图 22　肾型传染性支气管炎 2

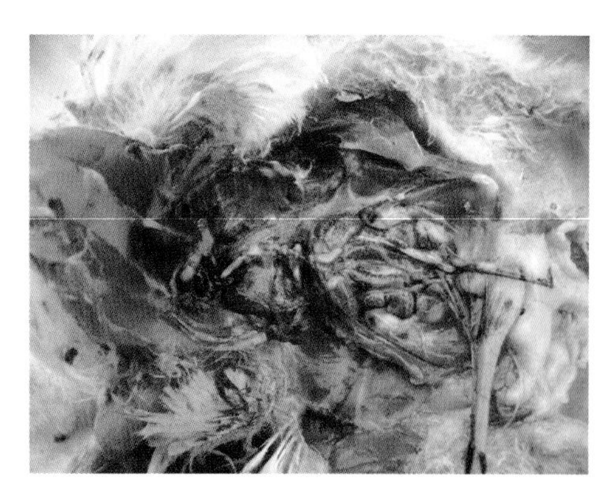

彩图 23　肾型传染性支气管炎 3.

彩图 24　脑炎引起的病鸡头颈震颤

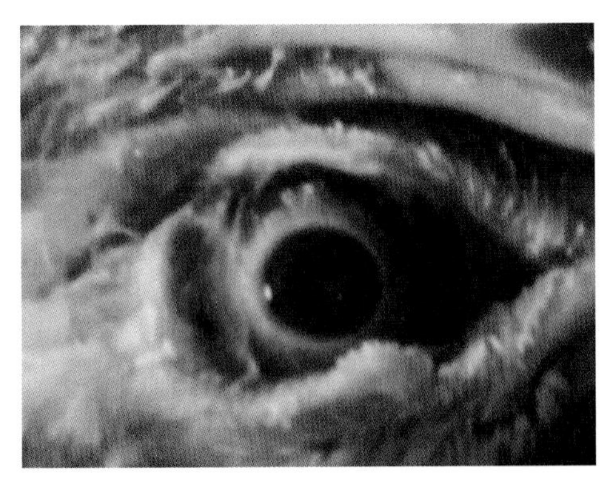

彩图 25　脑炎引起的病鸡眼晶状体混浊

彩图 26　大肠杆菌病引起的心包炎

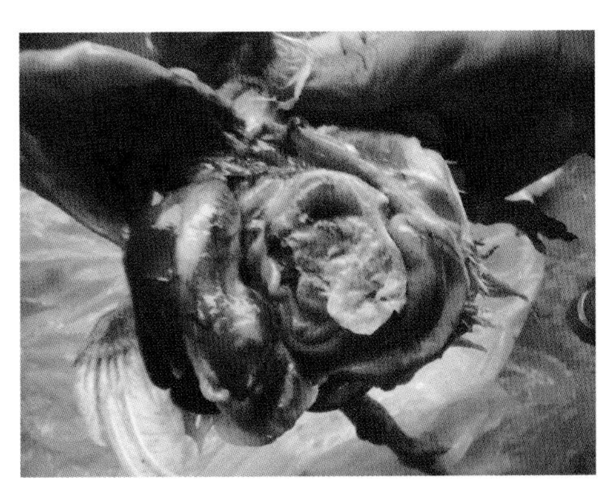

彩图 27　大肠杆菌病引起的腹膜炎

彩图 28　大肠杆菌病引起的肝脏被黄白色干酪物包裹

彩图 29　马立克氏病引起的脾脏肿大

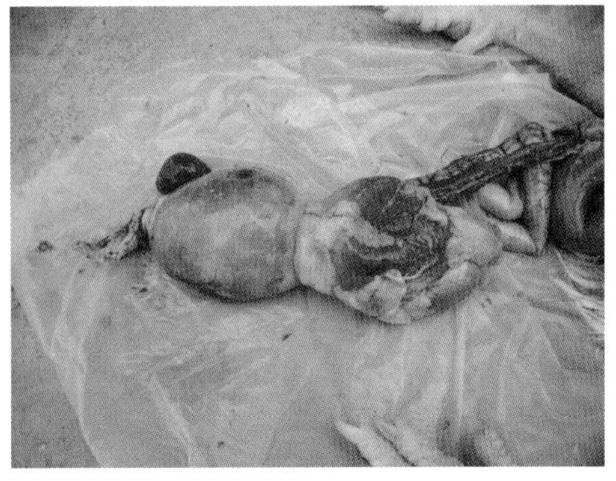

彩图 30　马立克氏病引起腺胃壁肿胀呈梭状

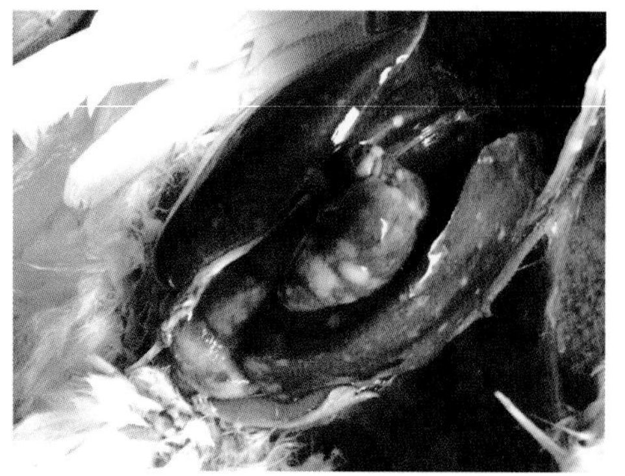

彩图 31　马立克氏病引起的心肌上肿瘤

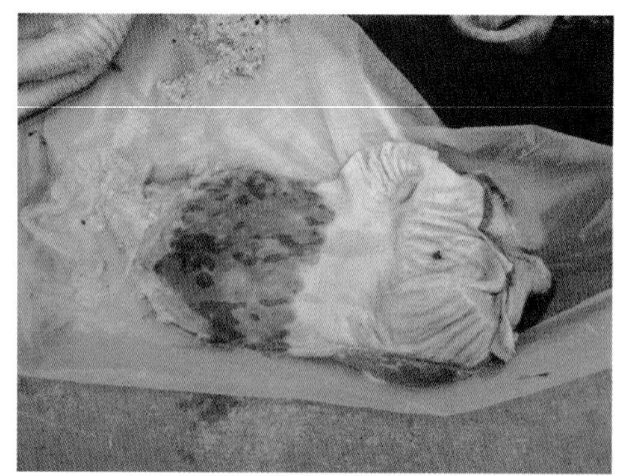

彩图 32　马立克氏病引起乳头溃疡、凹陷、消失，甚至腺胃穿孔

彩图 33　马立克氏病引起的肝肿胀

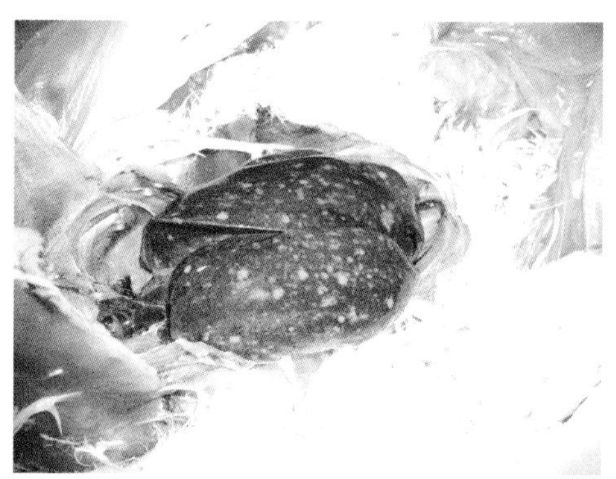

彩图 34　马立克氏病引起的肝肿瘤

彩图 35　盲肠球虫

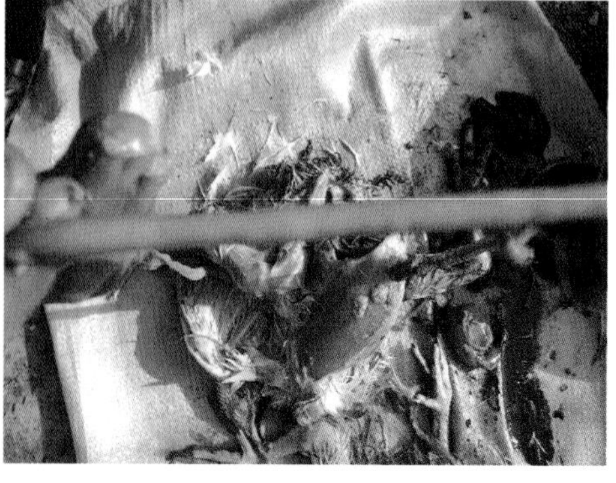

彩图 36　小肠球虫病引起的小肠肿胀

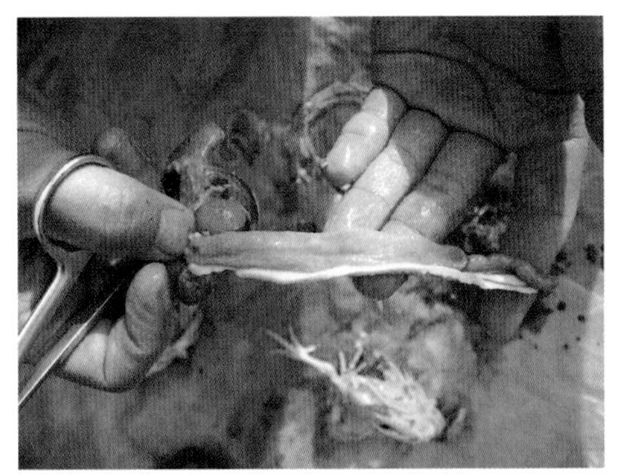

彩图 37　肠壁增厚，切开后肠壁外翻

彩图 38　小肠球虫引起肠道肿胀,有明显出血斑点

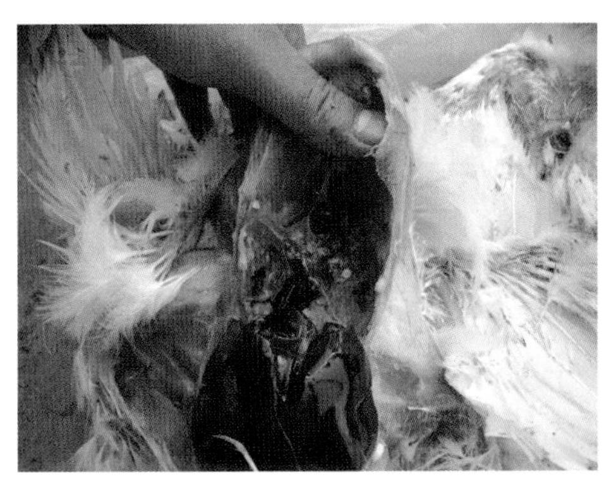

彩图 39　霉菌引起肺上典型霉斑

彩图 40　霉菌引起肺充血、出血

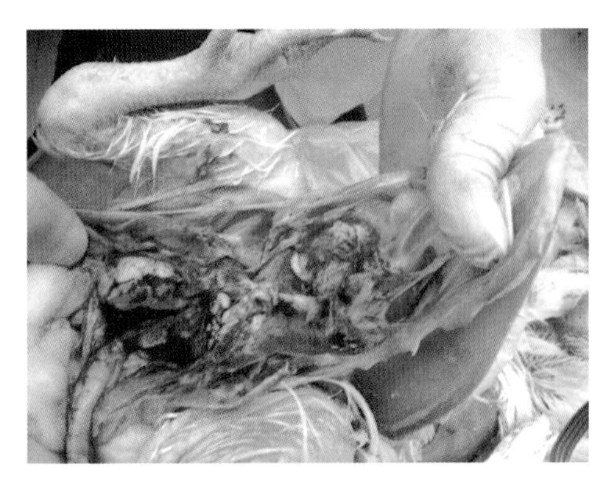

彩图 41　霉菌引起气囊内形成白色干酪

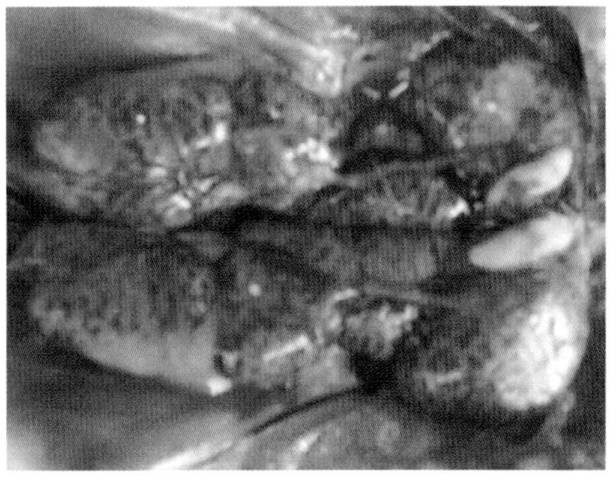

彩图 42　因尿酸盐沉积而形成花斑肾(肾传支)

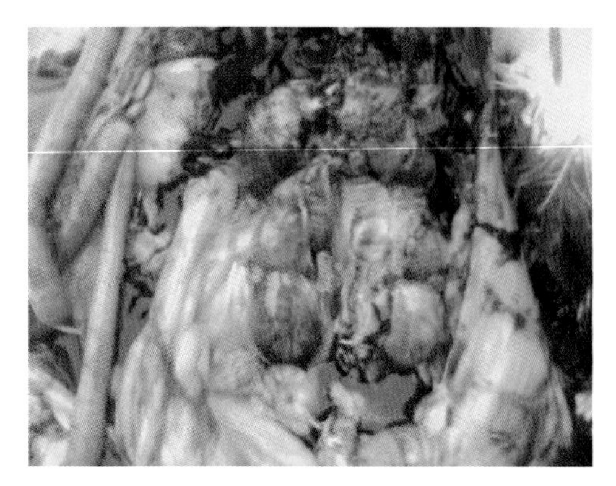

彩图 43　因尿酸盐沉积而形成花斑肾(腹水症)

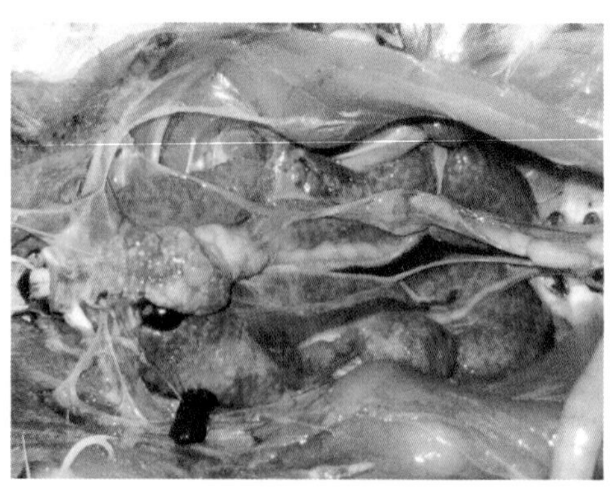

彩图 44　因尿酸盐沉积而形成花斑肾(药品中毒)

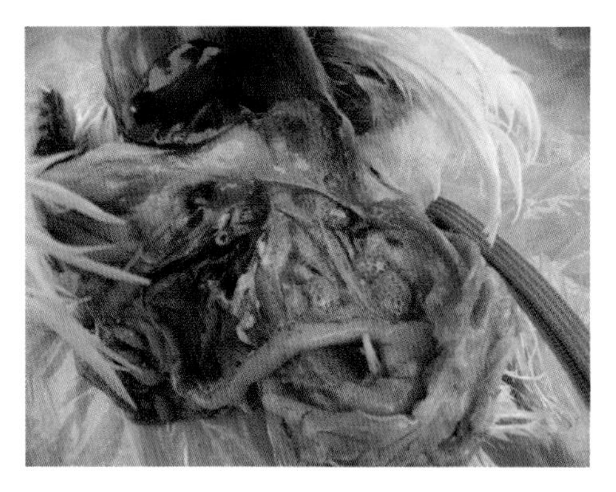

彩图 45　因尿酸盐沉积而形成花斑肾(其他疾病)

彩图 46　鸡白痢引起的肝脏上白色坏死点

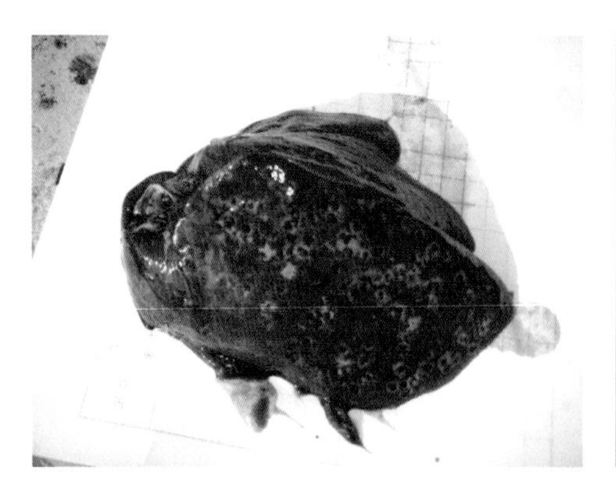

彩图 47　盲肠性肝炎肝典型病理变化

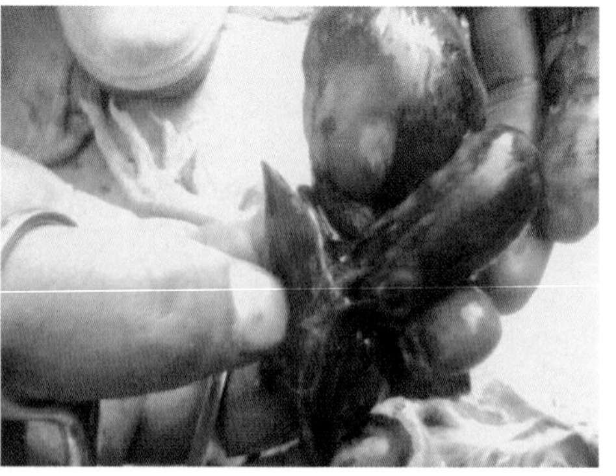

彩图 48　副伤寒病引起胆肿大四倍以上

规模化 817 肉杂鸡场饲养管理

杨柏萱　孙开冬　于培军　主编

河南科学技术出版社

·郑州·

图书在版编目（CIP）数据

规模化817肉杂鸡场饲养管理/杨柏萱，孙开冬，于培军主编. —郑州：河南科学技术出版社，2017.2（2017.5重印）
ISBN 978-7-5349-8450-1

Ⅰ.①规… Ⅱ.①杨… ②孙… ③于… Ⅲ.①养鸡场-经营管理 Ⅳ.①S831.4

中国版本图书馆CIP数据核字（2016）第259775号

出版发行：河南科学技术出版社
地址：郑州市经五路66号　　邮编：450002
电话：（0371）65737028　65788613
网址：www.hnstp.cn
策划编辑：杨秀芳
责任编辑：田　伟
责任校对：崔春娟
封面设计：张　伟
版式设计：栾亚平
责任印制：张艳芳
印　　刷：河南新华印刷集团有限公司
经　　销：全国新华书店
幅面尺寸：170 mm×240 mm　　印张：17　　彩插：5　　字数：314千字
版　　次：2017年2月第1版　　2017年5月第2次印刷
定　　价：32.00元

本书编写人员名单

主　编　杨柏萱　孙开冬　于培军

副主编　李广升　刘党标　赵云波

李富玉　张春丰　李晓峰

何向峰　王丽锋

编　者　杨　欢　陈庭敏　邵三勤

李俊朋　牛绪东　杜伟娜

杨柏萱个人简介

杨柏萱，出生于1966年。1990年毕业于安阳农业专科学校（现安阳轻工学院）。1998年之前在大用集团公司佛山种鸡场工作，任场长。1998年至2005年在永达集团公司种鸡场任生产部经理。2006年至2010年在新希望六和养殖事业部任技术总监，总兽医师。

2010年至今，担任新希望六和中原片联豫北片区首席禽料服务专家和养殖技术培训讲师，郑州元和企业管理咨询有限公司导师顾问团技术顾问，河南省蛋鸡产业合作论坛专家智库成员，郑州法莫特专业合作社专家组成员。2016年底注册成立了新乡市萱蛋农产品有限公司。

杨柏萱投身畜牧行业近三十年，在蛋鸡、肉鸡的饲养管理和售后服务方面，有自己独到的理解和认识。他是肉鸡“3885”方案、817肉杂鸡“4053”方案、蛋鸡青年鸡“603414”方案和蛋鸡600天方案的创始人，无抗养殖的发起人和推广者。目前的工作主要有无抗养殖的培训和指导，“萱蛋-牧鑫缘®无抗鸡蛋”的推广及相关专业培训。

1990年至今，杨柏萱在《中国家禽》《养禽与禽病防治》《河南畜牧兽医》和《艾维茵信息》等杂志上发表论文共计30多篇，在河南科学技术出版社已出版4本图书，分为《规模化肉鸡场饲养管理》《规模化蛋鸡场饲养管理》《柴鸡规模化散养技术》《规模化817肉杂鸡场饲养管理》。

联系方式：15516903078
电子邮箱：ybx0422.cool@163.com
种鸡饲养管理论坛：http://q.163.com/yangbaixuan/

前　言

在817肉杂鸡的规模化饲养管理中，总结出一套完善的饲养管理经验，同时对817肉杂鸡饲养管理也进行了一系列的创新，经过多年的实践和总结，编写了这本《规模化817肉杂鸡场饲养管理》，希望本书对817肉杂鸡饲养管理工作者有所帮助，使817肉杂鸡饲养管理水平上一个新台阶。

除此之外，创新点还有以下几点：

第一，817肉杂鸡高密度开食饲养管理。用育雏密度的1倍（90~100只/米^2）进行前10小时的开食工作，原因是雏鸡在开食时是互相学着吃料开食的。这样就能确保在鸡入舍10小时左右饱食率达95%以上，以确保雏鸡1周末体重达140克以上。

第二，低温接雏，并保证合理的湿度。在接鸡前3小时到接鸡后3小时，控制舍内温度在27~29℃，然后按每小时上调1℃的速度，入舍后3~4小时使舍内温度保持在31~33℃。预防雏鸡脱水有利于开食。前三天育雏温度控制在31~33℃。育雏前一周舍内相对湿度不低于65%。

第三，817肉杂鸡8~35日龄每天下午净料2~3小时。净料2~3小时能有效预防肉杂鸡腺胃炎病和腹水症的发生。肉鸡控料后，腺胃和肌胃排空，促进腺胃和肌胃排空，可以使腺胃和肌胃中长时间贮积的有害物质排出，有效预防腺胃炎和肌胃炎的发生。同样还能使让肉鸡抢料而活动起来，增加肉鸡的肺活量，提高肉鸡的体质，减少后期由于腹水症、猝死而引起的死淘率增加。

第四，鸡群淘汰后，空舍1个月。鸡群淘汰后必须5天清理干净鸡粪，5天洗干净鸡舍和设备，干燥后鸡舍用20%生石灰水刷洗地面和0.5米高的舍内墙壁，刷洗的效果要均匀一致，需要2天时间。舍外清理工作5天内完成，舍内晾干后空舍10天以上。鸡舍消毒准备工作3天就可接转鸡了。

第五，817肉杂鸡无抗养殖。建议使用维生素、酸制剂、微生态制剂和中药保健，结合纯粮食型饲料，进行无抗养殖。3~10 日龄使用维生素 AD_3 油剂连续喂养 8 天，用量不大，效果却是最好的。作用是防止中后期腿病、后期猝死症、心包积液和腹水症的发生。8 日龄以后交替使用酸制剂和微生态制剂确保肠道健康。结合病的易发期，定期使用中药制剂保证呼吸道的健康和预防杂病的发生；结合温差控制，预防鸡呼吸道疾病的发生。使用优质黄芪多糖提高鸡体的免疫力。

第六，817 肉杂鸡用药管理。首先 2 周内减少抗生素的用量，平时少用抗生素，多用中草药制剂和营养调节剂。其次使用 6 小时，停药 6 小时，然后再用 6 小时，按常用量的 2 倍量饮水使用。

第七，817 肉杂鸡饮水免疫要求。饮水免疫要点：①饮水免疫水线和水杯的卫生是管理关键。②供给肉鸡合适的饮水量，让所有肉鸡都喝到充足疫苗为好。③注意防疫时舍内温度和饮水温度高于舍温 2℃左右，饮水温度控制在 26~28℃。舍内温度提高 1℃，防止雏鸡喝一肚子凉水而应激过大。

第八，817 肉杂鸡不断喙的饲养管理。采用暗光饲养管理和严格分栏的办法。

上述观点在书中有详细的论述，这些观点得到了同行和朋友的支持，也希望该书的出版能让养殖户提升自己的管理理念。

由于笔者水平有限，书中错误和疏漏之处，恳请同行专家及广大读者指正。

编者

2016 年 3 月

目　录

第一章　817 肉杂鸡的品种与特点

817 肉杂鸡是山东省农业科学院家禽研究所培育而成的扒鸡专用鸡种，发源地是山东省德州市。业内人有把肉蛋杂交鸡（白肉杂）称为 817 肉杂鸡。

20 世纪 90 年代初，山东、安徽、湖北、江苏、河南等地的农贸市场悄然出现了肉蛋杂交鸡，它以质优价廉，生产周期短，抗逆性强等显著特点，迅猛发展。

817 肉杂鸡制种简单，以快大型肉鸡（AAAV 克宝）父母代公鸡为父本，褐壳商品代蛋母鸡为母本，杂交一代为肉蛋杂交系。由于其母本具有较高的繁殖性能，因而发展速度很快，苗鸡成本较低。肉蛋杂交鸡适应性强，一般管理条件下很少得病，特别是肉鸡腹水症、猝死症极少发生。许多专业户只搭建简易的塑料棚即可进行规模生产。肉蛋杂交鸡肉质较好，适合做扒鸡、卤鸡，更迎合当代小家庭的消费。因此，市场日益扩大，有替代 AA 大肉食的趋势。817 肉杂鸡是具有地方特色的小型肉用鸡品种，源于山东鲁西地区，因其饲养周期相对较长，肉质口感好，符合中国人的饮食口味，如某些地方特色鸡制品，如扒鸡、烤鸡、熏鸡等均采用 817 肉杂鸡，市场需求量大；加之 817 杂交肉鸡对环境适应能力强，抗病力较大型肉鸡有很大的提高，因此，817 肉杂鸡的饲养迅速发展起来，并形成品种，且饲养规模不断壮大，如今 817 肉杂鸡养鸡技术已遍及山东、河北、河南、安徽、江苏等地。

817 肉杂鸡的生产过程：817 肉杂鸡的生产极为简单，采用大型肉鸡父母代的公鸡（AA+、罗斯 308 等）与常规商品代褐羽（海兰、罗曼）进行人工授精获取的受精蛋即为 817 杂交种蛋，再进行孵化产出 817 杂交肉鸡苗，一般饲养 5~7 周，体重达到 1.4~2.2 千克即可出栏。完成整个 817 杂交肉鸡的生产过程。全过程投资较少，仅为常规商品代蛋鸡饲养的基础上添加部分大型肉鸡的父母代公鸡。在投资成本上要比纯品种的肉鸡投入少，产出利润比单纯的产蛋鸡高很多，并且近几年单纯养产蛋鸡的利润低迷，所以 817 肉杂鸡种鸡的饲养在广大的蛋鸡养殖区形成规模。

整个生产过程中存在的问题：817 杂交肉鸡的生产门槛低、易操作、投入少、收益高，在普通蛋鸡养殖场即可生产，从而使得 817 杂交肉鸡的生产出现一些质量问题。

（1）品种的不科学杂交，引发某些遗传疾病和缺陷。当前 817 肉杂鸡商品代鸡的饲养过程中，经常出现某些不明原因的疾病和症状。很大的原因就是其品种的不科学杂交。虽未得到权威部门的验证，但比纯品种的肉鸡而言，817 肉杂鸡新病、不明原因疾病发生多，发生早。

（2）817 杂交肉鸡生产过程中母鸡（商品代蛋鸡）饲养环境差，管理水平跟不上，导致群体沙门杆菌等细菌感染率较高。垂直传播给商品代鸡，导致育雏成活率降低，死淘率升高。

（3）817 肉杂鸡父母代仍然沿用产蛋鸡的免疫程序，缺少很多正规父母代种鸡必种的疫苗，如病毒性关节炎疫苗、脑脊髓炎疫苗、传染性贫血疫苗、淋巴细胞白血病疫苗等，产蛋期定期加强的法氏囊炎疫苗、传染性支气管炎疫苗等，导致商品代鸡体内此类疾病母源抗体水平低下，甚至无母源抗体。从而造成商品代鸡发病，特别是法氏囊炎和传染性支气管炎，在杂交 817 商品代肉鸡的发病率、死淘率都特别高，并且反复发病。而病毒性关节炎、脑脊髓炎、传染性贫血、淋巴细胞白血病均在 817 商品代杂交肉鸡身上发病或潜伏感染，造成商品代鸡严重的免疫抑制。

（4）817 肉杂鸡父母代种鸡使用产蛋鸡的饲料，缺乏必要的营养物质，特别是缺乏维生素和微量元素，使得种蛋受精率低、孵化率低、孵出的弱雏多，小鸡

体质差，抗病力差。

(5) 养殖户父母代种鸡人工授精技术差，操作粗暴，对母鸡输卵管造成机械性的损伤。输精设备不完善、消毒不严格，造成细菌交叉感染，影响产蛋率和受精率。据调查，很多养殖户母鸡的受精率只有 70% 左右，平均受精率也只有 80%，造成极大的资源浪费。

随着社会的发展，人们对膳食结构在肉类要求上的改变，禽肉需要量的猛增，从而促使肉用仔鸡生产迅速发展。作为禽肉的主要来源，中国市场上主要有以下几种：大肉食肉鸡、国产三黄鸡品种、817 肉杂鸡和蛋鸡、种鸡淘汰鸡等，大肉食肉鸡、三黄鸡系列和 817 肉杂鸡三分天下。817 肉杂鸡鸡苗是指 817 肉杂鸡肉用配套品系杂交生成的雏鸡，是用科宝和罗斯 308 父母代公鸡和海兰、罗曼及京红商品代蛋鸡作为母本杂交的高品代肉杂鸡，按屠宰时期和体重大小分为肉用仔鸡、炸用鸡和烤用鸡，是我国自己研发的肉用仔鸡。肉用仔鸡是指未达到性成熟就屠宰的小鸡，俗称“笋鸡”。目前，817 肉杂鸡一般饲养 6~7 周龄，体重为 1.6~2.1 千克，出售屠宰。它具有鸡皮柔软，肉质细嫩、味鲜美，适于快速烹调等优点。

一、817 肉杂鸡的生产特点

（一）早期生长速度快

817 肉杂鸡公母混合饲养，在正常的生长条件下，早期生长十分迅速。一般 2 周龄体重可达 0.3 千克，4 周龄 0.9 千克，6 周龄 1.68 千克，7 周龄达到 1.9~2.2 千克，大约是出壳体重的 55 倍。现在最高纪录是 42 天体重达 1 750 克。

（二）饲养周期短，劳动效率高

在国内，817 肉杂鸡从雏鸡出壳、饲养至 6 周龄即可达到上市标准体重，而售出后，鸡舍经 2~3 周打扫、清洗、消毒，又可进鸡。这样 8 周就可饲养一批 817 肉杂鸡，一年可以饲养 6 批左右。如果一个标准幢的鸡舍用 1 个饲养员，一次能养 2.6 万~3 万只 817 肉杂鸡，则一年能生产近 18 万只。如果房舍充裕，能周转还可多养，具体看饲养期、停养期与饲养批数的关系。

（三）适口性好，适合现在家庭烹饪习惯

随着人们生活水平的提高，现在的 3~4 口的家庭对肉鸡的需求量较小，一只正常的 817 肉杂鸡正好适合一家人食用，再加上 817 肉杂鸡适口性好于大肉食鸡。还有一个大的消费群体就是农村结婚群体，一桌一只鸡非常适用。以后 817 肉杂鸡在肉食鸡的消费中将是三分天下得其一。

（四）817 肉杂鸡“4053”饲养管理模式

817 肉杂鸡“4053”健康高效饲养管理模式的推广是 817 肉杂鸡饲养管理的

一大进步，能把现在的饲养周期 50 天以上缩短到 45 天以内，饲料转化率降低 0.3 左右，使饲料转化率降低到 1.65∶1 已不是问题。“4053” 模式解释为：饲养周期为 40 天，共采食料 2.5 千克左右，使出栏体重达 1.5 千克以上的目标标准。“4053” 模式用料饲喂方案是 “1223” 用料模式。“1223” 模式解释为：510 号料（1 号）用 0.5 千克，511 号料（2 号料）用 1 千克，513 号料（3 号料）用 1 千克。使 40 天的出栏体重达 1.5 千克以上。但对普通的 817 肉杂鸡饲养管理者来说，一般都是养殖到 1.75 千克才出栏，这样的话 817 肉杂鸡养殖到 45 天即可。则 513 号料（3 号料）用 0.5 千克即可（表 1-1）。

表 1-1　817 肉杂鸡 “4053” 管理方案的生产性能

日龄	周龄	周死淘率	累计死淘率	只耗料（克）	周料量（克）	累计耗料（克）	体重（克）	周料肉比
7 日	1 周	0.38%	0.38%	17	122	122	140	0.87
14 日	2 周	0.28%	0.66%	36	250	372	290	1.28
21 日	3 周	0.28%	0.94%	57	400	772	560	1.38
28 日	4 周	0.28%	1.22%	71	500	1 272	870	1.46
35 日	5 周	0.28%	1.50%	94	660	1 932	1 220	1.58
42 日	6 周	0.38%	1.88%	111	780	2 712	1 620	1.67
49 日	7 周	0.38%	2.26%	123	860	3 572	2 060	1.73

（五）饲料转化率高

在肉用禽中，817 肉杂鸡的饲料转化率比较高，仅次于大肉食品种。一般肉牛为 4∶1，肉猪 2.5∶1，我们国家的饲养水平偏低，817 肉杂鸡 6 周末出售，体重在 1.75 千克左右，肉料比在 1.7 左右。

（六）饲养密度大，设备利用率高

与蛋鸡相比，817 肉杂鸡不喜安静，活泼好动，除了吃食饮水外，喜斗殴跳跃，暗光饲养为好。只要有适当的通风换气条件，就可加大饲养密度。一般厚垫料平养，每平方米可养 16~18 只，高弹塑料网上平养的饲养密度可以更大一些，每平方米可养 18~20 只，因为网上饲养的通风效果会更好些，比同等体重、同样饲养方式的蛋鸡密度约增加 1 倍。

（七）劳动生产率高

817 肉杂鸡集约化生产，效益十分理想，肉用仔鸡笼养、网养、平面散养均可，农村可因地制宜，不需要什么特殊设备。一般平面散养人工上料、自动上水

的条件下，一个劳力可以管理 12 000～18 000 只，全年可以饲养 72 000～108 000 只，使劳动力得到了充分利用。全自动上料地面平面散养或网上散养的，当然也是在自动供水的条件下，一个劳力可以管理 30 000～50 000 只，全年可以饲养 180 000～300 000 只，使劳动力得到了充分利用。

（八）营养管理方面的疾病多发

由于 817 肉杂鸡的快速生长致使 817 肉杂鸡营养性疾病多发。首先是肉用仔鸡腿部疾病和胸囊肿较多，肉用仔鸡的腿部疾病已成为影响肉仔鸡迅速发展的一大障碍。其次在营养性疾病方面，腹水症也是 817 肉杂鸡生产中经常发生的一种管理方面的疾病，这种疾病多数与舍内供氧不足有关，也就是与管理方面的舍内小气候控制有关，即通风不良。再次是猝死症。猝死症的主要死因有：①因采食过快引起上呼吸道被饲料堵塞引起的死亡；②惊吓应激或者药品中毒使肝脏变性，而引起肝脾破裂出血而死；③817 肉杂鸡生长过快，引起心力衰竭，身体无力翻转而死。

（九）生产性能不稳定，整体均匀度较差

由于 817 肉杂鸡苗就是个杂交优势。817 肉杂鸡鸡苗是指 817 肉杂鸡肉用配套品系杂交生成的雏鸡，科宝和罗斯 308 父母代公鸡作为父本，海兰、罗曼和京红商品代蛋鸡作为母本杂交的高品代肉杂鸡，所以在 817 肉杂鸡育种过程中必须使父本和母本的稳定，则 817 肉杂鸡苗才能稳定。

（十）817 肉杂鸡种蛋管理和孵化中存在的问题

（1）养殖户不重视 817 肉杂鸡种蛋管理，种蛋选择只拣出破壳蛋和畸形蛋，对于有粪污的蛋仍然使用。没有专门的种蛋存放仓库，甚至直接堆放在鸡舍内，更没有及时对种蛋进行消毒。只是收集完种蛋后，等待孵化场不定期的收购。

（2）孵化场对收购的种蛋没有严格的把关，把收集到的种蛋合并凑箱后入孵化箱孵化。种蛋的产出时间差异大，其父母代种鸡的产蛋日龄差异大，所以孵化率低，孵化出的鸡苗大小不齐、难饲养。

（3）行情不稳定。在生产中经常遇到孵化的鸡苗卖出的价格还不如一枚种蛋的价格。

针对 817 肉杂鸡生产中存在的众多问题，以及 817 肉杂鸡的自身特点，817 肉杂鸡的生产应当向理性化、正规化发展。诸如某些地区采取的合同化生产和饲养，建设正规的父母代养殖场，采用严格的管理，使用大型肉种鸡的免疫规程，为父母代种鸡和商品代鸡饲养生产专门饲料，产出的种蛋自己孵化，然后放养到合同养殖户进行饲养后，再回收。在 817 杂交种鸡饲养管理、饲料营养标准、种蛋的集中孵化、鸡苗的放养上做到了统一，提高了生产率，保证了鸡苗的质量，

做到养殖户、肉鸡公司、饲料场三方共赢。这种合同化生产在大型肉鸡生产中比较常见，在817杂交肉鸡中仅在鲁西北地区有，并且迅速在当地养殖户中发展开来，值得借鉴和推广。

二、饲养方式与全进全出制

（一）饲养方式

817肉杂鸡性情活泼，爱飞翔但能力差，公鸡生长快，体重较大，骨骼易折，胸骨容易弯曲，但与大肉食肉鸡相比，胸囊肿发生率并不高；母鸡活泼好动，喜啄斗，生长较慢，体重较轻，骨骼强壮。故在饲养方式上，虽与蛋用雏鸡有不少共同点，但有许多特殊性。应根据其特殊性，在饲养方式上采取相应的措施。提高肉用仔鸡的生产速度、产品合格率，以获得理想的经济效益。817肉杂鸡的饲养方式主要也有下列三种：

1. 厚垫料平养　厚垫料平养肉用仔鸡是目前国内外最普遍采用的一种饲养方式。它具有设备投资少，简单易行，能减少胸囊肿发生率等主要优点，也是农家养鸡常采用的方法。但有易发生球虫病，且难以控制，药品和垫料费用较高等缺点。同时到中后期垫料管理不善的情况下，还易产生有害气体氨气，氨气偏多的情况下降低817肉杂鸡对疾病的抵抗力。

厚垫料平养是在舍内水泥或砖头地面上铺以15~18厘米厚的垫料。垫料要求松软、吸湿性强、未霉变、长短适宜，一般为5厘米左右。常使用的垫料有稻壳、玉米秸、稻草、刨花、锯屑等，也可混合使用。在厚垫料饲养过程中，首先要求垫料平整，厚度大体一致。其次要保持垫料干燥、松软，及时将水槽、食槽周围潮湿的垫料取出更换，防止垫料表面粪便结块，垫料中的含水量应在20%~30%，这样的垫料疏松、柔软，鸡群在上面活动时不产气、不起尘。对结块者适当地用耙齿等工具将垫料抖一抖，使鸡粪落于下层，但垫料中的鸡粪含量不得超过30%，超过就立即更换。最后，肉仔鸡出场后将粪便和垫料一次清除。垫料要常换常晒，或将鸡粪抖掉，晒干再垫入鸡舍，但晒干的垫料只能当批鸡使用，不能放到下批使用，以防止疫病传播。

此种饲养方式大多采用保姆伞育雏。伞的边缘离地面高度为鸡背高的2倍，使鸡能在保姆伞下自由出入，以利于选择其适宜温度。在离开保姆伞边缘60~159厘米处，用46厘米高的纤维板或铝丝网围成围篱，将保姆伞围在中央，并在保姆伞和围篱中间均匀地按顺序将饮水器和饲料盆或槽排好。随着鸡日龄增大，保姆伞升高，拆去围篱。一般直径为2米的保姆伞可育817肉用仔鸡500只。

2. 弹性塑料网上平养　弹性塑料网上平养与蛋鸡网上平养基本相似，不同之处是在金属板格或镀锌铁丝上再铺一层弹性塑料方眼网，此种网柔软而有弹性。采用此种方式饲养的肉仔鸡，腿部疾病及胸囊肿发生率低，且能提高其商品合格率。此外，肉用仔鸡排出的鸡粪经网眼落入地下，减少消化道疾病的再感染机会，特别是对球虫病的控制效果更为显著，节省 2/3 的药品费用。同时肉料比例降低 0.1~0.2。按每千克料 3 元计算，则生产体重 1 千克的毛鸡能节省 0.3~0.6 元。42 天体重达 1.7 千克的情况下，则一只毛鸡能节省 0.51~1.02 元。

高弹网鸡舍的饲养面积是指鸡舍内饲养空间的总面积，不是指网上饲养面积。网上饲养面积是指网面面积。饲养密度是指每立方饲养面积所饲养的鸡只数量。饲养密度也就是指每只肉鸡头部上方所占的空间体积。所以舍内小气候控制效果越好，饲养密度可以适当加大，但也不能超过标准要求。标准化肉鸡场饲养密度：厚垫料饲养密度为每平方米 15~18 只，使用高弹网的饲养密度为每平方米 16~20 只。

3. 笼养　肉仔鸡笼养除了能减少疾病的发生外，还具有以下优点：①提高单位空间利用率。②饲料效率可提高 5%~10%，降低成本 3%~7%。③节约药品费用。④无需垫料，节省开支。⑤提高劳动效率。⑥便于公母分开饲养，实行更科学管理，加快增重速度。

肉用仔鸡笼养目前尚不十分普遍，主要是由于笼养肉用仔鸡胸囊肿严重，商品合格率低下。近年来，生产出具有弹性的塑料笼底，并在生产中注意上市体重（一般以 1.75 千克为准），使 817 肉杂鸡的胸囊肿发生率有所降低，发挥了笼养鸡的优势，也是饲料转化率最好的体重标准。若体重再大则转化率明显降低。也就是说对于 817 肉杂鸡来说，饲养周期不要超过 45 天或体重不要超过 1.75 千克为好。

（二）817 肉杂鸡饲养方式的优缺点

1. 网上平养　优点：方便消毒，卫生、环境条件好，少发病，节约药品费用。缺点：设备投资率高。

2. 地面平养　优点：设备投资率高。缺点：不方便消毒，不卫生、环境条件不好控制，易发生一些卫生方面引起的疾病，球虫病难以控制，药品费用明显偏高。但我们已找到一个最有效的办法来解决这个问题，就是在休整期中用 20% 生石灰水处理地面和墙壁（后文有介绍）。所以相对而言，地面养殖又多一项优势。后期舍内易产生氨气，造成鸡舍小气候难以控制。地面平养的 817 肉杂鸡冬季更难管理。

3. 笼养　优缺点同网上平养。但对于 817 肉杂鸡来说笼养的效果更好，因为 817 肉杂鸡喜动爱飞，笼养效果会更好，就是投资更高了。

（三）饲养准则

817 肉杂鸡的饲养效益高低取决于饲养量的大小，在合理密度范围内，饲养鸡只越多越好。饲养量决定了养殖的成败和效益的高低。合理密度是高效益的根本。合适的饲养密度有利于 817 肉杂鸡的饲养管理，也是利润率大小的关键。

1. *按要求进行适时分群* 雏鸡饲养前 10 小时：90~100 只/米^2；1~4 天：45~50 只/米^2；5~9 天：26~30 只/米^2；10~13 天：22 只/米^2。夏季：13 日龄扩到全群。冬季：22~26 天逐渐扩到全群，要确保温度适宜，之后扩到全栋。合适的密度是为了增加雏鸡的活动能力，确保肉鸡的肺活量增加，预防后期死淘率的发生。

2. *鸡群分布不均匀或密度过大的危害* 供氧不足，采食饲水位不足，鸡生理生长受阻。密度过大是垫料提早结块的主要原因。厚垫料饲养使肉鸡呼入灰尘量增加，若舍内湿度不足的话，危害会更大。

在密度管理方面，分栏管理（鸡舍内设固定栏）很重要，要确保每栏的饲养密度一致，否则危害很大。相同密度才能确保水位和料位一样。从下面几点去做确保各栏密度一样：栏内面积扩大，但栏内鸡数不变。确保鸡只在原位置不变，是慢慢向后移动，即前端的鸡只永远在前端，后面的鸡永远在后面。肉鸡的活动量和适应温度是固定的。

饲养密度调整的重要工作就是扩栏。扩栏后的工作重点有：扩栏后 24 小时内提高舍内平均温度 0.5~1℃。扩栏后 24 小时内提高扩栏区域内的光照强度。调整原有栏内鸡群数量，使密度一样。厚垫料饲养保证新区域内垫料湿度，并认真消毒一次。调节匀风窗口和风机开关，确保舍内温度，降低舍内两端的温差。

为了扩栏方便，在绑育雏栏的时候，要在鸡舍前 1/3 处进行绑格。在鸡舍前 1/3 处向前绑一个栏，向后绑两个栏，为以后扩栏做好准备。使一栏的鸡往前扩，后两栏往后扩，这样减少应激又方便扩栏。

3. *注意按时扩栏* 扩栏是 817 肉杂鸡生产管理中一个重要环节，在饲养肉杂鸡 40 多天中，有 4 次以上的扩栏工作，每次扩栏和准备为 2 天左右，所以扩栏工作需要十几天的时间完成，约占 1/3 的时间。若不能按要求进行分群分栏，会造成饲养密度过大。饲养密度过大或局部密度过大都会影响到部分鸡只的采食量，同时也会造成部分鸡只的供氧不足，活动量偏小，使后期腹水症和心包积液发病率增多。总之，密度不合适会造成鸡只的体质下降，使鸡群处于亚健康状态。

（1）817 肉杂鸡扩栏的基本原则：817 肉杂鸡饲养面积多大适宜，应以 817 肉杂鸡活动量为准。

1）817 肉杂鸡的各期饲养密度要适宜。

2）扩栏分群只能提前不能推后。

3）扩栏必须在上午 10 时前进行，给鸡群一个适应新环境的机会，提前做好扩栏分群的准备工作，以保证准时扩栏。

4）扩栏要以到饲养面积增加，密度减小，但栏内杂鸡数不变为原则。扩栏时不要破坏肉杂鸡栏内群居性。

5）鸡舍内昼夜或两端温差越大，分栏要越小，以防止栏内鸡只向温度舒适的地方移动，造成部分饲养区密度过大而影响到鸡只的采食。

6）新扩栏的温度不能低于原饲养栏的栏内温度。

7）新栏内光照强度要合理，但不能低于原栏光照强度，即使减光也要推迟进行。

（2）分群扩栏工作的细节管理：817 肉杂鸡每次扩栏都要有详细计划和工作安排，并做好扩栏前的准备工作。

分群扩栏细节：（全期按育雏面积：16~18 只/米^2）。

1）分群扩栏工作要从始育雏时绑育雏栏开始，绑育雏栏以栏前 1/3 处为中心绑育雏栏，向两边绑栏，一边 6 个，共 12 个，育雏栏分为 12 个栏，每个小栏养殖雏鸡 1 000 只左右，使饲养密度为 45~50 只/米^2。为了高密度开食，可以把育雏栏中间隔离开，只用一半作为高密度开食栏，10 小时后分到全育雏栏内。2 日龄时把 10 个育雏小栏合并成 6 个大的育雏栏，也就是 6 个“育雏单位”饲养密度不变。

2）5 日龄扩栏工作：在 4 日龄时做好 5 日龄扩栏的准备工作，扩栏消毒整理，预温。4 日龄把 6 个育雏栏合并成 3 个育雏栏，整个鸡舍就分成 3 个大栏，也就是包括 6 个“育雏单位”（若网上饲养要看是几网了，每个网床上要分成 3 个栏），从前往后分别为 1 栏、2 栏和 3 栏。下调舍内温度，使育雏区和扩栏区温度一致。5 日龄时，先把 1 栏往前扩展 1 个育雏单位，让鸡只自由活动即可。把 3 栏向后扩 2 个育雏单位，把鸡驱赶到 2 个新的育雏单位内即可。然后把 2 栏与 3 栏之间隔栏前移到原 3 栏处，扩栏工作基本完成。将喂料器具和部分水位均匀放置即可，使每平方米的饲养密度为 30~35 只。

3）10 日龄扩栏工作：再先把一栏往前扩展 2 个育雏单位，让鸡只自由活动即可。把第 3 栏的后隔栏向后扩 4 个育雏单位，把第 2 栏的后隔栏向后移动 2 个育雏单位即可，扩栏工作基本完成。均匀喂料器具和部分水位即可，使每平方米的饲养密度为 25~30 只。

4）13 日龄扩栏工作：再先把一栏往前扩展一个育雏单位，让鸡只自由活动即可。把第 3 栏的后隔栏向后扩 2 个育雏单位，把第 2 栏的后隔栏向后移动一个育雏单位即可，扩栏工作基本完成。将喂料器具和部分水位均匀放置即可，使每平方米的饲养密度为 16~20 只。

5）夏季 16 日龄或冬季 42 日龄：要把鸡只扩到全栋。夏季或者温度好控制的情况下，15 日龄就要扩到全栋了。冬季或者温度不好控制情况也要在 22 日龄前扩到全栋，扩栏要慢慢进行，一次 1~2 间鸡舍。

（3）扩栏后的注意事项：扩栏都会给肉鸡造成一定的应激，所以扩栏后要避免其他应激因素的发生，从而避免引起疫病的发生。

4. 817 肉杂鸡生产性能标准和营养标准　817 肉杂鸡生产性能标准要和 817 肉杂鸡管理细则结合使用。要实现 817 肉杂鸡生产性能标准必须按照 817 肉杂鸡管理的要求提供良好的管理和营养。

一些 817 肉杂鸡生产者会发现由于当地一些客观因素的限制而不能达到此生产性能标准。例如：当地可利用原料限制了饲料的营养水平；特殊气候条件将降低 817 肉杂鸡的生产性能；由于经济条件的限制而不能选择好的生产系统。

在 817 肉杂鸡生产中，经常记录肉杂鸡的生产性能有利于了解肉杂鸡生产性能的进展情况。817 肉杂鸡生产性能标准是育种、管理、营养和兽医防疫综合提高的结果。在选育目标是要保证肉杂鸡体重、饲料转化率、成活率和屠宰出肉率平衡提高。

817 肉杂鸡个体健壮，生长速度快，饲料转化率高，具有显著出肉率。817 肉杂鸡生产性能标准见表 1-2。

表 1-2　817 肉杂鸡生产性能标准

日龄	体重（克）	日增重（克）	平均日增重（克）	日采食量（克）	累计采食量（克）	饲料转化率
0	40					
1	48	8				
2	58	10				
3	70	12				
4	84	14				
5	100	16				
6	119	19				
7	140	21	14.28		122	0.870
8	161	21		28	150	
9	182	21		30	180	
10	203	21		32	212	
11	224	21		35	247	
12	246	22		40	287	
13	268	22		43	330	
14	290	22	21.42	46	376	1.28

续表

日龄	体重（克）	日增重（克）	平均日增重（克）	日采食量（克）	累计采食量（克）	饲料转化率
15	325	38		49	425	
16	360	38		52	477	
17	400	38		55	532	
18	430	39		58	590	
19	475	39		61	651	
20	515	39		64	715	
21	560	39	38.57	67	772	1.38
22	600	43		68	840	
23	650	43		69	909	
24	705	44		70	979	
25	740	44		71	1 050	
26	775	44		72	1 122	
27	835	45		73	1 195	
28	870	45	44.28	74	1 272	1.460
29	928	49		81	1 353	
30	976	49		86	1 439	
31	1 020	50		90	1 529	
32	1 070	50		94	1 623	
33	1 130	50		98	1 721	
34	1 180	51		102	1 823	
35	1 220	51		109	1 932	1.580
36	1 320	53		110	2 042	
37	1 370	54		110	2 152	
38	1 430	55		111	2 263	
39	1 490	57		112	2 375	
40	1 555	58		112	2 487	
41	1 615	59		112	2 599	
42	1 620	60	57.14	113	2 712	1.67
43	1 680	60		115	2 827	
44	1 740	61		118	2 945	
45	1 800	62		119	3 064	
46	1 862	62		122	3 186	
47	1 930	63		125	3 311	
48	1 995	63		126	3 437	
49	2 060	63	62.85	129	3 572	1.73

此标准在体重、日增重、日采食量和累计采食量使用的是整数，而饲料转化率和平均日增重使用的是保留两位小数。因此，利用此标准计算其他生产性能时会有微小偏差。

出肉率受屠宰场使用的设备及实际加工中所取部位的影响。

5. 817 肉杂鸡日粮配方　表 1-3 中根据产品和市场情况给出了肉杂鸡日粮配方，即 817 肉杂鸡公母混养，体重达到 1.6~1.8 千克的营养需要。

这些配方可以根据不同市场条件修改，需要考虑的因素是：①饲料原料的供应和价格；②屠宰时的日龄和体重；③出肉率和胴体质量；④市场对皮肤颜色和保质期的要求；⑤公母分开饲养。

817 肉杂鸡公母混养 45 日龄营养需要见表 1-3。

表 1-3　817 肉杂鸡公母混养 45 日龄营养需要

		开食期		生长期		后期	
饲养日龄	天	0~18		19~31		32 至屠宰前	
粗蛋白	%	21~22		19~20		17~18	
能量/千克	千卡	3 010		3 075		3 125	
氨基酸		总量	可消化	总量	可消化	总量	可消化
精氨酸	%	1.48	1.33	1.31	1.18	1.11	1.00
异亮氨酸	%	0.95	0.84	0.84	0.74	0.71	0.63
赖氨酸	%	1.44	1.27	1.25	1.10	1.05	0.92
蛋氨酸	%	0.51	0.47	0.45	0.42	0.39	0.36
蛋氨酸+胱氨酸	%	1.09	0.94	0.97	0.84	0.83	0.72
苏氨酸	%	0.93	0.80	0.82	0.70	0.71	0.61
色氨酸	%	0.25	0.22	0.22	0.19	0.19	0.17
缬氨酸	%	1.09	0.94	0.96	0.83	0.81	0.70
矿物质							
钙	%	1.00		0.90		0.85	
可利用磷	%	0.50		0.45		0.42	
镁	%	0.05~0.5		0.05~0.5		0.05~0.5	
钠	%	0.16		0.16		0.16	
氯	%	0.16~0.22		0.16~0.22		0.16~0.22	
钾	%	0.40~0.90		0.40~0.90		0.40~0.90	

续表

		开食期		生长期		后期	
微量元素/千克							
铜	毫克	8		8		8	
碘	毫克	1		1		1	
铁	毫克	80		80		80	
锰	毫克	100		100		100	
钼	毫克	1		1		1	
硒	毫克	0. 15		0. 15		0. 10	
锌	毫克	80		80		60	
添加维生素/千克		饲料加工的基础原料		饲料加工的基础原料		饲料加工的基础原料	
		小麦	谷物	小麦	谷物	小麦	谷物
维生素 A	国际单位	15 000	14 000	12 000	11 000	12 000	11 000
维生素 D_3	国际单位	5 000	5 000	5 000	5 000	4 000	4 000
维生素 E	国际单位	75	75	50	50	50	50
维生素 K	国际单位	4	4	3	3	2	2
维生素 B_1	毫克	3	3	2	2	2	2
维生素 B_2	毫克	8	8	6	6	5	5
烟酸	毫克	60	70	60	70	35	40
泛酸	毫克	18	20	18	20	18	20
维生素 B_6	毫克	5	4	4	3	3	2
生物素	毫克	0. 20	0. 15	0. 20	0. 15	0. 05	0. 05
叶酸	毫克	2. 00	2. 00	1. 75	1. 75	1. 50	1. 50
维生素 B_{12}	毫克	0. 016	0. 016	0. 016	0. 016	0. 011	0. 011
最低需要量							
胆碱/千克	毫克	1 800		1 600		1 400	
亚油酸	%	1. 25		1. 20		1. 00	

注：此营养需要只作为参考，可根据当地实际情况及市场进行相应调整。必须符合当地对该产品在屠宰前停喂期的要求。在全期饲养中，都可以采用后期或稍低于后期的标准。

第二章　规模化 817 肉杂鸡场的建场要求

一、场址的选择

（1）水源不被污染，最好能使用深度 100 米以上的深井水，确保水量供应充足。

（2）距离村庄 1 000 米以上；距离肉联厂、集贸市场、其他饲养场都要在 2 000 米以上。

（3）应具备良好保温措施；保温要求为墙体与屋顶都有保温材料处理。

（4）舍内与舍外路面必须硬化成水泥路面，是为了延长鸡场使用寿命的一个主要做法，减少疫病的污染机会。

（5）所有进风口和门窗都要有防蝇虫的设备，匀风窗上要钉窗纱，进入口要有门帘，以防苍蝇进入。

（6）生产区内不能有污水沉积的地方，要有良好的排水系统。

规模化 817 肉杂鸡场外观如图 2-1 所示。

图 2-1　规模化 817 肉杂鸡场外观

二、817肉杂鸡规模建场要求

1. 规格　（12~13）米×（120~125）米×3.5米。

2. 设备

（1）风机：50轴流风机8台；36轴流风机4台。

（2）标准化进风口、水帘：28平方米。水帘循环池规格：长×宽×深=2米×1.5米×1.5米。

（3）匀风窗：60个（规格：0.28米×0.8米），最好外面配备遮黑窗。

（4）供温设备：标准配置供温设备1台，确保最冷的时候供温没有问题：供温设备的功能应确保在最寒冷的季节里，鸡舍全封闭情况下，空舍温度能提升到25℃以上即可。

（5）供电设备要充足，以场内总用电量增加30%用电量配变压器，并购置发电机组1套。结合本场的维修电工，制定发电机组维护保养管理办法。为了安全，所有用电设备都必须有漏电保护装置。

（6）喂料设备：

人工加料时，开食盘360个，2千克料桶240个，10千克料桶240个。上料车2台。自动上料设备：4条自动料线/栋；水线：5条/栋；清洗消毒机1台/3栋；入生产区强制自动消毒机1套；最好使用网上平养饲养方式，可以节省2/3药品费用。

规模化鸡舍（手动上料）一栋所有用具数量见表2-1。

表2-1　规模化鸡舍一栋所有用具数量

开食盘	饮水器	2千克料桶	10千克料桶	20瓦节能灯	5瓦节能灯	上料车
540个	340个	340个	400个	30个	120个	2台

三、规模化817肉杂鸡场人员配备

作为一个规模的标准化鸡场，人员配备也是很关键的，其中主要人员有：场长，主管全面工作与外围协调工作，对全场负责，对投资方负责；技术员，主管生产方面所有工作及技术管理工作，直接领导是场长；保管：主管场内物的管理，建账造册，防止物料与设备的丢失，场长和投资方应是双重领导；水电维修工：主管水电供应和生产区设备维护及保养工作，直接领导是技术员；伙房人员：全场员工的生活调配也是很重要的，直接领导是保管；饲养员：鸡舍的主要操作人员，对舍内工作负主要责任，直接领导是技术员等。

图 2-2　建设中的网上饲养鸡舍

建场规模与人员配备见表 2-2。

表 2-2　场里规模与人员配备

场规模（栋）	场长	技术员	保管	水电工	伙房人员	饲养员	总人员
手工喂料 4	1 人	场长兼	1 人	1 人	保管兼	8 人	11 人
手工喂料 6	1 人	1 人	1 人	1 人	1 人	12 人	17 人
手工喂料 8	1 人	1 人	1 人	1 人	1 人	16 人	21 人
手工喂料 10	1 人	2 人	1 人	1 人	2 人	20 人	27 人
手工喂料 12	1 人	2 人	1 人	1 人	2 人	24 人	31 人
自动喂料 4	1 人	场长兼	1 人	1 人	保管兼	6 人	9 人
自动喂料 6	1 人	1 人	1 人	1 人	1 人	9 人	14 人
自动喂料 8	1 人	1 人	1 人	1 人	1 人	12 人	17 人
自动喂料 10	1 人	2 人	1 人	1 人	1 人	15 人	21 人
自动喂料 12	1 人	2 人	1 人	1 人	1 人	18 人	24 人

第三章　817 肉杂鸡场生物安全的管理

图 3-1　每天洒生石灰水的生产区路面

817 肉杂鸡场生物安全的管理目的是，防止病原微生物以任何方式侵袭鸡群（图 3-1）。

传染病发生的三个要素有传染源、传播途径和易感动物。除了这三个要素外还有一个关键点，这个关键点，即疫病发生的诱因（导火索），也就是舍内有一个对于鸡来说是重大的应激因素。就是说每次大疫情的发生，都会有一个大的应激因素的出现，诱导了疾病的发生。

817 肉杂鸡出现疫病的原因有三个：易感动物自身抵抗力减弱、传染源毒力增强和一个大应激因素（诱因）出现。

解决的方法有两个：第一，建立良好的生物安全体系；第二，舍内小气候控制：给鸡群创造一个良好的生长环境，提高自身抵抗力。所有疾病的发生，都会有一个诱因存在或出现过，这个诱因就是疾病发生的原因所在，这个原因就是管理中存在的问题。所有疾病的发生都是管理工作中的工作失误造成的。

良好生物安全体系的重要性：817肉杂鸡场经营得好与坏的直接原因是817肉杂鸡饲养的成与败，817肉杂鸡饲养的成败关键在于817肉杂鸡场是否有一个良好的生物安全体系。如何建立一个良好的生物安全体系？制定出一套符合本场条件的生物安全体系——卫生防疫消毒制度与场内硬件设施的配套。

817肉杂鸡场的卫生防疫消毒制度包括以下方面：

一是817肉杂鸡场的隔离。坚决彻底地杜绝外源性病原微生物进入本场，彻底切断传染病的传播途径。

二是817肉杂鸡场的消毒，以最大限度地消灭本场病原微生物的存在。

三是无抗养殖。通过防疫、保健、控制舍内小气候来提高817肉杂鸡自身对疫病的抵抗力，给鸡群创造良好的环境条件。

一、817肉杂鸡场的隔离

1. 场地位置　817肉杂鸡场建筑应远离其他畜禽饲养场、屠宰场在2千米以上。

817肉杂鸡场建筑应远离可能运输畜禽的公路在2千米以上。

鸡场内房舍和地面应为混凝土结构以防止老鼠打洞进入鸡舍；817肉杂鸡场内房舍应严格密封防止飞鸟和野生动物进入鸡舍；灭鼠。

2. 817肉杂鸡场大门口的隔离与生活区院墙

（1）门口消毒办法：每天门口大消毒一次。

（2）进入场物品消毒与存放：进入场院人员按下列程序入内；脱去便服存放外更衣柜→强制喷雾消毒→淋浴10分钟以上→更换胶鞋和隔离服→入场。

（3）人员回来可能携带病原微生物，携带病原体入场的方式有以下几种：通过呼吸道与消化道带入、人体表面带入、衣服带入、日常物品带入、交通工具带入。

员工入场隔离的做法：领取钥匙牌→填写入场记录表→更换便服→强制消毒→淋浴10分钟→更换隔离服→进入生活区隔离48小时→填写隔离记录→进入生产区消毒室→脱掉隔离服→淋浴5分钟以上→换上生产区灰工作服和黑水靴→进入鸡舍时换白工作服和白胶鞋。更换工作服是管理817肉杂鸡中生物安全的关键，它的效果远强于喷雾消毒的效果，真是做不到工作服更换的话，换鞋是必须的，这样可杜绝很多泥土里病原体。

3. 817 肉杂鸡场二门口的隔离与生产区院墙

（1）严格按二门岗的隔离消毒制度和二门岗进入程序进入生产区；以本场实际情况制定进入生产区的消毒程序，脱鞋进入外更衣室，脱去衣服→强制消毒→淋浴 10 分钟以上→进入内更衣室，换生产区工作服和水鞋→进入生产区，并做出详细管理办法陈述。

（2）进入生产区管理办法还有以下几点需要注意：车辆严禁入内；必须进入生产区的车辆要冲干净、消毒后，司机下车洗澡消毒后，方可开车入内；非生产物品不准入生产区内；生产必需品进入生产区，必须严格消毒方可进入生产区。

4. 鸡舍门口的隔离 817 肉杂鸡场的隔离　所有员工严格按进入鸡舍的消毒程序进入鸡舍；检查人员出鸡舍冲洗干净鞋底；进入鸡舍的程序为脚踩消毒盆、喷雾消毒、消毒剂洗手和更换胶鞋才能进入鸡舍。

进入鸡舍时其他注意事项：生产区内物品进入鸡舍时，必须严格消毒方可入内；生产区外的物品进入鸡舍时，必须用两种以上消毒药消毒后，方可入内；进入鸡舍的人员要严格喷雾消毒；每日对鸡舍门口认真消毒 1 次，每日 2 次更换消毒桶和消毒盆，脏了随时更换；鸡舍员工不准窜栋；检查鸡群应从小鸡到大鸡、从健康鸡群到有病鸡群进行。

5. 窗户与进风口的隔离与消毒

（1）空气的危害：空气中存在各种各样的病原微生物；禽流感病毒在干燥灰尘中存活 14 天；马立克病毒在鸡的皮屑中对外界有很强的抵抗力，常和尘土一起随空气到处传播而造成污染。法氏囊病毒传播方式是通过直接接触而感染，也可通过带毒的中间媒介物，如饲料、饮水、垫料、尘土、空气、用具、昆虫等。

（2）采取措施：全力减少进入舍内空气的携带病原体的量，要使用水帘，在水中定期加入消毒剂，使空气中灰尘和灰尘中含的病原体遇到湿润的水帘，会附着在水帘上，进而被消毒剂杀死。鸡舍进风口和窗户要严格防止飞鸟和野生动物进入；大风天气应对水帘进行严格冲洗消毒，立即关闭其他进风口；并带鸡消毒一次。

大型标准化 817 肉杂鸡场的匀风窗外要有遮黑设备，这种遮黑设备要用水帘纸做成，同时安装上喷雾设备，使进入鸡舍里的空气是通过过滤的新鲜空气，这可能是冬季或寒冷季节进入舍内空气消毒的唯一办法，使我们的鸡舍有疫苗场房内进风口的功能。在进风口水帘处设置喷雾装置以彻底解决进风口水帘处消毒问题。

设备：需要有高压泵及配套设备一组；与匀风窗同等量的高压喷头，高压喷头要能确保给匀风窗的遮黑水帘喷匀消毒液；高压消毒线 200 米左右。操作办法：用消毒线把每个装在遮黑帘的喷头连接起来，在鸡舍内部固定墙上，连接到操作间的高压泵上，水箱中加入消毒剂，高压泵启动后，使匀风窗的遮黑帘全部消毒湿润，从而达到消毒液进入舍内空气的效果。每天定时对水帘和匀风窗进行喷雾消毒；关键时期确保水帘与匀风窗 24 小时湿润。

二、817 肉杂鸡场的消毒

1. 生活区内的周期性消毒　生活区是外源性病原微生物的净化区域；817 肉杂鸡场生活区门口经过简单消毒后，进入生活区的人员和物品需要在生活区消毒和净化，所以生活区的消毒是控制疫病传播最有效的做法之一。生活区消毒的常规做法有：生活区的所有房间每天用消毒液喷洒一次；每月用甲醛对所有房间熏蒸消毒一次；对生活区的道路每周进行两次环境大消毒；外出归来的人员所带东西存放外更衣柜内；必须带入者经主管批准；用两种消毒药严格消毒；所穿衣服先熏蒸消毒，再在生活区清洗后存放外更衣柜中；入场物品用两种以上消毒液消毒；生活区外面处理蔬菜，只把洁净的蔬菜带入生活区内处理，制定伙房和餐厅严格的消毒程序。仓库只有外面有门，每进一次物品甲醛熏蒸消毒一次。生活区与生产区只能通过消毒间进入，其他门口全部封闭。

2. 生产区内的周期性消毒　817 肉杂鸡场内的消毒的目的是最大限度地消灭本场病原微生物的存在；制定场区内周期性卫生防疫消毒制度，并严格按要求去执行；同时要注意大风、大雾、大雨过后对鸡舍和周围环境进行严格消毒 1~2 次；生产区内所有人员不准走土地面，以杜绝泥土中病原体的传播。

管理制度细则有以下几点：每天对生产区主干道、厕所消毒一次；可用氢氧化钠加生石灰水喷洒消毒；每天对鸡舍门口、操作间清扫消毒一次；每周对整个生产区进行两次消毒；清理杂草上的灰尘。确保鸡舍周围 15 米内无杂物和过高的杂草；定期灭鼠；每月灭鼠一次，育雏期间每月灭鼠两次；确保生产区内没有污水积聚之处；任何人不能私自进入污区。严格划分净区与污区，是 817 肉杂鸡场的建场要求。

3. 鸡舍内的带鸡消毒　每周 2~3 次带鸡消毒；使用活疫苗时停止消毒，使用弱毒苗前中后 3 天不消毒，使用灭活苗当天不消毒即可；消毒液用量应按照说明书的比例稀释，按每立方米空间用消毒液 60 毫升计算；消毒前关风机，到消毒 10 分钟再开风机通风；大风天气立即带鸡消毒，并在水帘循环池加入消毒剂。

带鸡喷雾消毒是当代集约化养鸡综合防疫的重要组成部分，是控制鸡舍内环境污染和疫病传播的有效手段之一。鸡舍在进鸡之前，虽然经严格消毒处理，但在后来的饲养过程中，鸡群还会发生一些传染病，这是因为鸡体本身携带、排

出、传播的病原微生物，再加上外界的病原体也可以通过人员、设备、饲料和空气的传播等进入鸡舍。带鸡喷雾消毒能及时有效地净化空气，创造良好的鸡舍环境，抑制氨气产生，有效地杀灭鸡舍内空气及生活环境中的病原微生物，消除疾病隐患，达到预防疾病的目的。

带鸡消毒的方法：

（1）严防应激反应的发生：①消毒前12小时内给鸡群饮用0.1%维生素C或水溶性多种维生素溶液。②选择刺激性小、高效低毒的消毒剂，如0.02%百毒杀、0.2%抗毒威、0.1%新洁尔灭、0.3%~0.6%毒菌净、0.3%~0.5%过氧乙酸或0.2%~0.3%次氯酸钠等。③喷雾消毒前，鸡舍内温度应比常规标准高2~3℃，以防水分蒸发引起鸡受凉造成鸡患病。消毒药液温度应高于鸡舍内温度。④进行喷雾时，雾滴要细。喷雾量以鸡体和笼网潮湿为宜，不要喷得太多太湿，一般喷雾量按每立方米空间60毫升计算，喷雾时应关闭门窗。⑤喷雾消毒时最好选在气温高的中午，而平养鸡则应选在灯光调暗或关灯后鸡群安静时进行，以防鸡受到惊吓，引起鸡群飞扑、挤压等现象。

（2）喷雾消毒的次数和用药量：一般应根据鸡群龄期的大小来确定，1~20日龄的鸡群每3天消毒一次；21~40日龄的鸡群每4天消毒一次；41日龄以后每5天消毒一次。用药剂量按使用说明书随鸡龄期的增加而酌情增加即可。

（3）消毒药物的选择：消毒药必须广谱、高效、强力、无毒、无害、刺激性小和无腐蚀性，使用时应按照使用说明书，药量要准确。另外，还要考虑鸡的日龄、体质状况，以及季节、传染病流行特点等因素，并且要有针对性，这样才能达到预防疾病的目的。

（4）消毒器械的选择和正确喷药：带鸡喷雾消毒可使用雾化效果较好的自动喷雾装置或背负式手摇喷雾器，雾粒大小控制在80~120微米，喷头距鸡体60~80厘米喷雾。雾粒太小易被鸡吸入呼吸道，引起肺水肿，甚至诱发呼吸道疾病；雾粒太大易造成喷雾不均匀和鸡舍太潮湿。标准化鸡舍应使用喷雾装置进行消毒，否则劳动量太大，也很难消毒彻底。

（5）科学地配制消毒药液：配制消毒药液选用深井水或自来水较好，否则水中杂质太多会降低药效。消毒药液的温度由20℃提高到30℃时，其效力也随之增加，所以配制消毒药液时要用热水稀释，但水温也不宜太热，一般应控制在40℃以下。夏季可用凉水，尤其是炎热的夏天，消毒时间可选在最热的时候，以便消毒的同时起到防暑降温的作用。正确的消毒方法：要先把喷雾器清洗干净，再配好药液，即可由鸡舍的一端开始消毒，边喷雾边向另一端慢慢走。喷雾的喷头要向上，使药液似雾一样慢慢下落；地面、墙壁、顶棚笼具都要喷上药液；动作要轻、声音要小。初次消毒，鸡只可能会因害怕而骚动不安，以后就能逐渐习以为常了。

（6）带鸡喷雾消毒注意事项：

1）鸡群接种疫苗前中后 3 天内停止进行喷雾消毒，以防止影响免疫效果。

2）清洁环境，带鸡消毒前应先扫除屋顶的蜘蛛网，墙壁、鸡舍通道的尘土、鸡毛和粪便，减少有机物的存在，以提高消毒效果和节约药物的用量。

3）在鸡进行常规用药的当日，可以进行喷雾消毒。

4）喷雾程度以地面、笼具、墙壁、顶棚均匀湿润和鸡体表面稍湿为宜。

5）换气：由于喷雾会造成鸡舍、鸡体表潮湿，事后要开窗通风，使其尽快干燥。

6）保温：鸡舍要保持一定的温度，特别是育雏阶段的喷雾，要将舍温提高 2~3℃，使被喷湿的雏鸡得到适宜的温度，避免雏鸡受冷扎堆压死。

7）不同类型的消毒药要交替使用，每季度或每月轮换一次。长期使用一种消毒剂，会降低杀菌效果或产生抗药性，影响消毒效果。

8）消毒完毕，应用清水将喷雾器内部连同喷杆彻底清洗，晾干后，妥善放置。

三、无抗养殖

1. 无抗养殖的目的　无抗养殖是指在良好饲养管理条件下，通过良好的管理理念，结合微生态制剂和酸制剂调节鸡肠道的健康，利用优质饲料和安全的饮水确保肠道的安全；通过中药保健、精细管理，避免呼吸道疾病的发生；再结合饲养周期的管理要点及疾病易发期进行中药产品的防控，确保鸡群的健康。无抗养殖的理念不是不用抗生素治病，而是不让鸡群发病。只有鸡真正的健康才能完成大肉鸡的“3885”管理理念、817 肉杂鸡的“4053”管理理念、青年鸡的“603414”管理理念和蛋鸡 600 天管理理念。

无抗养殖的最终目的是把亚健康状态提升成健康状态的一个过程，若是健康状态的鸡群则不需要使用抗生素。

做到无抗养殖的管理必须做好以下几项工作：

（1）禽健康高效饲养管理模式良好与否，是成败的关键！

（2）确保消化系统的安全：无抗养殖是指在良好饲养管理条件下，通过良好的管理理念结合微生态制剂和酸制剂调节肠道的健康，利用优质纯粮食型安全的饲料与安全的饮水确保肠道的安全。

（3）确保呼吸系统的安全：通过精细化管理，避免呼吸道疾病的发生。再结合饲养周期的管理要点及疾病易发期进行纯中药产品的防控来确保鸡群的健康。

（4）真正做到环境的卫生与生物安全工作：用20%生石灰水处理墙壁与地面和冲净鸡舍后，干燥7天以上再进行无抗养殖验收，减少疫病的发生。

2. 无抗养殖药品保健　建议使用维生素、酸制剂、微生态制剂和中药保健结合纯粮食型饲料再结合良好管理思路进行无抗养殖。

1）3~10日龄油剂的维生素A、维生素D_3及维生素E连续使用8天，用量不大，效果却是最好的。作用是防止中后期腿病和猝死症、心包积液和腹水症的发生。

2）8日龄以后交替使用酸制剂和微生态制剂确保鸡肠道健康；结合病的易发期，定期使用中药制剂保证呼吸道的健康和预防疾病的发生；结合温差控制和细则管理，呼吸道疾病的问题即可解决；使用优质黄芪多糖提高鸡体的免疫力。

3. 整理期一个“净”字

（1）舍内外所有与上批鸡有关的有用或无用物品全部清理干净，使生产区内只看到地面，所有物品全部清理到固定地方，进行分类处理。

（2）清理鸡粪后，把舍内外所有鸡粪与垫料清理打扫干净，鸡舍外不能见到鸡粪和垫料。

（3）冲洗鸡舍前对舍内各个角落进行认真清理打扫干净，看不见成堆鸡粪，再进行冲洗，最大限度减少对舍外的污染，同样也减少了冲洗的难度。

（4）舍内冲洗干净，以存水处不留痕迹为标准。

（5）舍内不留存水的地方；冲洗工作完成后，清理干净舍内所有存水，促进舍内尽快干燥，因为干燥是最廉价的消毒剂；就是大消毒后的存水地方也要清理干净，消毒后再干燥效果更佳。

（6）舍外净区表面腐蚀的泥土要清理干净，露出全部新土，洒上水再撒上生石灰，然后再洒上水。污区也要把舍外鸡粪清理干净，同时清理干净上批鸡存下的杂草和树叶。每两三批后也要清净污区腐蚀的泥土，并用生石灰处理一次。

（7）鸡舍冲洗干净后，立即冲洗干净舍内外下水道，并清净下水道的污水，以防止造成二次污染。

（8）清干净舍内积水地方，促进舍内干燥。

在推行的无抗养殖理念中，休理期的几个关键点是执行无抗养殖的先决条件。这条件归结为以下三点：①鸡舍冲洗整理干净，注意就是上面管理中的一个“净”字。②用20%生石灰水处理地面和墙壁（下面有详细介绍）。③鸡舍干燥后停用7天以上。所有含有“生物”两字的东西都离不开水分，病原微生物也离不开水分，所以干燥7天是最廉价的消毒剂。它作为无抗养殖的先决条件，我们大家应引起重视，这也是我们是否允许按无抗养殖思路去做的验收的必要条件。

总之，817肉杂鸡清理期管理要点：饲养期45天；清粪时间：4天；冲洗时间：4天；地面和墙壁刷20%生石灰水；舍内干燥时间7天以上；准备接鸡3天。共计63天。舍内地面必须水泥硬化，墙壁也要水泥处理找平，原因是延长鸡舍的使用年限和保证生物安全，方便舍内冲洗和消毒。

空舍期生石灰水处理墙壁与地面：20%的生石灰水处理地面和墙壁是确保鸡舍干净、鸡群安全的前提条件，也是无抗养殖的关键条件。

20%的生石灰水处理地面和墙壁的两个重要作用：

第一个重要作用是：

$CaO+H_2O→Ca(OH)_2$，属于强碱消毒剂。这种消毒办法方便检查，又能发现消毒不到的地方。

第二个重要作用是：

$Ca(OH)_2+CO_2→CaCO_3+H_2O$，隔离作用。隔离作用能有效地阻断病原微生物与鸡的接触。碳酸钙有显著吸潮作用，这种作用可以抑制或阻断病原微生物接触到鸡体，避免了疾病的发生。这层碳酸钙（$CaCO_3$）膜虽然看着是非常薄的膜，但对于病原体来说，就是天然屏障，而且是可以吸潮的天然屏障。这是我们推广用生石灰水处理地面的主要目的，比消毒作用效果更好。

20%的生石灰水处理地面和墙壁的方法：先把块状生石灰处理成粉状，然后按20%的比例对成液体，用上清液泼洒地面，并用扫帚把地面多余的液体往前扫，不留多余的液体在地面上，防止多余的生石灰水留在地面上而干燥后过厚。鸡舍处理生石灰水后，要确保绝对干燥情况下再进入鸡舍操作其他工作。这个管理操作的做法是无抗养殖验收的先决条件。

第四章　接雏鸡准备期管理

一、接817肉杂鸡雏鸡前的隔离与消毒

接雏鸡前鸡舍的第一次大消毒：用过氧乙酸或其他消毒药按说明书浓度进行稀释，并按每立方米空间300毫升消毒液进行消毒。这样消毒的作用有两个：一是起着好的消毒作用，二是起着加湿作用，因为育雏前几天需要较高的湿度。

所有进入鸡舍的物品必须经两种以上消毒药消毒后方可进入鸡舍内；病原微生物是通过空气、人员和物品三种途径带入的，所以物品入舍时必须消毒。

垫料的潜在危害有两点：①垫料均是露天存放的，农村饲养的鸡和野鸟经常在上面觅食，其中的危害可想而知；②运输的袋子有可能重复利用，场与场之间周转是有可能的。

垫料处理办法：

（1）料袋不进料库，应立即倒出垫料；袋内熏蒸消毒没有效果。

（2）用3倍标准浓度甲醛溶液（21克高锰酸钾、42毫升甲醛）熏蒸消毒24~48小时。

（3）使用前用消毒剂按150千克/吨进行喷洒、搅拌均匀进行消毒，然后装袋运入鸡舍；休整期内使用时，可以在舍内消毒。用1∶2 000倍百毒杀消毒液按每吨垫料用消毒液150千克进行均匀喷洒消毒。垫料消毒是必需的，垫料的采购往往来自不同地方，排除不了疫区的东西，所以垫料消毒是不容忽视的。期间大量更换时，除按上述要求消毒后，运入鸡舍后，再进行2次以上带鸡消毒。

高密度开食栏如图4-1所示。

二、垫料消毒和使用管理办法

1. 垫料消毒

（1）必须选购干净的垫料，不得有任何杂物或霉变。

图 4-1 高密度开食栏（占育雏面积的 1/2）

（2）运送垫料车辆入场时，接受全面消毒。经验收合格再入库。

（3）垫料入库由窗口传入。长途运输来的垫料应立即倒出，垫料袋不宜在垫料库久放。垫料袋更不准进入生产区内。

（4）入库后立即用 3 倍量的甲醛封闭熏蒸 48 小时以上。

（5）接触未消毒垫料的工作服应立即更换、消毒。

（6）垫料使用前，在垫料库内用威岛消毒剂 1∶700 倍或六和消毒剂 1∶800 倍进行消毒，1 吨垫料约用消毒液 150 千克；未经消毒液消毒的垫料不得运入鸡舍。

（7）垫料运进鸡舍用 1∶500 的威岛消毒剂消毒 2 次；然后每周带鸡消毒 2~3 次，威岛消毒剂 1∶700 倍，六和消毒剂 1∶800 倍。

2. 垫料的管理

（1）垫料厚度：进雏时 5~10 厘米，然后慢慢增加。

（2）喂料日下午翻动垫料 1 次，保持其干燥松散。鸡粪没有成块，并与垫料掺杂混合，减少鸡群与粪便直接接触的机会，同时把下层垫料翻上晾干。

（3）根据季节的变化而调整温度，气候潮湿时要使垫料保持干燥，如果空气太干燥，垫料可适当增加温度，可通过带鸡消毒来解决，或往栏内喷水。

（4）垫料必须干净，无鸡毛、线头、废物、袋子、铁丝等，如发现应及时拣出，放到指定位置处理。

3. 熏蒸消毒　接鸡前最后一次大消毒就是舍内熏蒸消毒，熏蒸消毒是鸡场消毒工作中必须进行的一项，它的作用是其他消毒办法无法替代的，尤其是对房顶的消毒具有良好的效果。现在熏蒸消毒有两种：一种是以甲醛为主的熏蒸消毒，另一种是菌毒安消毒剂（三氯异氰尿酸粉）熏蒸消毒。

鸡舍最后一次大消毒——熏蒸消毒。

熏蒸消毒必须具备四个条件：①舍内温度不低于25℃；②舍内相对湿度不低于70%；③严格的鸡舍密封；④鸡舍育雏期所有物品备齐。

这四个条件是很关键的，达不到四个条件熏蒸消毒效果会大打折扣的。首先说温度，若温度达不到25℃以上，许多病原体处于休眠状态，熏蒸消毒不能有效地把病原体杀死，所以作用就不会太明显。湿度的作用也是为了增加病原体的活力，使消毒达到最优化。密封的作用是为了让舍内消毒剂浓度达到要求，同样也确保消毒时间能达到标准要求。物品备齐也是为了在这次决定性大消毒中也能一齐消毒。

（1）消毒药甲醛的用量：新鸡舍每立方米用甲醛：42毫升；旧鸡舍每立方米用甲醛：56毫升。用法有两种：①化学反应法：用甲醛量半量的高锰酸钾与甲醛反应进行熏蒸消毒；②自然挥发熏蒸消毒法：用甲醛量1.5倍量的水与甲醛混合进行对垫料喷洒熏蒸消毒。

（2）消毒药菌毒安消毒剂的用量：新鸡舍每平方米用菌毒安消毒剂5克；旧鸡舍每平方米用甲醛7克。用法：把大小两包混匀对在一起，均匀放到鸡舍中用火机点燃即可。

每次接鸡前要以本场实际情况，制定出本场育雏期的卫生防疫消毒制度，必须严格对待育雏期的消毒工作，因为此时雏鸡免疫力还没有或没有达到抵抗疫病的要求，所以只有通过严格消毒来预防疫病的发生。

三、育雏期卫生防疫消毒制度

育雏期要求严格按以下消毒制度执行：

（1）凡进入鸡舍人员必须清洗胶鞋，脚踏消毒桶，喷雾消毒、消毒液洗手方可入内。出鸡舍时要清净胶鞋底，脚踏消毒桶。每栋一个喷雾器，损坏影响消毒一次者罚款20元，以后加倍处罚。育雏前20天原则不准出鸡舍。（责任人：各栋栋长）

（2）绝对不允许在育雏期间进入所有食品和下列物品，如各种纸类、衣服、员工日常用品和生产日常用品等。工作必需品进入，需经两种以上的消毒药消毒后方可入内。每次扣分场场长月考评分5分（疫苗、饲料与紧急治疗用药除外）。

（责任人：分场场长）

（3）每日早上上班前首先对特殊警戒区进行喷雾消毒 1 次，按两栋鸡舍中间为界划分消毒区。消毒范围：操作间、地面、墙壁和厕所等。（责任人：各栋栋长）

（4）每日对伙房进行喷雾消毒 1 次，同时对餐厅消毒 1 次。（责任人：炊事员和生产区后勤）

（5）天气突变时：大风天气加强带鸡消毒次数，每日 2～3 次，消毒液冲洗水；防疫日用消毒液喷湿水帘让水帘作为唯一进风口。下雨天保证每次进鸡舍前刷净胶靴及鞋底，方可按程序入舍，雨过天晴要清干净脏水，氢氧化钠溶液消毒一次，对生产区土地面撒生石灰一次，每周对土地面撒生石灰一次。（责任人：栋长和司机）

（6）所有育雏场鸡舍员工不得走出特殊警戒线，否则处以 100 元罚款。（责任人：分场场长）

（7）熏蒸消毒后，每次通风前只开启水帘处的进风口，并要求后勤把所有水帘冲净并用消毒液全打湿，进鸡 7 天后每天早上 8：10、下午 1：40 分两次用消毒液把水帘打湿。目的是使进入的空气为消毒、过滤过的新鲜空气。（责任人：场长、栋长）

（8）每日 1 次道路消毒和每周 2 次环境大消毒。（责任人：场长）

（9）鸡舍内外清出的垃圾装袋暂存，每日下午运到特殊警戒线外由后勤处理。（责任人：后勤）

（10）非免疫日每天带鸡喷雾消毒 1 次，喷雾时关闭排风扇到消毒后 10 分钟左右。喷雾用量按说明书浓度配制，按育雏空间每立方米 60 毫升消毒液计算用量，进行喷雾消毒。（责任人：栋长）

（11）积极消灭蚊蝇和老鼠：每半月灭鼠 1 次，每栋鸡舍门口安装防蝇门帘，鸡舍员工确保门帘完好无损。（责任人：栋长）

（12）育雏期为严格封闭期，育雏期内绝对禁止人员进入，育雏人员出去等于自动离场。（需住院的和直系亲属病故除外，小病场内治疗）（责任人：场长）

（13）育雏期内洗澡必须更换洗净的工作服。（责任人：栋长）

（14）育雏区内所有物品进入鸡舍都必须严格消毒。（责任人：栋长）

（15）育雏期间每天对开食盘、饮水器严格用消毒液浸泡消毒 1 次，防疫日要用清水刷洗冲净、晾干再用。（责任人：栋长）

（16）警戒线的划分：第一警戒线，1 号～4 号舍住室东墙从北到南画一直线，西边到墙边，为第一警戒线。所有水泥路边和水池外为特殊警戒线。1 栋南

墙 2 米。

（17）育雏场鸡舍员工不出鸡舍，送饭到门口。

（18）育雏期间鸡舍人员绝对不准走在土地面上，走土地要换鞋，并不能污染水泥路面，若污染路面罚款 50 元/次。

（19）严格按 6S 标准执行。

备齐育雏物资；鸡舍清理消毒；化验室检测不超标准；重点是卫生要求和物品准备工作。

饲养密度：817 肉杂鸡饲养密度是否合理，对能否养好 817 肉杂鸡和充分利用鸡舍有很大关系。饲养密度过大时，棚内空气质量下降，引发传染病，还导致鸡群拥挤，相互抢食，致使体重发育不均，夏季易使鸡群发生中暑死亡。饲养密度过小，棚舍利用率低。817 肉杂鸡的饲养密度要根据不同的日龄、季节、气温、通风条件来决定，如夏季饲养密度可小一些，冬季大一些。817 肉杂鸡的全期饲养密度：地面厚垫料饲养密度为 16~18 只/米^2，网上饲养密度为：18~20 只/米^2。冬季饲养密度：地面厚垫料饲养密度为 18 只/米^2，网上饲养密度为：20 只/米^2。夏季：地面厚垫料饲养密度为 16 只/米^2，网上饲养密度为：18 只/米^2。

现代饲养密度应包含三方面的内容：一是每平方米面积养多少只鸡，二是每只鸡占有多少食槽位置，三是每只鸡的饮水位置够不够。

适宜的饲养密度是提高养鸡成绩的重要因素之一。密度过高，鸡舍环境控制困难，鸡发病率高，料肉比大等；密度过小，又造成浪费。此外，密度与品种、季节、气温、通风条件等密切相关，所以密度管理同样要灵活掌握，饲养过程中要做到及时扩群。

表 4-1 是不同饲养周期的饲养密度，可供参考。

表 4-1　817 肉杂鸡饲养密度一览表

时间	饲养密度
10 小时内	90~100 只/米^2 有利于采食
1~4 天	45~50 只/米^2
5~12 天	25~30 只/米^2
13~20 天	扩到全栋；夏季（温度好提升的情况下）13 日龄扩到全栋，冬季（温度不好控制情况下）20 日龄扩到全栋

饲养密度过大的危害：供氧不足，鸡易得腹水病、腿病和猝死症。主要原因是：鸡群活动量小，身体不能得到有效的锻炼，使身体总处于一个亚健康状态，一有应激出现就会引起死亡。合适的密度能增加 817 肉杂鸡的肺活量，减少后期猝死症的发生。密度太小情况下温度不好控制，同时也增加了饲养成本。

817 肉杂鸡鸡苗质量的管理：817 肉杂鸡鸡苗有很多乱象，什么样种蛋都有，代孵的较多，小种鸡场不计其数，所以鸡苗质量参差不齐，如何规范 817 肉杂鸡鸡苗的质量非常重要。817 肉杂鸡鸡苗是由褐壳蛋鸡和父母代肉种鸡的公鸡杂交一代的雏鸡，鸡蛋个体也较大，作为种蛋入孵的应在 55 克以上，这样就能确保鸡苗体重不低于 38 克。

所以标准化 817 肉杂鸡鸡苗质量应规范如下：

按照重量分类：大雏 38 克以上，中雏 35~38 克，小雏 35 克以下。按照质量分三类：A 雏、B 雏、C 雏。

判断鸡苗好坏主要通过“看”“摸”“听”。

“一看”：外形大小是否均匀，38 克以上者符合品种标准，这一点非常重要，因为 817 肉杂鸡鸡苗不太规范，所以必须把均匀度放在第一位。羽毛是否清洁整齐、富有光泽。眼大有神，腿干结实，活泼好动，腹部收缩良好。

“二摸”：就是手摸雏鸡肌肉是否丰满，是否有弹性。手摸柔软富有弹性，脐部没有出血点，握在手里感觉饱满温暖，挣扎有力。

“三听”：听叫声是否清脆响亮。

第五章　817 肉杂鸡接鸡时的管理重点

一、雏鸡运输中要求

运输雏鸡的车辆必须具备下列条件：

（1）保温和通风性能良好，并具有良好通风设备，能保证车上出雏盒内温度在 22~26℃。

（2）确保车况良好，否则不能使用。

（3）夏季最好使用空调车辆运输鸡苗。

（4）司机应懂得运输鸡苗的相关知识。

（5）运输鸡苗应有详细记录。记录项目包括：装车时间、种鸡场应提供鸡苗的种鸡周龄、雏鸡母源抗体情况、建议免疫程序和用药程序。

雏鸡入舍 10 小时高密度开食饲养如图 5-1 所示。

图 5-1　雏鸡入舍 10 小时高密度开食饲养

接鸡明白卡正面

（种鸡场提供）

<table>
<tr><td>批次</td><td></td><td>周龄</td><td></td><td>出雏时间</td><td></td><td>装车时间</td><td></td></tr>
<tr><td colspan="2">路途情况（司机）</td><td colspan="4"></td><td>到场时间</td><td></td></tr>
<tr><td colspan="2">种鸡母源抗体（化验）</td><td colspan="6"></td></tr>
<tr><td colspan="2">药敏结果（化验）</td><td colspan="6"></td></tr>
<tr><td colspan="3">接雏前 5 天建议用药（技术服务部）</td><td colspan="5"></td></tr>
<tr><td colspan="8">四季安全提示</td></tr>
<tr><td rowspan="2">四季</td><td colspan="3">运输（孵化提示）</td><td colspan="4">雏鸡场（销管提示）</td></tr>
<tr><td colspan="3">全力缩短运输时间</td><td colspan="4">做好接鸡准备工作，注意管理重点，舍内湿度不低于 65%</td></tr>
<tr><td>春季</td><td colspan="3">注意保温、车上不能有贼风</td><td colspan="4">提前 1 天加湿升温、做好舍内消毒</td></tr>
<tr><td>夏季</td><td colspan="3">注意空气流动，不要有进风死角</td><td colspan="4">备好开水、调节湿度不低于 60%</td></tr>
<tr><td>秋季</td><td colspan="3">注意温度与通风</td><td colspan="4">注意昼夜温差</td></tr>
<tr><td>冬季</td><td colspan="3">注意保温、车上不能有贼风</td><td colspan="4">提前 2 天加湿升温、做好舍内消毒</td></tr>
<tr><td colspan="2">服务人员</td><td colspan="2"></td><td>手机号码</td><td colspan="3"></td></tr>
<tr><td colspan="2">销管</td><td colspan="2"></td><td colspan="2">化验</td><td colspan="2"></td></tr>
<tr><td colspan="2">孵化场</td><td colspan="2"></td><td colspan="2">技术服务部</td><td colspan="2"></td></tr>
</table>

接鸡明白卡背面

817 肉杂鸡管理细则

817 肉杂鸡管理细则
1. 温度：鸡群生长必须有适宜的温度才能发挥其最大生产潜能，所以温度要放在第一位，严格按管理手册控制舍内温度
2. 喂料：平时自由采食就无所谓了，其管理重点在接雏第一天，或者说是前 10 小时，高密度饲喂以确保尽早雏鸡吃饱料，水位与料位要充足和均匀；一生都要促进 817 肉杂鸡多吃料
3. 饮水：水是生命之源；任何饲养时期水量都要充足
4. 通风：排出灰尘和有害气体；调节舍内温度和湿度；提供新鲜空气；所以一年四季通风的作用是不同的。春季和冬季只是提供新鲜空气；其他方面靠管理解决；夏季提高风速；秋季为冬季做准备，主要是控制湿度
5. 湿度：对于雏鸡来说，湿度最有益的是前一周的湿度管理，准确说前 4 天湿度不低于 70%，这样有利于雏鸡呼吸系统发育，对后期呼吸道疾病防治具有重要作用。其他时期可能湿度的作用就弊大于利了。所以湿度管理重点一周前提高湿度，一周后控制湿度
6. 光照：均匀的光照强度是管理重点；但前 3 天应强光管理，光照强度不低于 35 勒克斯，这样有利于雏鸡开水和开食
7. 免疫：免疫工作管理人员必须在场，免疫一定要确切，注射灭活苗一定要预温
8. 垫料：垫料湿度应控制在 35%~45%

二、接鸡前准备工作

高温区的建立：

（1）网架前端 10~15 米留空不养鸡，待 20 日龄后再扩栏使用。

（2）在门口处设 2 米高的挡风帘，在空留网架与育雏区间设第二道保温帘。切记：网架下用塑料布或料桶吊着，使其不透风。

（3）在高温区炉管上方使用逆向风机，提高地炉散热速度。

（4）当鸡只 20 日龄向前扩栏时，第二道保温帘应移至网架前。

育雏前一周要用小眼塑胶网，铺在育成塑胶网上面。一般要铺鸡舍面积的 1/2，以防止腿病的发生。合理计划分好育雏栏，育雏栏按育雏要求饲养密度进行分栏管理，每栏按 1 800 只左右进行分配，考虑温度控制的难易进行育雏面积隔离。分好育雏栏，按每平方米 45~50 只绑育雏栏，育雏栏绑好后，把育雏栏的一半作为前 10 小时的高密度育雏栏，按每平方米 90~100 只作为高密度育雏小栏，把小育雏栏全部用消毒后的旧料袋铺好。图 5-2 是绑好的小育雏栏，在育雏栏中间水线上搭上料袋，就把育雏栏分成两部分，离走道近的就是高密度小育雏栏。总之就是用育雏前期面积的一半高密度育雏前 10 小时，然后按比例放入真空饮水器。接着做好育雏区的保温措施：就是在育雏区与全鸡舍之间用塑料布隔离开，以确保育雏期温度适宜。

图 5-2　绑好的小育雏栏

接鸡前 10 小时备好开水，按每只鸡 10 毫升去准备，同时算好加入的所有药品的量，接雏鸡前 3 小时把舍内温度提高到 27~29℃，原因是雏鸡经过长时间的路途运输，饥饿、口渴、身体条件较为虚弱。为了使雏鸡能够迅速适应新的环境，恢复正常的生理状态，我们可以在育雏温度的基础上稍微降低温度，使温度保持在 27~29℃，这样，能够让雏鸡逐步适应新的环境，为以后正常生长打下基础。高温与低温都会严重影响到雏鸡食欲，同时高温也会造成员工因出汗偏多而过于劳累等。所以不要让雏鸡形成非在高温处饲养才能正常生长的条件反射。

有人观点是：提高育雏温度有利于提高雏鸡成活率，其实不然，要想雏鸡成活率提高，不是温度的问题，而是温差的事，只要舍内有适宜温度即可，昼夜温差和舍两头之间温差不高于 2℃。1 日龄设定鸡舍温度为 32℃。恒定舍内温度在 31~33℃，鸡群的成活率自然提高。

同时提高舍内相对湿度在 70%以上，这样做的目的是为了让长途运输的鸡群在合适温度下，湿润空气中喝上水、吃上料后，再把温度提高到 31~33℃。鸡来前 1.5 小时加饮水器加料，饮水器加好后，把湿拌料均匀撒入小育雏栏内做好接鸡前准备工作。

提高湿度的办法：把舍内地面洒水，同时进行一次舍内大消毒，热源处放水

让其自然蒸发，这样都有利于舍内湿度的提高，但也要确保湿度能在控制范围内才行。

三、接鸡时雏鸡安全

接鸡时的安全有以下几点：生物安全、鸡苗安全和人员安全。生物安全方面主要是长途运输中可能会造成传染的机会，也可能会把孵化场病原体带入鸡场。主要做好进场车辆的消毒和进入舍时出雏箱表面消毒。鸡苗安全主要是指经过长途运输的雏鸡有可能会出现缺氧、闷热和受冻致死的现象发生，车到后以最快速度把鸡放到合适温度的鸡舍内，均匀把鸡苗尽早放出是关键。此时时间就是生命。

817 肉杂鸡的生理特点：0~3 周是心血管系统、免疫系统快速发育期，羽毛、骨骼、肌肉发育阶段。但 1 周内的心血管系统、免疫系统、呼吸系统和消化系统的启蒙发育更为关键，尽早开水开食有利于消化系统快速发育。4~7 周是羽毛、骨骼、肌肉快速发育阶段。

生长特点：长势快，饲料转化率高，易得一些管理性疾病，如腿病、腹水症和猝死症。

第一个生命薄弱期：

0~1 周是 817 肉杂鸡从出壳到自身正常生活开始的一个重要阶段；它是从尿囊通过蛋提供营养过渡到通过胃肠道吸收营养的过程；呼吸也从尿囊通过气室呼吸转成肺呼吸；是机体所有系统发育期。所以把这个时期定为种鸡的第一个生命薄弱期。管理重点是刺激食欲及开水开食工作。

0~1 周发育特点：种蛋入孵后开始发育，活体进入生长时期。生长所需营养全部通过尿囊供给，在雏鸡啄壳后，由尿囊呼吸转成肺呼吸，一个真正意义上的生命出生。经过系列操作后，接转到育雏场内：雏鸡进入生长初期级段，开水开食后，胃肠道开始发育，也是心血管系统、免疫系统和体温调节功能快速发育期，同时也是其他系统的发育期。

雏鸡入舍时注意事项：每栋称 10 盒算出初生重并记录，由栋长把关，统计好每栏盒数，并分清大小鸡。

抽查鸡数，定下抽查盒数后，一人把盒子逐只打开，振动雏鸡盒，让鸡自由活动，随时按育雏栏内数量把雏鸡倒入育雏栏内。开水开食的管理要求与操作管理办法：开水开食；接鸡时饲养密度：接鸡最初的 10 小时的密度很关键，一般按每平方米 70~80 只，也就是育雏前 5 天的饲养密度的 2 倍。高密度饲养的原理是：雏鸡的特性是学着、抢着吃食的，这是它们从祖代传下来的，所以在合适的大密度饲养过程中有利于所有雏鸡都学会吃料，而且能尽早吃饱料。做法是把所有的育雏面积都作为开食面积，铺上料袋或塑料布，使用拌湿的饲料开食，湿度为手握成团，松开手握一下即碎为好，含水量在35%左右。每半小时撒一次料，少撒勤添，驱赶鸡群活动。把所有的饮水器也都放入。雏鸡越短时间内吃饱料者就越好。这样做的结果是：在雏鸡入舍10小时饱食率达到96%以上，吃上料的比率达到100%，把吃不上料和喝不上水的鸡只100%挑出。单独饲养：一个好的做法就是每20~25只鸡放入出雏盒内，放入一个小饮水器，撒入料，并重点照顾它们。

四、嗉囊与饱食率

雏鸡最初开始吃料时，都倾向于采食质高好吃的饲料，而这些饲料直接进入嗉囊。嗉囊是生长于鸡只脖颈前，颈与锁骨连接处的一个肌肉囊袋。雏鸡在吃料饮水适宜的情况下，嗉囊内应充满饲料和水的混合物。在入舍后前10小时轻轻触摸鸡只的嗉囊可以充分地了解到雏鸡是否已经饮水采食。最理想的情况下，鸡只嗉囊应该充满圆实。嗉囊中应该是柔软、像稠粥样的物质。如果嗉囊中的物质很硬，或通过嗉囊壁能感觉到饲料原有的颗粒结构，则说明这些鸡只饮水不够或没有饮到水。

嗉囊充满（饱食率）的指标：入舍后6小时，饱食率为80%或以上；入舍后10小时，饱食率为96%或以上。

1日内育雏的重要性占817肉杂鸡饲养全期重要性的50%。

1日内管理好的好处有以下几点：

A. 增强雏鸡对疾病的抵抗力，提高雏鸡成活率。

B. 为育成期提高均匀度打下良好的基础。

C. 控制弱小鸡的发生，为育成期提高育成率打下良好的基础。

D. 有利于提高机体心血管系统和免疫系统的快速发育。

E. 同样也有利于卵黄按时吸收完，这样可以把母源抗体逐渐释放出去，增强了雏鸡抗病能力。

管理重点：让每只雏鸡在最短时间内吃饱料，不惜一切代价刺激食欲，确保1周末体重达200克以上。

817肉杂鸡温度的控制办法：接鸡前2小时到接鸡后2小时温度控制在27~29℃；1~3日龄：30~33℃；4~7日龄：28~30℃；1周内每天下降0.4℃进行控制，等舍温降到24℃左右为准，25℃以下的温度有利于控制舍内有害细菌的繁殖，25℃以下的舍温大多数病原微生物处于休眠期，病原微生物活力差。所以在温度适宜情况下，温度低于25℃时有利于控制疾病的发生。以后不再降温。817

肉杂鸡饲养管理中温度控制至关重要，舍内温度高低直接影响到 817 肉杂鸡采食量的大小，同样也影响到增重。高温会影响到 817 肉杂鸡采食量下降，同样也能给员工造成易疲劳的情况。温湿度对照见表 5-1。

表 5-1　温湿度对照

项目	接鸡前后2 小时	1 日	2~3 日	4~5 日	6~7 日	8~10 日	11~14 日	3 周	4 周后
温度范围（℃）	27~29	31~33	30~32	29~31	28~30	27~29	26~28	25~27	23~25
设定温度（℃）	28	32	31	30	29	28	27	25	23
晚上温度（℃）	29	32	32	31	30	29	28	26	24
相对湿度	75%左右	70%	60%	60%	55%	55%	50%	50%	45%

注：表中温度是鸡背部高度的温度（℃）。

对于全舍供暖式育雏保温伞下育雏，舍温应控制在 31~32℃，每周下降 2~3℃，35 日龄时下降至 21~23℃。这种育雏方式很容易造成雏鸡脱水，应多增加一些饮水器。当发现部分鸡张嘴呼吸时，表明鸡舍温度太高了，应适当增加通风。如果发现雏鸡扎堆，则表明舍温偏低，应增加供热。对于保温伞式育雏，伞下温度应控制在 32~34℃，围栏边应能达到 27℃。鸡群的行为表现更能说明温度是否理想（表 5-2）。

表 5-2　各种条件下舍温（℃）

日龄	温度（℃）		
	伞下温度	鸡舍温度	全舍供热式育雏舍温
1~7	31~33	26~28	30~32
8~14	28~30	24	28~30
15~21	25~28	24	25~28

随着雏鸡的生长发育，应逐步降低鸡舍温度，扩大围栏。

温度的高低与雏鸡的体重和饲料转化率密切相关。低温使雏鸡的饲料消耗量增加、耗氧量增加，易引发腹水症的发生。

育雏前 3 天温度超过 33℃情况下，虽然对育雏影响不太大，但会让雏鸡适应高温，以后就更难管理了，高温也会给员工造成易疲劳的感觉。低温的主要问题是，易降低饲料报酬，同时也易造成雏鸡挤堆的情况，造成弱鸡的出现。温度控制办法：鸡群均匀分布，不张嘴呼吸和不躲离开热源（图 5-3 鸡群表现很好）。

图 5-3　鸡舍温度与鸡群表现

一般掌握供温的原则是：夜间比白天稍高；弱雏比强雏高；大风降温雨雪天比正常晴天高；冬春育雏比夏秋育雏高；免疫前后及鸡雏有病期间比平常要稍微高。

育雏舍应悬挂温度计，温度计要挂在保温伞的边缘或挂在距火炉较远、育雏舍中央偏北侧，温度计悬挂高度应使温度计的水银球与鸡雏的背部在同一高度。

育雏舍的温度是否适宜，除了要参考温度计的读数，更要观察鸡群的表现。温度适宜，雏鸡均匀地分布在育雏室内，活泼好动，叫声清脆，食欲良好，饮水适度，羽毛光亮整齐，休息时睡姿伸展；温度过高，雏鸡远离热源，张口喘气，饮水量增加，张翅下垂，食欲下降，叫声烦躁不安；温度过低，雏鸡相互拥挤、扎堆，聚集在热源周围，羽毛蓬乱，不喜活动，采食、饮水活动减少，不安静休息，并不断发出“唧唧”声；而当育雏舍有贼风时，雏鸡大多密集于贼风吹入口的两侧。总之，饲养者须根据鸡群的表现适时调节舍温。

当鸡舍温度过高时应逐渐降温，打开窗户、排风扇、天窗等，通过排出舍内多余热量或加快气流速度来达到降温的目的，也可以往鸡舍屋顶喷水或在鸡舍内喷雾来达到此目的。

当舍内温度较低时应尽快升温，可增加火炉、密封鸡舍窗户或增加棉门帘、加盖草苫等以达到保暖、提高鸡舍温度的目的。

湿度对雏鸡的生理调节、预防疾病、生长发育等有重要的作用。湿度过大或

过小对肉仔鸡都极为有害，湿度控制的一般原则是前期高些、后期相对低些。一般育雏舍的相对湿度要求为：1~5 日龄以 60%~70% 为宜，5 日龄以后以 50%~60% 为宜。衡量育雏舍湿度是否合适，除了观察湿度计外，还可以通过人体感觉和雏鸡表现来判断。湿度适宜时，人进入鸡舍有湿热感，雏鸡的胫、趾润泽细嫩，羽毛柔顺光滑，鸡群活动时舍内无灰尘。

在生产中，育雏前期雏鸡舍内温度高，雏鸡排泄量小，相对湿度经常会低于标准，所以必须采取舍内补充湿度的措施，如可以向地面洒水，在热源处放置水盆或挂湿物，往墙上喷水等；育雏中期，育雏舍相对湿度经常高于标准，尤其是冬季塑料大棚等保温性能差的鸡舍，舍内相对湿度更是严重超标，使垫料板结，空气中氨气浓度增加，饲料发霉变质，病原菌和寄生虫繁衍，严重影响肉仔鸡的健康，因此，日常要注意管理，加强通风换气，勤换垫料，不向地面洒水，防止饮水器漏水等。

五、观察鸡群动态

观察 817 肉杂鸡动态的方法：每天抽出半小时仔细观察鸡群。观察鸡群的行为，观察鸡群的采食情况；观察鸡群的精神状态；触摸鸡只的肌肉丰满度；观察鸡只主翼羽脱落情况及羽毛损伤情况。

观察姿势行为：

健康鸡：站立有神，反应灵敏，食欲旺盛，分布均匀。

病鸡：精神萎靡，步态不稳，翅膀下垂，离群独居，不思饮食，闭目缩颈，翅下打盹。

拥挤与接近热源提示温度太低。远离热源，展翅伸脖，张口呼吸，饮水增加提示温度过高。行走无力，蹲伏姿势提示佝偻病、关节炎。腹部膨大，企鹅样站立行走提示腹水症。两腿麻痹、两肢一前一后伸提示马立克病。仰头观星，头颈僵硬，或一侧弯曲提示新城疫或维生素 B_1 缺乏症。

观察时间是早晨、晚上饲喂的时候，这些时间鸡群健康或病态表现明显。观察时，主要从鸡的精神状态、食欲、行为表现、粪便形态等方面进行观察，特别是在育雏第一周，这种观察更重要。如果发现呆立、耷拉翅膀、闭目昏睡或呼吸有异常的鸡，要隔离观察，查找原因，对症治疗。

要准确记录鸡群每天的采食量、饮水量，发现有变化，往往提示鸡群正在经受应激或有可能是发生疾病的前兆。

观察粪便：观察粪便可以粗略掌握鸡群内消化道的部分疾病，应从粪便的颜色、气味、形状、黏稠度、粪便中的异物及粪便中是否带血，来判断鸡群是否正常。

要经常检查粪便形态是否正常，有无拉稀绿便或便中带血等异常现象。正常的粪便应该是软硬适中的堆状物或条状物，上面附有少量的白色尿酸盐沉淀物。

粪便中带深红色血：多为肠胃出血引起，肠胃出血有急性传染病、肠胃寄生虫病等；深棕红色血提示多为胃部及肠道前段出血；血鲜红色提示多数肠道后段出血。

粪便颜色为绿色多为急性、热性、烈性传染病引起的胆囊炎症。粪便颜色为白色多为不同原因及疾病引起的肾脏及泌尿系统疾病。粪便颜色为黑色为饲料中含血粉或者肠道内慢性、弥漫性出血。

一般来说，稀便大多是饮水过量所致，常见于温热季节；下痢是由细菌、霉菌感染或肠炎所致；血便多见于球虫病；绿色稀便多见于急性传染病如鸡霍乱、鸡新城疫等。

听鸡群动静，是了解鸡群的详情的一个重要方法。听鸡群动静需要在绝对黑暗的情况下，也要在关灯半小时后进行，环境也较安静、无杂音时进行，了解鸡群是否有呼吸杂音。

在夜间仔细听鸡只呼吸音，健康鸡呼吸平稳、无杂音，若鸡只有啰音、咳嗽、呼噜、打喷嚏等症状，提示鸡只已患病，应及早诊治。

注意观察鸡冠大小、形状、色泽。若鸡冠呈紫色，表明鸡体缺氧，多数是患急性传染病，如霍乱、新城疫等；若鸡冠苍白、萎缩，提示鸡只有缓慢性传染病，病程长，如贫血、球虫、伤寒等。同时还要观察鸡的眼、腿、翅膀等部位是否正常。

第六章　817 肉杂鸡的基础管理

817 肉杂鸡饲养周期短，担不起一点点问题的出现，只要出现一点问题，817 肉杂鸡生产管理就会失败。所以，817 肉杂鸡场管理人员应是最优秀的管理人员，鸡舍里的环境条件也应是最好的条件。

一、鸡场的环境控制

817 肉杂鸡生产有三个方面的要求：①饲料和饮水；②环境控制；③健康保护。这三个方面对 817 肉杂鸡的生存和生产都是至关重要的，但不能把它们的重要性分出先后次序。环境控制的可变性最大，也就是说，817 肉杂鸡生产者可以通过管理来改变一些因素，从而提高成活率和生产性能。我们所讲的“舍内小气候控制”包括 817 肉杂鸡舍的建筑结构及使鸡群不受外界不良环境影响的措施。进风口内的导流布如图 6-1 所示。

图 6-1　进风口内的导流布

舍内小气候控制：涉及的管理因素包括温度、空气质量、垫料质量，这些因素是相互作用的，通常 817 肉杂鸡生产者改进了一个因素的同时，也改进了其他因素。例如，当鸡舍内增加新鲜空气量时，排出舍内热空气而改善了鸡舍的温度，同时，带走了舍内多余的水分而改善了垫料质量。

事实上最重要的管理因素是提供“可控的空气”，这种可控的空气是通过通风和加热来实现的。我们所讲的鸡群感受到的空气温度是由舍内静止空气温度、风冷作用或两者结合作用的结果。影响空气质量的主要是舍内氨气、其他气体、灰尘、病毒颗粒、细菌及霉菌孢子的数量，817 肉杂鸡生产者对舍内空气质量的管理对影响 817 肉杂鸡生产的其他方面起很大的作用。例如，舍内温度将影响到鸡群对饲料和饮水的消耗量，通风可以降低舍内病毒颗粒的浓度，减少舍内细菌和寄生虫的数量。鸡舍空气中的氨气影响呼吸道的病毒；有害细菌及霉菌孢子都能单独对鸡群产生较大的影响，如果它们综合作用将对 817 肉杂鸡的健康和鸡群的生长产生更为严重的影响。1 日龄雏鸡的最大生长潜力主要取决于所选种鸡品种的遗传潜力，这种最大生长潜力在雏鸡到达鸡场时就已成为定局；而这种生长潜力实现多少主要取决于鸡舍内的环境控制，如果鸡群受到温度变化，受不好的空气质量或受疾病等方面的应激，鸡群就不能采食到足够的饲料和饮水，不能发挥最大生长潜力。因此，鸡舍环境控制是 817 肉杂鸡生产者实现在最短时间使肉杂鸡达到最大的体重而且成本最低的关键。在饲料转化为鸡肉的过程中，鸡体首先利用饲料中的营养满足鸡体的维持需要，例如维持鸡的体温。在鸡的维持需要满足之后，剩余的营养成分才用来满足生长和增重的需要，在鸡舍过热或过冷的情况下，饲料/饮水不足或者鸡群发病，鸡群把 24 小时采食到的饲料几乎完全用于维持需要而没有任何生长或增重。换句话说，一只 40 天的 817 肉杂鸡必须先满足维持需要才可能将所获取的营养转换成 40 天的体重，这就是我们为什么要为鸡群提供最佳环境条件，这样可以使鸡群利用最少的饲料营养用于维持状态，而使更多的营养用于生长需要。鸡体内部的热量平衡是关系到 817 肉杂鸡最大限度生长的最重要因素，如果环境温度过低，鸡体不得不利用饲料中的能量来维持自身的体温，如果环境温度过高而且空气是静止的，鸡体将使用饲料中的能量，抬起翅膀并进行浅促式呼吸，以排出体内多余的热量，从而保持鸡体正常温度。流动的空气可帮助鸡体散发热量。如果静止的空气温度过高而使鸡群感觉不舒适，我们可以使空气流动，达到 2.5~3 米/秒的风速，利用风冷作用来降低鸡体的温度。相反，如果静止的空气温度过低，使鸡群感到不舒适，任何空气流动都将使鸡群利用更多的饲料能量来维持体温。如果鸡舍的环境温度最适宜时，鸡群的增重应是最好的。同品种两群 817 肉杂鸡生产性能差异显著，主要是鸡体维持

需要不同而造成的。而维持需要的不同主要与温度过低或过高，是否有贼风，空气质量的好坏，喂料和饮水情况，疾病等因素等有关。通常鸡群的维持需要越低，饲料中的营养用于生长的越多，鸡群的生产性能表现越好。

随着 817 肉杂鸡的生长，更多身体功能需要维持，817 肉杂鸡在生长过程中，采食的饲料逐渐增加，饲料中用于维持需要的营养成分数量即使在理想的环境条件下，也会不断增加，在正常情况下，817 肉杂鸡的饲料转化率在早期的生长阶段最好，随着体重的增加而不断降低。虽然雏鸡的体形较小，但是这个阶段的生长是最经济和最有效的。随着 817 肉杂鸡的生长，维持需要不断增加，饲料转化率不断降低。

从以上我们了解到，817 肉杂鸡早期的环境管理是最为关键的，它可以获得最经济的体重增长。尽管 817 肉杂鸡早期体重增加的绝对值较小，但是它对 817 肉杂鸡后期体重增加将产生很大影响。资料已证明，雏鸡进场后能立即饮水和采食与鸡群全期的生长性能呈正相关。在第 1 周为雏鸡提供良好的营养水平，使得雏鸡的某些系统得到良好发育，为今后 817 肉杂鸡的生长打下良好的基础。换句话说，早期的生长缓慢不能在后期得到补偿。但是我们也应注意，817 肉杂鸡育雏的前 2 周管理的重要性也不能被夸大。

有一些环境因素对 817 肉杂鸡生长的影响看上去是不显著的，这种影响随着时间的推移而不断增加。例如：环境温度或空气质量的微小变化对单个 817 肉杂鸡生长性能的影响是有限的。但是在每场 50 000 只或 100 000 只的情况下，我们就要考虑这种影响。

鸡场管理的重点是整个鸡群的平均生产性能而不是鸡群中某一个体的生产性能，这就要求为整个鸡群提供有利的饲养环境条件。因此，817 肉杂鸡场的良好管理将从这种大规模的饲养中得到回报。管理不好，情况正好相反。在从事 817 肉杂鸡生产的 20 多年中，我们时常忘记我们管理的重点不是某一个体而是使整个群体获得最佳的生产性能。温度、空气质量、通风情况、垫料质量等的微小变化对 817 肉杂鸡某一个体的影响可能是比较小的，而对于不低于 20 000 只规模的大群影响将是非常大的。

下面让我们对上面所讲的对 817 肉杂鸡个体和 20 000 只规模的 817 肉杂鸡群体的影响做一个简单的数学计算。1 磅相当于 454 克，1/10 磅相当于 45 克，1/100磅相当于 4. 5 克。现在 4. 5 克相当于一个人加入一餐中肉、土豆、蔬菜等食物的盐分总量，如果一只 817 肉杂鸡每天有 4. 5 克增重用于维持需要，我们对它很难测定，而且它对这只 817 肉杂鸡的生长影响不大，然而 4. 5 克乘以 20 000 只 817 肉杂鸡将是 90 000 克，几乎在一天中损失 198 磅的增重，如果某一天再发生这种情况，20 000 只的鸡群中 2 天共损失 396 磅的增重。

现代环境管理理论指出，在饲养规模为 20 000 只、40 000 只、100 000 的 817 肉杂鸡场中，为鸡群提供的环境条件的微小差异都对整个鸡群经济效益产生影响，我们同时牢记前面所讲大多数管理因素对鸡群的影响是累加的，要为鸡群的早期提供最佳环境条件尤为重要。当比较同一场不同群体或不同场的 817 肉杂鸡生长性能时，毫无疑问，环境条件总是对生产性能最差的批次影响最大，一个养鸡业主的获利潜力主要取决于饲养规模的大小及 1 日龄雏鸡的遗传潜力，1 日龄雏鸡的遗传潜力包括生长速度、饲料转化率、成活率、胴体质量、胸肉率和可销售肉的磅数，这些遗传潜力能实现多少，养鸡场主真正获利多少则主要取决于从 1 日龄开始为鸡群提供的环境条件情况。生长潜力转化收入潜力多少，这是养鸡场主饲养一群 817 肉杂鸡可能获利多少的决定因素，要从鸡群获得最大的收益，就要为鸡群提供最佳的环境条件。就像我们上面所举的例子，如果鸡场的最佳环境条件受到破坏，20 000 只群体中将损失 198 磅的肉，如果按每磅 5 美分计算，将损失 10 美元。一批 20 000 只的 817 肉杂鸡群损失 10 美元并不多，但我们必须了解，这只是每天每只鸡损失 1/100 磅的鸡肉，如果一群鸡每天损失 10 美元，鸡场主能承受多少这种损失呢？我们换一个角度来看这个问题，鸡场主加强对环境的管理可以有很大的潜力增加收入。

二、鸡舍的基础管理

鸡舍的基础管理即常规管理。基础管理虽然各期有所不同但重点都是一样的，它是 817 肉杂鸡饲养成败的关键。

1. 喂料管理　重点在 1 周内。817 肉杂鸡的饲养，喂料的管理事关重大，栏内喂料一定要准料位；料量一定要均；栏内加料方法不准改变；加料一定要准；化验各期饲料品质；杜绝撒料。

管理重点：每日统计准确无误的料量；每天都要有一定的控料时间，每天控料时间不少于 1 小时（吃净料桶内颗粒饲料后计时）。8 日龄开始控料，喂料办法应是：每天的加料量应分 3 次进行，第一次加前一天料量的 2/3，放到控料后的第一次加料，一般应是下午 6 时进行，第二天早上加 1/3 的料量，上午进行匀料，能再加入多少就是当天增加的料量，这样持续下去每天都能统计准确料量，有利于最早发现鸡群的不正常情况。若出现采食量减少就要找清原因进行处理，否则就会出现大的问题了。

2. 引起采食减少的原因

（1）疾病的发生，所有疾病发生首先都要影响到食欲，进而才会影响死淘率。

（2）大的应激因素出现也会影响到采食量下降，大的应激有：室内温度过高引起热应激、室内温度过低引起的冷应激、异常举动和响动引起的惊吓等。

（3）水供应不足。水线有断水现象发现太晚，或者水线偏高、偏低。

（4）加料办法改变，一次加料太多，或者是统计料量不准。找清料量减少的原因才能避免更大的问题出现。所以鸡的采食时间和吃料量是最关键的记录数据。这是每个 817 肉杂鸡场管理人员都要关心的问题。

最初 10 小时可以将饲料撒在干净的报纸、料袋、塑料布或饲养盘上让鸡采食。为节省饲料，减少浪费，1~4 日龄使用开食盘喂料，可以采取湿拌料饲喂。自 4~5 日龄起，应逐渐加入 2 千克小料桶，7~8 日龄后全改用 10 千克大料桶。除第 2~3 周需要控制饲喂料量外，其他时间自由采食。第 2~3 周实行限饲喂，只是为了给鸡群一个净料桶的时间，增加鸡群的运动量，不是为了让其少采食饲料，每天要控制 2 小时不喂料，可减少 817 肉杂鸡猝死症的发生而不影响后期体重。饲喂次数应适宜，不少于 3 次，一般第一周每天喂 6~12 次，第二周每天喂 4 次，以后一直到出栏每天喂 3 次。一般每 20~30 只鸡需要一个料桶。料桶放置好后，其边缘应与 817 肉杂鸡的背部等高，每次加料不宜过多，可减少饲料的浪费、在鸡舍造成污染和失去新鲜度，避免降低鸡只的食欲。目前 817 肉杂鸡的饲料配方一般分三段制：0~3 周龄使用前期饲料，前期饲料应分为两种：颗粒破碎料和颗粒料两种，这样分有利于前十几天的采食和提高后几天采食速度。

4~5 周龄用中期料，6 周龄至出栏用后期料。应当注意，各阶段之间在转换饲料时，应逐渐过渡，有 3~5 天的适应期，若突然换料易使 817 肉杂鸡出现较大的应激反应，引起鸡群发病。

817 肉杂鸡饲养管理过程中，任何时候提高鸡群的食欲都是管理的关键。所以应以一天为单位，每天都有一个增料速度。随着鸡只的成长，其自身活动需要的营养是一定的，也就是说每只鸡在一天内得有一定量的饲料去维持自身活动需要，只有多于这些的料量才会增长体重。

3. 饮水管理　水是生命之源，对于 817 肉杂鸡的管理，水应放在第一位。水的有益的方面要合理利用，有害的方面要合适控制；管理上要做到提高水对鸡有益的方面，避免水对鸡舍内管理有害的方面。

水对鸡有益的方面的管理：常言道“水是生命之源”，管理以确保不断水为准；按所用饮水器种类不同制定冲洗水管的周期时间表，任何时间确保水管不阻塞，不过高过低。勤修理饮水器防止断水；提高责任心准时开关水线。

避免水有害的方面的管理：想尽办法防止饮水器洒水，减少舍内有害气体浓度；确保饮水不洒水；确定饮水器及各种自动饮水器高度让鸡抬头饮水，尽量不让鸡在运动中撞到饮水器；对于普拉松饮水器要确定水位高低，以饮水器拉离中线 30°不洒水为准；清理饮水器下多余的水。

4. 水线消毒办法　每天为鸡只提供洁净饮水，是确保鸡群健康和实现最佳经济效益的必要条件。由于输送饮水的管线不透明，看不到里面的情况，因此，在空舍期内清洗和消毒鸡舍时，很容易忽略这一重要部分。每批鸡淘汰后，应认真清洗消毒饮水系统。

良好的饮水卫生，需要一套完善的饮水系统清洗消毒程序。水线的结构多种多样，它们的状态不断变化，这些都给水线卫生带来了挑战。不过，我们可以利用日常的水质信息、正确的清洗消毒方法和少许的努力，就能化解这些挑战。遵循下列指导原则，鸡只将拥有一流的饮水供给。

（1）分析水质：分析结垢的矿物质含量（钙、镁和锰）。如果水中含有 90×10^{-6}以上的钙、镁，或者含有 0.05×10^{-6}以上的锰、0.3×10^{-6}以上的钙和 0.5×10^{-6}以上的镁，那么就必须把除垢剂或某种酸化剂纳入清洗消毒程序，这些产品将溶解水线及其配件中的矿物质沉积物。

（2）选择清洗消毒剂：选择一种能有效地溶解水线中的生物膜或黏液的清洗消毒剂。具有这种功用的最佳产品就是浓缩过氧化氢溶液。在使用高浓度清洗消毒剂之前，请确保排气管工作正常，以便能释放管线中积聚的气体；此外，请咨询设备供应商，避免不必要的损失。

（3）配制清洗消毒溶液：为了取得最佳效果，请使用清洗消毒剂标签上建议的上限浓度。大多数加药器只能将原药液稀释至 0.8%～1.6%。如果您必须使用更高的浓度，那么就在一个大水箱内配制清洗消毒溶液，然后不经过加药器、直接灌注水线。例如，如果要配制 3%的溶液，则在 97 份的水中加入 3 份的原药液。最好的清洗消毒溶液可用 35%的过氧化氢溶液配制而成。

（4）清洗消毒水线：灌注长 30 米、直径 20 毫米的水线，需要 30～38 升的清洗消毒溶液。如果 150 米长的鸡舍，有 2 条水线，那么最少要配制 380 升的消毒液。水线末端应设有排水口，以便在完全清洗后开启排水口，彻底排出清洗消毒溶液。请遵循下列步骤，清洗消毒水线：

1）打开水线，彻底排出管线中的水。

2）用清洁消毒溶液灌入水线。

3）观察从排水口流出的溶液是否具有消毒溶液的特征，如带有泡沫。

4）一旦水线充满清洗消毒溶液，请关闭阀门；根据药品制造商的建议，将消毒液保留在管线内 24 小时以上。

5）保留一段时间后，冲洗水线。冲洗用水应含有消毒药，浓度与鸡只日常饮水中的浓度相同。如果鸡场没有标准的饮水消毒程序，那么可以在 1 升水中加入 30 克 5%的漂白粉，制成浓缩消毒液，然后再以每升水加入 7.5 克的比例，稀释浓缩液，即可制成含氯（3~5）$\times10^{-6}$的冲洗水。

6）水线经清洗消毒和冲洗后，流入的水源必须是新鲜的，并且必须是经过加氯处理的［离水源最远处的浓度为（3~5）$\times10^{-6}$］。如果使用氧化还原电位计检查，读数至少应为 650。

7）在空舍期间，从水井到鸡舍的管线也应得到彻底的清洗消毒。最好不要用舍外管线中的水冲洗舍内的管线。请把水管连接到加药器的插管上，反冲舍外的管线。

（5）去除水垢：水线被清洗消毒后，可用除垢剂或酸化剂产品去除其中的水垢。柠檬酸是一种具有除垢作用的产品。使用除垢剂时，请遵循制造商的建议。

1）将 110 克柠檬酸加入 1 升水中，制成浓缩溶液。按照 7.5 克：1 升的比例，稀释浓缩液。用稀释液灌注水线，并将稀释液在水线中保持 24 小时。重要的是：要达到最佳除垢效果，pH 酸碱度必须低于 5。

2）排空水线。配制每升含有 60~90 克 5%漂白粉的浓缩液，然后以 7.5 克浓缩液：1 升的比例稀释成消毒溶液。用消毒溶液灌注水线，并保持 4 小时。这种浓度的氯可杀灭残留细菌，并进一步去除残留的生物膜。

3）用洁净水冲刷水线（应在水中添加常规饮水消毒浓度的消毒剂，每升浓缩液中含有 30 克的 5%漂白粉，然后再以 7.5 克：1 升的比例进行稀释），直至水线中的氯浓度降到 5×10^{-6}以下。

（6）保持水线清洁：水线经清洗消毒后，保持水线洁净至关重要。应为鸡只制定一个良好的日常消毒规程。理想的水线消毒规程应包含加入消毒剂和酸化剂。请注意，这种程序需要两个加药器，因为在配制浓缩液时，酸和漂白粉不能混合在一起。如果只有一个加药器，那么需在饮水中加入每升含有 40 克 5%漂白粉的浓缩液，稀释比为 7.5 克浓缩液：1 升。我们的目标就是，使鸡舍最远端的饮水中保持（3~5）$\times10^{-6}$的氯浓度。

其他可用的清洗消毒剂：①臭氧（O_3）：是一种非常有效的细菌病毒杀灭剂和化学氧化剂；它与铁、锰元素起反应，使两者更容易被过滤清除。它的功效不受 pH 值影响，与氯同时使用时，能使氯失活。臭氧是一种接触消毒剂，挥发很快，水线中不会有残留物。②二氧化氯：正逐渐被用作家禽饮水消毒剂，因为新的生成方法已经解决了它的应用问题。作为一种杀菌剂，二氧化氯和氯一样有效；作为病毒杀灭剂，它比氯效率更高；在去除铁、锰方面，它比氯更出色。它不受pH值的影响。

（7）清洗注意事项：

1）请不要把酸化剂用作水处理的唯一方法，因为单独使用酸化剂可以造成细菌和真菌在水线中生长增殖。

2）越来越多的人把过氧化氢用作饮水消毒剂。pH值和碳酸盐的碱性影响过氧化氢的效率；它可以被储存，但过期后很容易失效。它是一种强氧化剂，但不会有任何残留。

3）过氧化氢刺激性强，操作需要格外小心。使用前，必须在设备组件上做一个试验。为了防止对人员和设备造成损伤，必须严格遵循操作和使用剂量的说明。经硝酸银稳定处理的50%过氧化氢，被证明是一种非常有效的消毒剂和水线清洁剂，而且它不会损伤水线。

4）当给鸡只使用其他药物或疫苗时，应停止在饮水中加氯（或其他消毒剂）。氯能使疫苗失活，能降低一些药物的效力。投药或免疫结束后，应在饮水中继续使用氯或（和）其他消毒剂。

5）水线卫生要符合地方法规的要求，请咨询地方权威部门。请务必始终遵循设备和药品制造商的使用指导原则。

（8）水线堵塞：水线堵塞的原因多数是不完全溶解的药品与水中的沉积物引起的生物膜。使用一些酸性制剂可把生物膜清除，但要预防酸的副作用。生物膜是微生物附着在管壁而形成，为更多有害的细菌和病毒提供保护场所，避开消毒剂的攻击；沙门菌在水线的生物膜里可生存数周；有害细菌还可以利用生物膜作为食物来源；降低水的适口性；堵塞供水系统，造成水线末端流速缓慢，更适宜微生物生长；生物膜有机物中和消毒剂，降低消毒效力；影响药物、维生素和疫苗的使用效果。

酸性水质净化剂的作用：水质净化，杀菌；降低饮水pH值，酸化肠道；清洗饮水系统，除垢，除生物膜；同时也起到酸化剂的作用；促进消化功能；提高采食量。

改善生产性能清洁饮水系统：

在空舍期间：用高压水冲洗管道（双方向），用酸性水质净化剂2%水溶液浸泡24小时；保留至新鸡群进入（如果临近接鸡）。

生产期间：傍晚关灯前用高压水冲洗管道（双方向）；之后用1%～2%酸性水质净化剂水溶液浸泡管道系统至次日天明前。再次用高压水冲洗管道。之后要逐个检查饮水器，看是否有堵塞现象，并及时排除。然后用0.1%～0.2%酸性水

质净化剂溶液加入正常饮水。

饮水管理：及时调节水线高度。

应在雏鸡入舍前1天在贮水设备内加好水，使雏鸡入舍后可饮到与室温相同的饮水，也可将水烧开凉至室温，这样操作是为了避免雏鸡直接饮用凉水导致胃肠功能紊乱而下痢。

育雏期间应保证饮水充足，饮水器的高度要随着鸡群的生长发育及时调整。使用普拉松饮水器应保持其底部与鸡背平；如果使用乳头饮水器，在最初两天，乳头饮水器应置于鸡眼部高度，第3天开始提升饮水器，使鸡以45°角饮水，2周后继续提升饮水器，使鸡只伸脖子饮水。

第一次给肉用雏鸡饮水通常称为开水。开水最好用温开水，水中可加入3%~5%的葡萄糖或红糖、一定浓度的多维电解质和抗生素，有利于雏鸡恢复体力，增强抵抗力，预防雏鸡白痢的发生。一般这样的饮水须连续供应3~4天。从第4天开始，可用微生态制剂饮水用来清洗胃肠、促进胎粪排出。水温要求不低于24℃，最好提前将饮水放在育雏舍的热源附近，使水温接近舍温。

肉仔鸡的饮水一定要充足，饮水量的多少与采食量和舍温有关。通常饮水量是采食量的2~3倍，舍温越高，饮水量越多，夏季高温季节饮水量可达到采食量的3.5倍，而冬季寒冷季节饮水量仅是采食量1.5~2倍。刚到的雏鸡1 000只大概能饮水10千克。

饮水器应充足，每只鸡至少占有2.5厘米的水位。饮水器应均匀分布在育雏舍内并靠近光源四周。饮水器应每天清洗2~3次，每周可用3 000倍液的百毒杀消毒2次；饮水器的高度要适宜，使鸡站立时可以喝到水，同时避免饮水器洒漏弄湿垫料。

817肉杂鸡不断喙的饲养管理办法：暗光饲养管理办法、严格分栏的办法。

以前在817肉杂鸡的饲养管理中都要断喙，担心出现恶癖现象，这只是一个方面，其实主要是817肉杂鸡是蛋鸡的后代，依照以往的习惯就断喙了。其实不断喙也没有关系，但要避免不断喙就出现上述现象，要通过暗光饲养管理办法和严格分栏的办法来解决。

暗光饲养管理办法：就是在正常光照情况下，817肉杂鸡喜动爱争斗，8日龄以后光照强度不高于3勒克斯即可。同时避免有直射光线进入鸡舍。光照对于鸡来说影响比较大。

严格分栏的办法：就是把鸡群分成若干栏，目的是避免鸡只由于某种响动、喂料、光线等原因积聚在一起时密度过大而引起鸡只打架。

图 6-2 适宜温度鸡舍

图 6-3 低温鸡舍

任何生命想正常生长发育都有它适宜的生存条件。对于鸡只而言，亦需要适宜的温度和湿度、良好的通风和供氧。

舍内适宜温度的控制：鸡群最适宜温度，2～3 日龄是 31～32℃为宜；4 日龄

30~31℃；5 日龄 29~30℃。鸡只在最适宜的温度下表现如图 6-2 所示，表示当时舍内温度在 29℃左右为适宜温度，以后按标准进行即可，温度控制主要结合鸡群表现进行。

低温鸡舍：鸡只集聚在热源处或温度偏高的地方，雏鸡聚积在一起，界线分明，雏鸡也会乱挤在饲料盘内（图 6-3）。肠道和盲肠内物质呈水状和气态，排泄的粪便稀且出现糊肛现象。若温度在偏低时会表现为雏鸡聚在一起头伸到其他鸡身上，更有甚者，部分雏鸡钻到别的雏鸡身体下面，引起伤热、畏冷，已经出现这种情况就难养了。雏鸡受冷应激的影响是：雏鸡在生命中最初几天受凉，日后会出现死亡率增加、应激、脱水、生长速度慢和均匀度差，较易发生腹水症等后果。

高温鸡舍：热风筒下 5~9 米没有鸡只或鸡只很少，鸡只都积聚在墙边处，头伸到墙脚处；离热源（热风筒）越近鸡只越少，如图 6-4 所示。雏鸡伸出头颈张嘴喘气。雏鸡寻求舍内较凉爽、远离热源沿墙边的地方。雏鸡拥挤在饮水器周围，全身湿透。饮水量增加。嗉囊由于过多的水分而膨胀。雏鸡受热应激的影响是：脱水，导致死亡率高；出现矮小综合征和鸡群均匀度差；饲料消耗量降低，导致生长速度慢。严重情况下，由于心血管衰竭（猝死症）的死亡率较高。到了 7 日龄，温度适宜时：鸡群分布很好，采食饮水都很正常。舍内温度与鸡群表现应是：温度在 28.5~29.5℃。鸡群分布很好，不管什么地方不出现过冷集堆和过热躲避现象，温度在 28~30℃时舍内这种现象都不太明显了。

图 6-4　高温鸡舍

湿度和温度方面：前3天湿度不足，以后湿度又偏大；对于种鸡的一生温度非常重要，但不同时期温度控制也不一样，各期适宜温度；舍内温差的控制；昼夜温差不高于2℃；舍内不同点的温差不高于2℃。

舍内湿度过大的原因有：饮水器洒水；鸡群腹泻；长期阴雨天气；通风不良；垫料控制不良。

舍内湿度过大，舍内易产生氨味。通风的一个重要目的是防止舍内有氨味存在。防止舍内湿度过高或过低。舍内空气湿度过高，促进有害气体的产生，夏天不易降温；湿度低则空气中尘埃过多，导致严重的呼吸道疾病，气囊炎等病变。

防止缺氧。缺氧会使肉仔鸡腹水症发生率大大提高，鸡的生长速度和成活率等都受影响。

测定817肉杂鸡舍内氨气浓度的一般标准：（10~15）$\times10^{-6}$可嗅出氨气味；（25~35）$\times10^{-6}$开始刺激眼睛和流鼻涕；50×10^{-6}鸡只眼睛流泪发炎；75×10^{-6}鸡只头部抽动，表现出极不舒服的病态。

5. 冬季鸡舍要降低氨气浓度 农户冬季养鸡只注意鸡舍的防寒保暖往往忽视了通风换气，使舍内有害气体如氨气、硫化氢、二氧化碳特别是氨气的浓度升高。氨气是一种无色而具有强烈刺激性臭味的气体，比空气轻（相对密度为0.5%），可感觉最低浓度为5.3×10^{-6}。当鸡舍内处于湿热潮湿环境、高密度的饲养、垫草的反复利用和通风不良等情况都会促使氨浓度增高，如封闭鸡舍一般含量为(4~10)$\times10^{-6}$，高者可达90×10^{-6}。而开放鸡舍则一般为3×10^{-6}左右。

氨气的溶解度极高（0℃时1升水可溶907克），故常被吸附在鸡的皮肤黏膜和眼结膜上，从而产生刺激和炎症。鸡对氨很敏感，即使很低浓度（5×10^{-6}）也会引起结膜炎症和上呼吸道黏膜充血、水肿及分泌物增多。氨气可麻痹呼吸道纤毛和损害黏膜上皮组织，使病原微生物易于侵入，减弱鸡对疾病的抵抗力。氨气被吸入肺后容易通过肺泡进入血液，与血红蛋白结合，破坏运氧功能。当鸡舍中氨气浓度达20×10^{-6}，持续6周以上，就会引起鸡肺充血、水肿、鸡群食欲下降，生产力降低，易感染新城疫等疾病；如达50×10^{-6}，数日后鸡发生喉头水肿、坏死性支气管炎、肺出血，呼吸频率降低，并出现死亡。肉种鸡若在（50~80）$\times10^{-6}$的环境中饲养2个月，产蛋率将减少9%；在100×10^{-6}的环境中饲养10周，产蛋率由81%下降到68%，即使将鸡再置于正常的环境中，也需12周才能恢复生产。综上所述，鸡舍内氨气的允许浓度应小于20×10^{-6}。

怎样消除鸡舍内的氨气呢？

（1）及时清除鸡舍中的粪便和垫料。

（2）在做好舍内保温同时要重视排污排湿，定期打开风扇和加大换气孔，

以人进入鸡舍感到无闷气、无刺鼻、不刺眼为好。

（3）在鸡舍内撒磷肥（过磷酸钙），过磷酸钙可与之结合生成磷酸铵盐。方法每周撒 1 次，每 10 平方米可撒磷肥 0.5 千克。

（4）喷雾过氧乙酸，这是氧醋酸和过氧化氢合成的强氧化剂，可与氨气生成醋酸铵；同时能杀灭多种细菌和病毒，却对鸡、肉、蛋无害。将市售 20%过氧乙酸溶液稀释成 0.3%浓度，每立方米空间喷雾 30 毫升，每周 1~2 次；如在鸡群发病期间，可早晚各喷雾 1 次。

6. 舍内通风的管理　我国外界温度全年的温差可达到-15~40℃，昼夜温差可达到 20℃左右。然而直接影响鸡只体表温度的相对湿度，其范围可从干热季节的 30%达到湿热季节的 90%以上。纵向通风系统是亚洲许多地区商品代 817 肉杂鸡饲养场所应选择的通风方式。

该系统控制管理着鸡舍内三个主要的环境因素：温度、相对湿度和空气流速。通常情况下，21 日龄前对雏鸡给予过量的通风对雏鸡体重、饲料转化率和鸡群成活率都会产生负面影响。在实际生产中我们经常可遇到典型的 CRD（慢性呼吸道疾病）特征。同样，对 21 日龄以上的大龄鸡只来讲，通风管理不良造成的“热应激”状况更加严重。了解纵向通风系统，特别是“风制冷”的基本概念以及鸡只在整个饲养过程中能够实际“感觉”到的可感温度。我们还将看到如何利用通风系统的各种模式为鸡只从育雏期到出栏的各个阶段提供最佳饲养环境。纵向通风系统采用的是负压通风并具有三个不同的模式，该系统可有助于商品代 817 肉杂鸡饲养管理人员在变化多端的气候条件下，控制好鸡舍环境并生产出经济效益好、质量高的肉鸡产品。

（1）纵向通风模式：该模式常用于生产者需要在炎热潮湿的条件下为大龄鸡群提供舒适的环境，日龄超过 21 天、羽毛完全覆盖的鸡群或者在鸡舍温度超过理想水平时。

（2）过渡通风模式：该模式适用于最小通风或纵向通风都不能满足鸡群日龄所需要温度情况下所采用的负压通风，该系统通常使用鸡舍大约一半数量的风机，有时需要配合使用蒸发冷却系统。

（3）最小通风模式：该模式为各个季节育雏阶段所使用的通风模式。该模式仍可用于外界温度低于舍内理想温度时使用。通风系统通常需要配合使用冷却系统。冷却系统可为湿帘冷却系统或由舍内湿度计控制的喷雾系统。在外界温度高于舍内所需要的理想温度时，冷却系统可介入任何模式的通风系统。日龄较小的鸡群不需要，也不应该置放于高气流或“风”速的环境下。年龄较大的鸡群需要较高的风速，这是由于鸡只此时羽毛发育较好并基本覆盖全身，再者是由于

其机体的发育所产生的热能增大。当查看鸡舍内干球温度计了解舍内温度时，所看到的是空气中的实际温度。然而鸡只所感觉到的温度则有所不同。感觉的温度是风制冷、干球温度、风速和鸡只日龄所综合的温度。空气流速和制冷效果无论怎样，鸡只的行为才是鸡只“舒适”的最佳指征，决不是干球温度计上显示出的温度。世上尚没有一个方法可以准确预测或准确计算风制冷的效果到底应该是多少。以往的经验告诉我们，鸡群在 4 周龄时每运转一个直径为 1.4 米的风机，鸡群应感到 1.4℃风制冷的效果。如果鸡舍内断面安装有挡风帘，则应监测空气的流速并适当减少运转风机的数量。

（4）鸡只的行为：为了发挥鸡只最佳的生理潜能，观察鸡只行为应是最基本的要求。切不可仅依赖监测设备和测量设备来调整鸡舍内部的环境。如果鸡只能够正常采食和饮水并均匀地分布于整个鸡舍，说明环境条件适合。正在受凉的鸡只通常会表现得十分懒惰，或深藏于垫料之中，或互相拥挤在一起，或躲在柱子和饲喂器后面躲避它们所感到的贼风。饲养管理人员应该了解每天不同时间阶段湿度与温度之间的关系，这是整个饲养周期对生产性能产生巨大影响并影响鸡群生长和成活率的问题。如果相对湿度超过 80%，饲养人员就要确保舍内温度不能高于 30℃，应该提前开启冷却降温系统。这是非常重要的一点，只要温度不高于 30℃，则湿度再高也没有问题。我们应该明白鸡只通过张嘴喘气来散发热量，如果空气中湿气饱和，较高的相对湿度，鸡只体温就会开始过高，从而受到热应激侵袭，这时只有加大风速，确保舍内温度不高于 30℃即可，风速不低于 2.5 米/秒。

如今现代化的 817 肉杂鸡舍都由先进的计算机系统来控制。计算机测量和控制着鸡舍内的供暖、降温、照明和通风系统并显示出鸡舍的实际温度和相对湿度。然而，饲养管理人员也要亲自观察，这才是确保整个系统处于最佳工作状态的重要保障。较陈旧的鸡舍可购买安装一些电子设备，以相对较低的费用来改造鸡舍，这样有助于利用监测和控制系统来改进鸡舍环境的管理。

（5）1~21 日龄的育雏管理：1~21 日龄阶段正是饲养管理人员为雏鸡供暖的时间阶段，供暖归供暖，切不可以牺牲空气质量作为代价，确保舍内空气新鲜无异味。此阶段的通风模式应为最小通风量或过渡通风。育雏可以采用整舍、局部或部分鸡舍育雏，但饲养人员必须能够容易观察鸡只的行为和确保空气的质量。育雏阶段雏鸡上方的风速应为每秒 0.3~0.6 米。至 21 日龄应达到每秒 1 米以上，慢慢加大通风量。在育雏早期应使用最小通风模式，这意味着正常情况下使用两个安装于鸡舍末端墙体上直径 1.2 米的风机。应考虑使用“周期定时器”以达到“最小通风”的目的，避免造成风机开启和关闭时间过长。随着鸡只生

长和生理需求的变化，应经常调整通风量。此阶段应将湿帘设施用卷帘或挡风板遮盖并定期进行调整。育雏栏尽量不要布置在湿帘附近，因为湿帘附近容易产生贼风，易导致雏鸡受凉。育雏栏：扩栏时应朝着鸡舍末端安装风机的方向，也就是向鸡舍较暖和的区域扩栏。使用围栏材料时，不应使用影响空气流动或风速风向的固定材料，围栏材料应有助于维持整个鸡舍保持均匀的温度和鸡群均匀分布。

22日龄之后，鸡只的羽毛已经覆盖全身并且能够调节自己的体温。此阶段开始我们需要改变舍内的环境，应使鸡群感觉到凉爽适宜，这正是我们要使用纵向通风的阶段。纵向通风系统利用空气流速使鸡只感觉到比实际温度凉爽。所有的纵向通风所使用的风机和湿帘降温系统可同时运转，此时空气流速可提高到每秒2.5~3米。总结：整个生产周期正确管理使用纵向通风和湿帘降温系统可有助于提高生产性能，增加经济效益。为达到此目的，生产经营者必须通过观察鸡只的行为和鸡舍环境、调节通风，满足鸡群的需要来不断地提高自己的饲养管理技巧。

7. 寒冷季节鸡舍的准备　寒冷季节最重要的工作是应尽可能确保鸡舍良好的密闭性能。鸡舍密闭性能越好，鸡舍保温成本就越低。加强鸡舍的密闭性能，使所有冷空气只能通过设定的进风口进入鸡舍，而不能从鸡舍的墙壁和屋顶的漏缝处进入，这样无论在外部风力的作用下，还是在鸡舍通风情况下都能使鸡舍内热量损失减少到最低程度。从鸡舍各种漏缝处进入的冷空气是不可能与鸡舍屋顶处的热空气进行较好混合，从而导致地面垫料处的温度较低而且造成贼风。冷空气包容水分的能力比热空气低，对降低垫料的湿度效果较差，从而导致垫料结块及氨气的产生。

一种简便评价鸡舍密封性能的方法是关闭卷帘和进风口，开启若干个0.9米直径的排风扇，测定鸡舍的静压状况。在开启两台排风扇的情况下，测定的数值越高，说明鸡舍的密封性能越好，鸡舍的保温成本也越低。长度为120~150米的鸡舍，静压至少要达到2.5毫米汞柱。低于这个数值就会造成保温成本的增加。理想的静压值是5.1毫米汞柱或更高，这说明鸡舍的密封性能非常好。

如果发现鸡舍的密封性能较差，下列方法有助于改进鸡舍的密封性能，所花费的成本较少，能节约较多的保温成本。

（1）用塑料薄膜将未使用的排风扇进行密封。大量的空气可以通过关闭的排风扇百叶进入鸡舍。如果排风扇的百叶窗在内侧，可以先将百叶窗拆除，再用塑料薄膜密封，然后安装好排风扇的百叶窗。如果排风扇的百叶窗在外侧，可以用塑料薄膜将百叶窗一起覆盖。如果排风扇有圆筒罩，应从外侧将圆筒罩密封好。

（2）安装卷帘密封装置。纵向通风的鸡舍，卷帘是较普遍的漏风源头。漏风的原因之一是卷帘与墙壁的重叠部分不够。如果卷帘是从下向上打开，可以用大约46厘米见方大小的卷帘材料折叠做成一个能使卷帘进入的小口袋。如果卷帘是从上向下打开的，这样的装置可以安装在卷帘开口上方。

（3）用塑料薄膜将鸡舍末端的门进行密封。如果鸡舍末端的门密封性能较差，可以简单地从外侧将整个门用塑料薄膜进行密封，这样可以非常有效地减少漏风情况。为了达到最佳效果，所覆盖的塑料薄膜应用2.5厘米×5厘米的木条固定。

（4）修补吊顶漏洞。即使是小的漏洞也能造成鸡舍内热量的大量流失。应确保吊顶进出通道及接口处密封。很多密封面板采用的是胶合板，随着时间延长会老化变形，从而形成较大裂缝使大量热空气流失。

（5）确保育雏区域的布帘密封。育雏时有时需要开启安装在鸡舍非育雏区的排风扇进行通风，但当排风扇停止运转时，非育雏区域的较冷空气不应流向育雏区域。育雏时如果要使用育雏挡板，理想的高度应该是65厘米。挡板应放置适当使育雏用布帘紧贴着挡板并且挡板应距离鸡舍的非育雏区域15~30厘米。

（6）确保鸡舍卷帘上部与侧墙密封良好。很多鸡舍在侧墙上的进风口下方有一最小墙体以固定及密封卷帘。这种情况下再加以安装密封口袋，卷帘的密封性能会有很大提高。将0.6米长的卷帘布简单地折叠并固定在鸡舍的侧墙上形成一个卷帘能滑入的口袋。卷帘滑轮应安装在密封口内部上方并留一小的开口使卷帘能比较容易进入密封口内。

（7）用2.5厘米×5厘米的木条固定并密封侧墙上的卷帘。寒冷季节卷帘上形成的冷凝水会使卷帘下移，当卷帘下移并低于卷帘开口时就会造成鸡严重冷应激。卷帘结冰会迫使卷帘底部与鸡舍侧墙产生缝隙，使大量冷空气进入到鸡舍内。用2.5厘米×5厘米的木条固定并密封侧墙上的卷帘底部开口能减少结冰的可能性并且能提高卷帘的密封性能。

（8）密封好墙体上所有的缝隙。一栋150米长鸡舍两边侧墙上方如果有6毫米的细小缝隙会增加大约1.85平方米以上的进风口面积。1.85平方米的面积相当于鸡舍侧墙上方10个普通大小的进风口面积。

（9）修补侧墙漏洞。侧墙外面底部的漏洞能使冷空气进入鸡舍并导致地面垫料位置造成危害性极大的贼风，所以，对这些漏洞应及时进行修补。临时性的方法可以用泥土堵住这些漏洞以消除漏风现象。

肉仔鸡饲养密度大，新陈代谢旺盛，生长发育快，需要饲养者提供一个良好的生活环境。为了保证鸡舍空气新鲜，应根据情况打开门窗、进出气孔或开启排

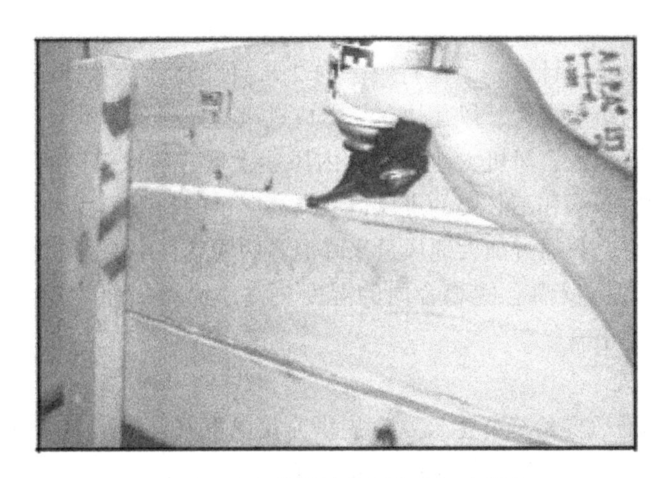

图 6-5 用泡沫隔热材料填充细小漏缝

风扇进行通风换气。通风换气的目的是：排出鸡舍内多余的热量和水汽；排出鸡舍内污浊的空气，换进新鲜的含氧量高的空气；排出鸡舍内的灰尘。

衡量鸡舍的通风换气是否正常，以人进入舍内不感到空气刺鼻、刺眼流泪、有过分臭味为宜。也可借助仪表来测量鸡舍内有害气体的浓度。

通风的五个主要作用：控制温度；控制湿度；排出废气；排出灰尘；提供充足的新鲜空气。通风的原则是确保鸡舍内没有一点异味存在。四季通风的作用是：春季通风主要是供给充足氧气和除出舍内湿气以减少舍内氨气的产生，但要注意昼夜温差以防止春季病的发生。夏季通风作用就是加大舍内风速以达到降温防暑即可。秋季通风主要是供给充足氧气和排出舍内湿气以减少舍内氨气的产生，但要注意昼夜温差以防止秋季病的发生。冬季通风作用是供给充足的氧气即可，其他方面的作用可以通过其他办法解决，通风的办法是降低舍内风速以使鸡群不感觉冷的侵袭。不管任何时候舍内不能有异味存在。

817 肉杂鸡各阶段内鸡舍中氧气含量要求：1～10 日龄，空气中氧气含量不低于 19.5%；10～20 日龄：空气中氧气含量不低于 19.8%；21～30 日龄，空气中氧气含量不低于 20%；31 日龄：空气中氧气含量不低于 20.3%为好。

8. 夏季通风　对于开放式鸡舍，很难有效地控制鸡舍环境。可采取下列措施改善鸡群状况。

（1）降低鸡群密度。

（2）增加风扇数、合理放置风扇、调整风扇角度，加快鸡只周围空气的流动速度。

（3）在空气湿度不高的季节，如果温度很高，可以用喷雾器向鸡群喷水。

对于密闭式鸡舍，安装湿帘、风机、温度控制仪，可有效地控制鸡舍温度。湿帘纵向通风系统设计合理，保持鸡舍内2米/秒的风速。如果进风口小、风机大，会使鸡舍内负压增大、风速快，易造成进风口处鸡只感觉太冷，易诱发腹水症；如果进风口太大、风机太小，鸡舍内风速太低，造成鸡舍两端的温差太大。密封鸡舍缝隙、漏洞和不必要的进风口，提高湿帘的利用率。如果在高温高湿季节，应关掉湿帘，只通过加大通风量来降温。因为空气中的湿度已经很高，使用湿帘降温不理想，反而会使鸡舍内的湿度更高，给鸡一种"蒸桑拿"的感觉，更易造成死淘率上升。

9. 冬季通风

（1）冬季通风要给鸡群生长发育提供充足的氧气，排出多余的热量、湿气、灰尘、氨气等，同时要尽可能保持鸡舍温度，节省能源。

（2）密封鸡舍的顶棚和侧墙，检查鸡舍排风扇的百叶窗关闭时是否密封。

（3）根据鸡舍规格、饲养量和雏鸡的体重，按每千克体重每分钟0.016～0.027立方米的通风量，设计鸡舍的风机、进风口，确定适合自己鸡舍环境的循环时间和风扇数量。

保持风扇循环时间尽量短些，避免舍内温度发生太大变化，为此我们设定5分钟或不超过5分钟一个循环。如果设定为10分钟循环2分钟开8分钟关的效果和5分钟循环中1分钟开4分钟关的通风量是相同的。短时间的循环对舍内的温度影响不会太大，并且也可以节省燃料。同时这种方法也提高了舍内空气质量，保证了鸡群良好性能。热空气上升，冷空气下降。鸡群是在地面上活动的，所以舍内的温度要以适合鸡群为准，就是说要以地面温度为准。

（4）为达到理想效果，鸡舍内的静态压力应为0.75～2.5帕。假如静压达不到，空气就会低速进入并下降吹到鸡群，使鸡群受冷。

冬季无论什么时候，我们都需要给鸡舍供应热量，定时钟要控制排风扇。如果舍内的温度上升超过设定的温度，自动调温器或者控制器的设定也不应影响"最小化"通风的设定。当舍内的温度升高，就需要通风，自动调温器将会自动开启通风扇。当舍内温度下降，不再需要降温的时候，"最小化"通风计时器按照设定开始运行，这样可以提供足够的新鲜空气。

通风时要注意设备的配套使用，首先要确保进入舍内的风向不能直接吹到鸡身上，所以在进风口内侧要设风向导流布或导流板，使风吹向鸡舍顶棚，然后使风向自然下落为好，不会直接吹到鸡的身上，鸡只就不会受凉了。图6-6是水帘内进风口的导流布。这个导流布的作用：既起到进风的作用，又不会让雏鸡受凉。所以，所有进风口都要有导流板与导流布。

图 6-6　水帘内进风口的导流布

10. 光照管理

（1）光照的作用：提高采食速度和鸡群均匀度。

（2）光照的原则：确保光照均匀；确保灯具干净。

（3）光照的目的：延长 817 肉杂鸡的采食时间，提高其生长速度。

（4）光照时间：1~2 日龄，24 小时光照；3~7 日龄，22~23 小时隔光照；8~42日龄，开放式鸡舍：20 小时以下的光照时间，4 小时以上的黑暗；全遮黑式鸡舍则开始关灯 12 小时。43 日龄后 22 小时光照，2 小时黑暗。

（5）光照强度：1~7 日龄应达到 3. 8 瓦/米^2，8~35 日龄为 3. 2 瓦/米^2，42 日龄以后为 1. 6 瓦/米^2。

垫料管理：3 周后表现特别重要，因为经过 2 周饲养过程中垫料慢慢出现潮湿，所以这段时间后要注意勤翻动垫料，确保垫料疏松、不干不湿。过干易起尘，湿了就会产生氨气。

垫料的用量：前期垫料要求 6~8 厘米、后期垫料要求 5~6 厘米的厚度，1 吨稻壳垫 5~6 厘米厚可垫 230 平方米，一般 18 袋/间。

817 肉杂鸡饲养者通常着重于雏鸡、饲料和水的质量，对垫料的质量却很少给予足够的重视。生产实践证明，垫料具有许多重要的作用，垫料状况的好坏将直接影响 817 肉杂鸡生产性能的发挥，从而减少 817 肉杂鸡饲养者效益。目前业内常见的垫料问题主要是潮湿问题。本文将阐述垫料潮湿的成因、危害和解决方法，供大家参考。

1. 垫料潮湿的原因　垫料潮湿一直困扰着 817 肉杂鸡饲养者，其原因有很多，主要有以下几条：

（1）垫料材料的特性。有效的垫料材料必须具有吸湿性强、轻便、价格低廉和无毒的特点。有的材料吸湿性差（稻壳），有的材料在湿度低的情况下很少释放湿气（花生壳），像这些材料就难以使垫料处于理想状态。

（2）垫料材料的质量。如果垫料材料因存储不当而受潮，它就失去了大部分的吸湿能力。

（3）鸡只排泄大量的水分，这是造成垫料潮湿的重要原因之一。研究证明，大约 70%流入鸡舍的水最终被排到空气和垫料中。一个饲养 10 000 只 817 肉杂鸡的鸡舍，假如 817 肉杂鸡的出栏体重为 2.5 千克，平均每只鸡饮水 10 千克，那么该鸡舍共消耗 100 吨水，其中有 70 吨水将被排到鸡舍中。这是一个多么惊人的数字。

（4）通风不足。通风是排出舍内湿气的唯一有效手段，它能有效地防止鸡只排出的水和水汽在鸡舍内聚积。然而许多 817 肉杂鸡饲养者认为，为了降低能耗，舍内没有氨气，就没有必要通风。这种观念使前 3 周的舍内水汽聚积严重，垫料变得非常潮湿，使垫料完全失去吸湿能力，并使日后的舍内环境每况愈下，氨气浓度越来越高，鸡只在 4 周后暴发疾病，死亡率上升。

（5）气候条件。在湿热的气候条件下，垫料吸收空气中的水分而变得潮湿；在低温的气候条件下，舍内的湿热空气与进入室内的冷空气混合，形成冷凝水，并落到地面，使垫料变潮。

（6）对饮水器、喷雾装置、湿帘装置管理和维护不当，也会造成垫料潮湿。

（7）一些饲料成分（尤其是盐）和药物能刺激鸡只饮水，使鸡只排出更多的水分。

（8）疾病因素。绝大多数疾病可引起或继发引起腹泻，造成垫料潮湿。

表 6-1　水进入和排出鸡舍的途径

进入途径	排出途径
A. 饮水	A. 通风系统排出的水汽
B. 代谢水	B. 出栏后立即清除垫料
C. 夏季高湿度的空气	
D. 饮水器渗漏和溢出	
E. 水帘或舍内喷水嘴	

2. 垫料潮湿的危害

（1）当垫料潮湿时，鸡舍内变得温暖湿润，细菌增殖较快（大约每 30 分钟增殖 1 倍），病毒存活时间长。大量的细菌和病毒在舍内堆积，容易导致鸡群暴发疾病，最终增加 817 肉杂鸡饲养者的药费支出，从而加大生产成本。

（2）当垫料潮湿时，部分尿酸或尿酸盐溶解于水，并在细菌分泌的分解酶作用下，分解成氨气。研究表明：即使只有 5×10^{-6} 的氨气（人的鼻子察觉不到），也能刺激和损伤鸡呼吸系统的保护性纤毛，使鸡只对呼吸系统疾病更为易感；25×10^{-6} 的氨气（人的鼻子能够察觉），能明显地压制鸡只的生长速度和饲料转化率，还能引发气囊炎、病毒感染和高的屠宰废弃率；$(50\sim100)\times10^{-6}$ 的氨气（人感到刺眼，流泪），将导致鸡只失明，进而严重影响生产。

（3）当垫料潮湿时，球虫卵囊易于孢子化，造成球虫病的暴发。人们不得不长期使用球虫药，从而带来药残和食品安全问题。

（4）当垫料潮湿时，一般都伴有垫料板结的问题。易造成胸部水疱、皮肤灼伤、皮肤结痂、瘀血和较高屠宰废弃率的问题。

3. 通过日常管理，防止垫料潮湿

（1）概括地讲，当进入鸡舍的水量大于排出的水量时，垫料就会变得潮湿。通过以下方法，减少进入鸡舍的水量、增加排出的水量，即可防止垫料潮湿。

（2）在育雏的前几周，有必要增加最小通风量。最初每 10 分钟通风 2 分钟，如果你闻到氨味，应立即增加通风量。

（3）使用混合风扇，使空气在舍内流动起来。通过将热空气从鸡舍上方吹到垫料上，混合风扇有助于垫料干燥，因为热空气能吸纳更多的水汽。桨式吊扇特别有效。

（4）在负压强制通风鸡舍，使用将新鲜空气带进舍内的进气口。由于进风口伸入舍内，可防止冷空气吹到地面，促进空气混合。

（5）给鸡舍加热，以促进水汽排出。随着空气被加热，它的吸纳水汽的能力增强。加热和通风的联合作用将从舍内排出数量可观的水汽。

（6）如果使用的是水槽，那么在雏鸡熟悉水槽后，应尽快降低水位。应检查和维修饮水器的渗漏。不要将饮水器中的水倒在垫料上。

（7）如果使用的是封闭饮水系统，那么应经常和适当地调整饮水器的高度和水压。

（8）如果发生渗漏或溢出，形成了湿块，那么应及时将湿垫料清出鸡舍，换上干净和干燥的垫料。

（9）如果使用水帘降温，在高湿时段内应停止喷水。如果使用舍内喷雾降温，应检查和维修喷雾不好的喷嘴，并在高湿时段内停止喷水。

3. 通过药物处理，弱化垫料潮湿的危害

有时即使各项管理都到位，但是垫料还是会潮湿，致使病原微生物在垫料中过度繁殖，氨气浓度在舍内超标，最终严重影响 817 肉杂鸡的健康。为了解决这个问题，可以选用硫酸亚铁、过磷酸钙和垫料净等药物处理垫料。垫料净的主要成分是中草药的萃取物，能抑制细菌生长和氨气生成，改善鸡舍内环境条件，减轻呼吸道疾病和消化道疾病的症状，对鸡只无任何毒副作用，不会形成药物残留。

总而言之，垫料质量是影响 817 肉杂鸡生产的重要因素之一；良好的日常管理和药物处理，能够解决垫料潮湿的问题，从而提高 817 肉杂鸡的生产水平和经济效益。

4. 消毒的管理　消毒管理的目的是最大限度地消灭本场病原微生物。消毒可以消灭绝大部分病原微生物，但也会增大舍内的湿度，给鸡群造成一定的应激。

每次消毒一定要达到预定消毒效果，按消毒剂浓度稀释消毒液，按消毒要求使用消毒液的量，消毒时间要足够，按周期性消毒程序进行消毒。尽量减少因为消毒给鸡群造成的应激。

消毒效果的决定条件是：消毒剂的质量。交替使用不同消毒剂，预防病原体对消毒剂产生耐药性。

带鸡消毒：每周 2~3 次带鸡消毒；防疫活疫苗停止消毒；防疫弱毒苗前、中、后三天不消毒；防疫灭活苗当天不消毒即可；消毒前关风机，到消毒后 10 分钟再开风机通风；大风天气应对水帘进行严格冲洗消毒，立即关闭其他进风口，并带鸡消毒一次，大风天立即带鸡消毒，并在水帘循环池加入消毒剂。

环境卫生管理：重点是舍内外的地面卫生，每次吃饭前对舍内卫生进行打扫，每天早上上班前打扫场院。

夏季工作重点还有一点就是做好灭蝇工作，鸡舍所有进风口和出入门都要钉上窗纱和门帘防止和减少蚊蝇出入，同时还要减少舍内洒水，这样都有利于控制蚊蝇的繁殖。

5. 高温季节的管理

高温季节下饲养肉仔鸡，必须予以高度重视。

具体管理办法如下：

（1）每天尽早开动风机和降温设备，打开所有门窗，在鸡感到过热之前，提高通风量，以尽可能降低鸡舍温度。

（2）如果肉仔鸡舍内装有喷雾系统和降温系统，需要时可早些打开，预防高温中暑。

（3）确保一切饮水器功能正常。降低饮水器高度，增加饮水器水量，并供给凉冷的清洁饮水。

（4）当鸡群出现应激迹象时，基本的方法是人在鸡舍内不断地走动，以促进其活动，或适当降低饲养密度。鸡舍内一定要有人，并经常检查饮水器、风扇和其他降温设备，以防出现故障。

（5）高温到来前24小时，在饮水中加入维生素C，直至高温气候过去。

（6）在热应激期间及之后不久，饮水中不要使用电解质。内部屋顶采取隔热措施，并且将屋顶涂成白色来反射热量。

6. 淘汰弱鸡和残鸡的管理工作

舍内平时管理的另一重点是淘汰舍内弱、残鸡只，鸡舍里的弱、残鸡只表现为生长缓慢，达不到标准体重，到出售时肉联厂都要低价处理。舍内出现的小弱鸡，出栏时体重可能部分在0.75千克以下，这些鸡只相比达标准鸡只只是会少吃很少的饲料。若达到1.75千克体重的鸡只需要吃3千克的饲料，这些达不到体重的817肉杂鸡也得吃2.5千克以上的饲料。因为每只鸡作为自身维持所需的能量饲料差异不大。若就这来计算，弱小鸡的料肉比就会较高，再加上这些弱小鸡只到了肉联厂又是低价回收的。

若料价都按2 500元/吨，毛鸡回收价8元/千克，0.75千克以下回收价按4元/千克（半价回收）。

一只健康鸡可盈利5.5元，每只弱小鸡饲养到期末要亏损3.25元，这还不包含这些鸡的鸡苗费用、药品费用、员工工资和煤电水费。所以在817肉杂鸡饲养过程中低于平均体重1/2的小鸡或弱鸡还是提前淘汰的好，否则损失会更大。

7. 生产管理中要防止817肉杂鸡皮肤的损伤

在当代大规模的商品鸡饲养中，由于鸡舍中鸡只个体的相互作用可导致鸡只皮肤的损伤（皮肤的刺穿、抓痕或擦伤等），并常由此影响最终的屠体品质。鸡只在鸡舍中的活动受很多因素的影响，诸如鸡群饲养密度、采食和饮水位置、垫料种类及品质、鸡群生存环境及相关管理、鸡群在舍内的分布、饲料损耗与限制程序（限饲或控制光照）、宰前的停料程序等，上述因素可互相结合，大大增加屠宰厂的次品率。

通常在春夏季节，当日常光照影响鸡群活动且炎热的季节影响鸡只羽毛生长时，屠宰加工过程中鸡只皮肤抓伤的问题显得尤为突出。除了由于皮肤损伤本身造成屠体品质下降外，许多病原也可从皮肤的创口进入机体并造成进一步的损害。据报道臀部结痂综合征、传染性皮炎、坏疽性皮炎和禽蜂窝织炎都与皮肤损伤后的继发感染有关。臀部结痂综合征，顾名思义是指鸡只羽囊间黑色干燥的结痂相互融合，直至在腿部的皮肤结成大片弥散的结痂区域。传染性皮炎是以烧灼或溃疡样渗出性创伤为特征。尽管这些疾病在现代的饲养管理中相对少见，但这些问题不仅确实可对 817 肉杂鸡饲养者造成显著的经济损失，而且将造成屠宰加工业的重大损失。

对养鸡生产和屠宰加工影响更为严重的是坏疽性皮炎和蜂窝织炎，其中坏疽性皮炎对鸡只的直接损害最为严重，可造成发病鸡群的死亡率快速升高，且患病鸡只不宜进行屠宰加工。与坏疽性皮炎不同，蜂窝织炎较为温和，很少或根本不引起鸡只死亡，但可导致屠宰加工时次品淘汰率显著上升。此两种病症皆为商品鸡舍中条件性致病微生物在皮肤受损后侵入机体或促使创伤恶化所导致的。

目前，有关科研和生产人员已经进行了大量的研究和试验，希望可以通过调整饲料配方，借助营养学手段来减少屠体品质的下降（特别是由抓伤所引发的），其中有不少产品经过试验和实际应用都证明可有效地减少皮肤抓伤所造成的损失，但是这些营养学手段成功与否常常取决于皮肤抓伤的严重程度及其产生的主要原因。

鸡只被羽：

日粮中的营养成分是否充足与鸡只被羽情况密切相关。实际生产中常见的啄羽、吃羽、羽毛生长不良和狂躁症常与饲料中一些营养成分的缺乏有关，其中日粮中的蛋氨酸最为引人关注。

无论对商品 817 肉杂鸡还是肉用种鸡而言，饲料中充足的含硫氨基酸（蛋氨酸和胱氨酸）都可促进鸡只被羽丰满，并由此减少鸡只在日常活动中发生皮肤擦伤的可能。当饲料中存在霉菌毒素（特别是 T-2 毒素）时也可见到羽毛生长不良。与大多数营养成分缺乏时仅影响主羽生长不同，霉菌毒素将导致所有类型的羽毛生长不良。此外，如果饲料成分中碘含量过低，将改变甲状腺功能，也可引起羽毛生长不良。对羽毛鉴别品系的鸡只而言，保证其被羽丰满尤为重要。特别当对羽毛鉴别品系的商品 817 肉杂鸡进行公母分饲时，慢羽的公鸡因其自身遗传原因羽毛生长缓慢，加之在炎热的季节羽毛生长受到阻碍，需要额外呵护。据推测羽毛生长不良的鸡只在饲养期的中段较易发生皮肤抓伤。

鸡只活动与狂躁症：

肉用鸡只必须进行一定的活动以维持骨骼的生长，并可减少诸如胸部水疱等问题。但是，过度的活动会导致能量的浪费并将增加鸡只的皮肤抓伤，甚至会表现出一般商品蛋鸡中方可见到的狂躁症。因此为适当减少鸡只在鸡舍中的活动，

应合理地控制鸡舍内部环境，保持鸡只安逸舒适。通常的做法包括准确地控制舍内温度以及通过建立有色幕帘或侧墙降低舍内光照等。除日常饲养管理之外，尚有一些营养学方法有利于控制鸡群的活动。

色氨酸的应用有助于在高水平饲喂下保持鸡只稳定安静。一项针对产蛋母鸡的研究表明，在日粮中色氨酸的含量达到5克/千克（约为普通商品817肉杂鸡饲料中色氨酸含量的两倍）时，可在一周内减少狂躁症的发生。此方法在合成色氨酸的价格不高、不会显著提高商品817肉杂鸡饲料成本的地方可以使用。此外，短期内（1周）在饮水中添加0.05%的2-羟基-4（甲基）丁酸（一种合成类蛋氨酸化合物）也可保持鸡只安静。

当鸡只受到应激时，饲料中添加维生素和矿物质可使应激得到缓解。现已证明饲料中烟碱的添加量升至220毫克/千克确可减少鸡只狂躁症，据推测这也是因为烟碱减少鸡只的躁动，使其安静所致，但应注意的是，在环境不良或其他因素作用下，鸡只的活动将增加。此外，维生素C可缓解应激反应，饮水中加入维生素C后，可降低与应激有关的激素水平，并由此减少鸡只的惊恐反应。因镁在相对较高的水平下具有阻断神经冲动的作用，最早在人用药物中曾被作为麻醉药应用。这种矿物质对鸟类和哺乳动物有明显的安定作用。但是，即便是较温和的剂量也将导致腹泻，在家禽生产中不宜为使鸡只安静而造成垫料潮湿的问题。

人们早就知道饲料中钠的水平与鸡只活动性有很大关系，目前人们已经可以利用单离子载体技术来控制饲料中钠的水平。而且随着家禽业中乳头饮水器的广泛应用，也需要进一步精确掌握钠的饲喂水平。一般而言，增加饲料中钠的含量（在钠及相关阴/阳离子比例适宜的范围内）将有助于保持鸡只安静。但此方法在实际使用时应小心，注意避免因增加鸡只饮水量而导致鸡舍内垫料潮湿。除了钠之外，还有一种抗球虫促生长制剂Roxarsone也因具有减少鸡只活动的作用，而可作为降低鸡只抓伤的营养学手段之一。

创伤愈合与免疫功能

通过提高鸡只个体的免疫机制，来控制并减少继发感染有可能减轻皮肤损伤的严重程度。锌的螯合物产品（特别是复合氨基酸的产品）已经被用来增强皮肤功能并促进皮肤创伤的迅速愈合。这些产品一般在皮肤抓伤问题较为突出的夏季被特地添加于商品鸡饲料中使用。锌可以起到增进皮肤的完整及其愈合能力的作用，故此锌的复合物可减少因皮肤损伤造成的屠体品质下降。而且这些产品同时可提高细胞和体液免疫功能，增强鸡只抵御皮肤感染的能力。

现在市场上有许多种可增强免疫能力的化合物，但经实验证明，只有其中的一部分具有改善皮肤品质、提高屠体质量的功效。上文提到的维生素C除了可缓解应激反应之外，还可改善多种免疫功能的作用。与之相似，维生素 E 业已被确认可以提高鸡只抵御疾病的能力。较为显著的是，饲料或饮水中添加维生素 E 有助于减少屠宰加工时蜂窝织炎的出现率。这主要是由于额外添加的维生素 E 可帮助鸡只有效地抵抗从创口进入机体的大肠杆菌在皮下增殖所致。目前，在商品 817 肉杂鸡生产业中有人已经进行有关的田间试验，尝试并检测将日粮中的维生素 E 的水平提高至 50 000~100 000 国际单位以上的效果。

在屠宰场中因皮肤抓伤带来的损失主要包括由于皮肤破溃、结痂和伤痕造成的品级降低；屠宰线使用效率下降；剪除不合格鸡肉造成的出肉率方面的损失和因蜂窝织炎导致鸡只部分或整体淘汰率上升等。这些问题对单一的屠宰厂固然会造成经济损失，但如皮肤创伤较为普遍，则很快会成为屠宰加工业中主要问题之一。与鸡舍内合理地环境控制相配合，一些营养学手段的应用可有助于减少鸡只抓伤。这些营养学方面的调整可改善鸡只被羽，降低鸡只活动水平且增强其免疫功能，从而减少因屠体品质下降造成的经济损失。

第七章　育雏的准备及接雏方法

一、育雏舍的设置

1. 育雏舍应有足够的取暖设备和良好的保温条件　1日龄的雏鸡所处的温度应控制在31~33℃（取决于空气温度、通风情况）。如果雏鸡所处的温度达不到这一要求，将会明显增加死淘率，并影响以后的发育和鸡群的健康，因而鸡舍的环境温度如果达不到这一要求，就应准备育雏围栏及保温伞，或者采取局部育雏并随日龄的增加，逐渐扩栏的方法，以保证雏鸡养在适合的温度条件下快速生长发育，确保一周末的体重在140克以上。

2. 育雏也需要一定的通风　通风的作用是为雏鸡提供新鲜空气，新鲜的空气对雏鸡的健康有重要的意义。在保证温度的前提下，应尽量定时换气，换气的方式可以采用机械通风，也可以自然通风。使用机械通风应注意严格控制风速，同时增加通风供氧的次数。

雏鸡到达前，应使鸡舍内达到要求的温度，在寒冷地区或季节鸡舍要提前一天就要开始预温，这样做是为了让舍内墙壁达到预期的温度，而不只是舍内空气温度达到标准，这样才能保证在雏鸡到达时鸡舍内温度能够达到理想的温度。应将清洗消毒好的饮水器、饲喂器及所有用具事先准备充分，并提前做好鸡舍及设备的维修工作。进鸡后，过多的噪声，物品、人员的频繁进出，都会对鸡群的健康造成威胁。

雏鸡到达前3~4小时，应将饮水器充水并放在舍内预温，建议第一次的饮水中加入3%~5%浓度的糖，并在第一周的饮水中加入一定量的维生素和矿物质，以保证雏鸡经长途运输后，在鸡场健康生长。首次加水一定要加入开口药品，以防止脐炎和大肠杆菌病的发生。

3. 鸡舍内的饮水器和料盘应分布均匀　使鸡很容易就近找到水和饲料，按高密度育雏的方法进行即可（图7-1）。

图 7-1　高密度开食的育雏栏

应将饮水器放到木块或砖块上，以免饮水器放置过低造成过多垫料带入水盘，并弄湿垫料。

雏鸡到达后，应将雏鸡迅速从运输车上移至舍内，并快速清点盒数，确认实际盒数与通知的起运盒数是否相同。

鸡舍内的雏鸡，鸡盒的叠放高度不能超过 2 盒，此时鸡舍内温度较高，鸡盒内鸡的密度很大，极易造成雏鸡热死在盒内。发现温度太高，或雏鸡有张嘴喘气的现象时，应立即开窗或开启风扇通风。雏鸡入舍后立即打开雏鸡盒盖子，让雏鸡自由活动。

将雏鸡尽快从鸡盒内拿出放在栏内并清点数量。进雏数量较多人员有限时，此时最好不要逐只助饮以免雏鸡在鸡盒内滞留时间过长，造成意外伤害，但若人员充足每只助饮是较好的选择。

雏鸡全部放完后，应选择一定比例的雏鸡，把雏鸡的嘴浸入饮水器中引导饮水，使雏鸡尽快认识饮水器并学会饮水，以免脱水。个别雏鸡学会饮水后，其他的雏鸡会很快模仿学会，因而 817 肉杂鸡规范化饲养中 100%雏鸡引导饮水不是必须的。对于农村散养户，接鸡较少，人员也较多情况下，可以采取助饮的方法，但要确保舍内不能高温（27～29℃），同时要确保一个小时内全部雏鸡助饮完为好。

雏鸡开食时，为避免雏鸡出现暂时营养性腹泻同时尽快排出胎粪，可以采用如下办法：前 10 小时的料量按每只鸡 5 克去准备，同时用 12%的微生态制剂拌料，可以预防“糊屁股”的现象。雏鸡在吃料前消化系统接触外来物质很少，这时用微生态制剂，使有益菌群首先占据消化系统，这样也可以控制有害菌群繁殖过快，所以使用微生态制剂是明智的选择。

育雏期最好采取地面平养，其成活率往往较高。若采用笼养和地板上育雏，早期应铺放孔径较小的塑料网，效果最好。铺上其他覆盖物或垫料，可以减少腿病的发生。

二、雏鸡的饲养

无论采用何种育雏方式，都必须满足鸡对水、温度、湿度、光照、空气、饲料营养、环境等基本要求。

1. 饮水　雏鸡能否及时饮到水是很关键的。由于初生雏从较高温度的孵化器出来，又在出雏室内停留，其体内丧失水分较多，故适时饮水可补充雏鸡生理上所需水分，有助于促进雏鸡的食欲，帮助饲料消化与吸收，促进粪的排出。初生雏体内含有 75%~76%的水分，水在鸡的消化和代谢中起着重要作用，如体温的调节、呼吸、散热等都离不开水。鸡体产生的废物如尿酸等的排出也需要水的携带，生长发育的雏鸡，如果得不到充足的饮用水，则增重缓慢，生长发育受阻。初生雏初次饮水称为“开水”，现在管理要求 817 肉杂鸡饲养管理中开水与开食要同时进行，一旦开始饮水之后就不应再断水。雏鸡出壳后不久即可饮水，雏鸡入舍后即可，让其饮 3%~5%的糖水。研究表明，雏鸡饮糖水 15 小时，头 7 天的死亡率可降低一半。在 15 小时内要饮用温开水，饮水时可把青霉素、高锰酸钾等药按规定浓度溶于饮水中，可有效地控制某些疾病的发生。15 小时后饮凉水，水温应和室温一致。鸡的饮用水，必须清洁干净，饮水器必须充足，并均匀分布在室内，饮水器距地面的高度应随鸡日龄增长而调整，饮水器的边高应与鸡背高度水平相同，这样可以减少水的外溢。雏鸡的需水量与体重、环境温度成正比。环境温度越高，生长越快，其需水量愈多，雏鸡饮水量的突然下降，往往是发生问题的最初信号，要密切注意。通常雏鸡饮水量是采食量的 2~2.4 倍。

2. 开食　开食与饮水是生产上比较关键的两大问题。开食的早晚直接影响初生雏的食欲、消化、鸡只的健康和今后的生长发育。一般初生雏的消化器官在孵出后 36 小时才发育完全。雏鸡的消化器官容积小，消化能力差，过早开食会损害消化器官，对以后的生长发育不利。但是由于雏鸡生长速度快，新陈代谢旺盛，过晚开食会消耗雏鸡的体力使之变得虚弱，影响以后的生长和成活，一般开食多在出壳后24小时以内进行。

早开食有利于雏鸡的健康。早点开食，是为了让雏鸡尽快吃饱，有利于放慢蛋黄的吸收，使雏鸡在8日龄左右才完全吸收完蛋黄。饥饿会使雏鸡过分消耗体内蛋黄的营养，使腹腔内的蛋黄过早枯竭，蛋黄中携带的母源抗体也随之消退干净。尽早开食可以使雏鸡从饲料中获得营养，进而使母源抗体延期释放，这样雏鸡对疾病的抵抗力就会增加，这也是雏鸡前10天防病的根本，因为这时的雏鸡对疾病的抵抗力只有靠从种鸡母体中带来的蛋黄中母源抗体来抵抗。所以母源抗体的慢慢释放就成关键了，要想使母源抗体慢慢释放，就得让雏鸡体内蛋黄慢慢吸收。这样就要确保雏鸡健康，才能保证蛋黄健康，慢慢释放。雏鸡开食好坏就成关键了。

尽早开食是因为雏鸡入舍后，在光照刺激情况下，雏鸡开始正常活动，需要消耗营养维持这些活动。这与雏鸡在出雏盒内不一样，雏鸡在雏鸡盒内是在黑暗情况下，许多活动都是减慢的，所以入舍后就要尽快让雏鸡喝上水吃上料，以保证雏鸡的营养供应。

总之各大饲料公司生产的肉鸡料都分为1号（510号）、2号（511号）和3号（513号）三个品种料号，对大型肉鸡来说使用周期分别是0~21天（510号）、22~35天（511号）和36天到出栏（513号）。但考虑到21天要做新城疫免疫，建议做如下调整，17天开始过渡，19天过渡完510号，20天全部使用511号饲料，这样到21日免疫新城疫时应激会非常小，减少了因免疫和换料双重应激对鸡群造成的影响。经过近几年的饲养试验，效果非常好。

所以对于817肉杂鸡品种来说这个思路也没有问题，对817肉鸡来说使用周期分别是0~12天（510号）、13~30天（511号）和31天到出栏（513号）（表7-1）。经过近几年的饲养试验，效果非常好。

依据多年工作经验和对817品种肉鸡的了解，此种饲喂模式效果最好。这个方案的效果远远好于只使用510号和511号两期料效果。原因是35日龄前是骨架和肌腱快速发育期，29日龄后是以育肥增重为主要目的。

此饲养办法是“45633”饲养方案，目标要求是45天吃6斤（3千克）饲料，使体重达到3.3斤（1.65千克）左右。此方案需要良好管理思路配合。

表 7-1　817 肉鸡的使用周期

周龄	日龄	510 号	511 号	513 号	周管理要点
1 周	7 日	125 克			促进采食，确保一周内采食量达标
2 周	7 日	125 克			8~40 日龄管理要点：每天下午净料桶后控料 3 小时。控料 3 小时的目的不是为了让鸡少吃料，是为了有净料桶时间，促进腺胃和肌胃功能的发育，增加肺活量，进而预防腺胃炎、腹水症和后期死淘率增加的问题
	510 号合计	250 克			
	13~14 日		100 克		
3 周	21 日		455 克		
4 周	28 日		515 克		
5 周	29~30		180 克		
	511 号合计		1 250 克		
5 周	35 日			475 克	
6 周	42 日			700 克	
7 周	45 日			325 克	后期是促进采食增肥为主要目的。下午有净料桶时间还是有必要的
	513 号合计			1 500 克	

第八章　817 肉杂鸡各期的管理

一、育雏期管理

1. 育雏期管理重点　育雏期是指从 0~3 周的生产过程。分期管理分别是：0~2 日龄开食开水期；3~7 日龄刺激食欲期；2~5 周是控制喂料期：不是少喂料，而是通过控制喂料时间增加雏鸡的活动量，刺激雏鸡肺活量的增加，以预防后期营养性疾病的发生（图 8-1）。

图 8-1　育雏期饲养

0~2 日龄：控制舍内温度在 30~33℃。1 日龄温度：31~33℃，2 日龄温度 30~32℃。相对湿度控制在 65%~75%最好。光照 24 小时；做好开水与开食工作促进 817 肉杂鸡尽早吃饱料；通过前 10 小时高密度开食后，一定要做好鸡群的弱鸡挑拣工作，同时要少加料勤加料以确保每只雏鸡都有 2~3 次吃饱料的过程，做法是前 10 小时要确保百分之百雏鸡吃饱料，没有吃饱料的鸡只要挑出来。

弱雏的饲养方法：用一个出雏盒，去掉中间部分，正中间放一个饮水器，四边撒料，放入20~30只弱雏饲养两天，以确保雏鸡尽早吃饱料，以保证鸡群的健康。

控制好舍内相对湿度和温度。这时的温度会直接影响到后期雏鸡对后来温度的适应情况，如果前两天温度偏高情况下，它就会适应高温饲养，也会影响到它们的食欲，采食量达不到预期的目标。所以育雏前两天温度不要太高，绝对不要高于33℃。前两天的湿度就更为重要了，雏鸡前两天也是雏鸡刚出壳两天，雏鸡的各个器官还没有完全发育成熟，当然上呼吸道黏膜也没有发育完全，若这时鸡舍过于高温和干燥，初发育的上呼吸道黏膜就会受到伤害，若上呼吸道黏膜受到伤害的话，就易引起上呼吸道疾病的发生，所以有一种考核育雏前两天工作的好坏的办法，就是看所饲养817肉杂鸡20天前是不是出现呼吸道疾病，疫苗反应可以除外。10小时后开食布要慢慢过渡到开食盘，同时也要让雏鸡慢慢适应全自动饮水器，水线、真空饮水器同时使用，但加药时要注意不管是水线还是真空饮水器要加相同药品。

时间安排细分：接鸡前6小时准备开水，冬季开始舍内温度恒定在33℃左右；接鸡前2小时料里面拌入12%微生态制剂；然后按每只鸡2克拌湿料，使其中水分含量在35%左右（手握成团，松手再轻握即碎）；接鸡前1小时加入真空饮水器，其中水量按500克/只即可。接鸡来之前再撒入拌的湿料，把料撒到料袋或开食布上准备接鸡（图8-2）。

图8-2　育雏期管理

鸡入舍 0~2 小时：以最快速度把雏鸡按数量倒入育雏栏内，恒温范围为27~29℃，相对湿度控制在 75%左右。半小时撒一次料。3~5 小时：恒温 31~32℃，相对湿度控制在 75%左右；半小时撒一次料；补入部分饮水器水量，帮助弱鸡开水开食。6~10 小时：恒温范围为 31~32℃，相对湿度控制在 75%左右。舍内没有温差是管理的重点。喂料管理：1 小时撒一次料；更换一次饮水器，调试全自动饮水器使用。检查饱食率，挑出饮水不足的鸡只，25 只一盒单独饲养。

雏鸡最初开始吃料时，都倾向于采食质高好吃的饲料，而这些饲料直接进入嗉囊。嗉囊是生长于鸡只脖颈前，颈与锁骨连接处的一个肌肉囊袋。雏鸡在吃料、饮水适宜的情况下，嗉囊内应充满饲料和水的混合物。在入舍后前 12 小时轻轻触摸鸡只的嗉囊可以充分地了解到雏鸡是否已经饮水采食。最理想的情况下，鸡只嗉囊应该充满圆实。嗉囊中应该是柔软、像稠粥样的物质。如果感到嗉囊中的物质很硬，或通过嗉囊壁能感觉到饲料原有的颗粒结构，则说明这些鸡只饮水不够或没有饮到水。

嗉囊充满（饱食率）的指标：入舍后 6 小时　　80%或以上

入舍后 10 小时　　96%或以上

11~23 小时：恒温范围为 31~32℃，相对湿度控制在 70%左右。1 小时撒一次料；更换两次饮水器，统计前 23 小时料量；可以把这个料量作为第 2 天的基础料量。

2 日龄：设定温度为 31℃。恒温范围在 30~32℃，相对湿度控制在 65%左右，鸡群应分布均匀，这时的雏鸡已经开始能去适应温度了，但若这时舍内温度偏高，雏鸡就会适应高温，以后想降低温度就会很难了。2 小时开食盘撒一次料，中间驱赶一次雏鸡让其活动起来。每次加料量不超过 2 克/只；更换 4 次饮水器，统计前 2 日龄的喂料量；可以把这个料量作为第 3 天的基础料量。

把喂料器具均匀分布在育雏栏中，以方便雏鸡采食饲料均衡，尤其是网上饲养的雏鸡更应注意前几天喂料器的放置，以免影响到雏鸡采食的均衡，进而影响到雏鸡的均匀度。网上饲养时员工为了加料方便，都把喂料器放在走道边上，这一点是错误的。

3~7 日龄：控制舍内温度为 28~31℃，相对湿度控制在 55%~65%。光照 22~23 小时。合理的温湿度能促进采食；看鸡供温控制舍内温度；开始更换开食盘，使用小料桶。1 周末体重不能低于 200 克。5 日龄前做好第一次扩栏，使饲养密度下降到每平方米 17~20 只。这几天还有一个工作重点就是淘汰没有饲养价值的弱小残鸡，817 肉杂鸡生产也就是一个经营项目，以利润为目的，那些弱、小、残鸡就是养活了也没有利润了，还会增加饲料成本的浪费，所以要对那

些没有饲养价值的鸡只提前淘汰。这几天充足的料量，及时更换喂料器具是管理的关键。做好首免的准备工作。免疫中淘汰弱、小、残的鸡只。雏鸡质量和初生重直接影响到成活率和体重的提高，因此进雏一定要从防疫严格、生物安全措施有保障、种鸡质量好的种鸡场引种。有报道称雏鸡的初生重每增加 1 克，在同样管理条件下的出栏重将增加 10 克以上，初生重低于 35 克的雏鸡将会延迟出栏时间。

营造雏鸡早期生长的适宜条件：

（1）稳定温度。雏鸡刚出壳，个体较小，羽毛发育不全，生理功能很不健全，调节功能弱，对温度变化特别敏感，养鸡的关键在育雏，育雏的关键在温度。育雏适应温度为 31~33℃。每天降 0.8℃，降温要平缓。温度是否适宜可由雏鸡状态观察出来，在温度适宜时，雏鸡分布均匀，体躯自然；温度过高，雏鸡远离热源，张嘴喘气，有攀高、不安靠墙边的现象；温度过低，将会聚堆、挤压、卧在开食盘内。需要及时检查和调整，尽量达到适宜的温度，以促进雏鸡采食、卵黄吸收和早期发育。

（2）相对湿度不宜过低。雏鸡从离开孵化器开始，在孵化场挑鸡免疫和运输到鸡场需要一定的时间，雏鸡体内的水分大量散失，尤其是长途运输。因此在育雏前 3 天相对湿度应保持在 70%左右，第 1 周的湿度都不应低于 60%。当相对湿度过低时，雏鸡体内水分散失过多，卵黄吸收不完全，雏鸡容易出现脚趾干瘪，消瘦，羽毛生长缓慢，精神不振等脱水症状，严重时雏鸡上呼吸道受到损伤，产生呼吸系统疾病，影响雏鸡的健康和生长。所以在第 1 周一定要注意相对湿度的重要性，具体加湿办法要因场、因育雏方式而定。

（3）密度因设备和管理条件相对增减。合理的密度有利于鸡只的生长，密度过小不利于温度的掌握，会浪费能源；密度过大造成雏鸡拥挤，采食饮水面积减少，生长受阻，容易造成疾病的传播，影响体重，造成大小不一，均匀度差。根据取暖及硬件设施的配备情况，育雏时的最大饲养密度不应超过 45 只/米^2。

（4）通风换气应作为重要的管理措施抓好。在育雏期，空气质量是很重要的，育雏期的通风换气既能保证鸡舍内正常的温度和相对湿度，又能通过空气交换避免由于育雏舍的高温高湿及雏鸡的呼吸、排泄等产生的有害气体（CO、CO_2、H_2S 和 NH_3）在鸡舍内的蓄积，这些有害气体会影响雏鸡的生长发育和生产性能的发挥，也会导致心脏和肺部疾病的发生并加快鸡舍内病原菌的繁殖。育雏期的通风换气最好使用最低通风量，并且采用间隔的方式进行换气，同时注意应尽量避免贼风的出现，防止鸡只受凉。

（5）光照要充足。在育雏第 1 周光照强度不应低于 20 勒克斯，并且分布要

均匀，光照时间要长，前三天进行 23 小时光照，这样有利于刺激雏鸡的食欲。在育雏开始阶段，光照强度过低（小于 20 勒克斯），光照时间减少过快，将降低雏鸡的采食量和影响第 7 天的称重，之后随着日龄的增大要逐步降低光照强度。

2. 雏鸡的饲养管理

（1）尽早喝到“营养”水。雏鸡进场后应迅速、轻轻地和均匀地放到育雏区域，让雏鸡能很方便地喝到营养水（5%葡萄糖、多维或速补 14），及时饮水有助于补充由于出雏、挑鸡免疫和运输等造成雏鸡消耗的大量水分，有助于胃肠蠕动，卵黄吸收，胎粪排出，促进雏鸡的食欲，软化饲料，帮助消化和吸收。这就要求我们育雏时水位要充足，摆放要合理，尽量让雏鸡在 1 平方米范围内找到水位，及时地诱导雏鸡喝水。限制和降低雏鸡饮水将影响鸡只的采食量和生长速度，所以育雏时要勤换水，勤检查饮水系统是否正常，尤其是采用乳头饮水系统的要注意乳头硬度，防止断水。

（2）喂料充分。在生产实践中我们发现卸完雏鸡后就立即上料，对雏鸡的增重有很大帮助，这里对喂料特别强调几点：采食面积要充足，最好占育雏舍的 25%，不足时可以加垫纸；前 4 天要采用湿拌料，要求手抓成团，松手即散；喂料要少喂勤添，1～2 小时一次；保持开食盘清洁卫生，尤其要勤清理开食盘内本作为垫料的稻壳；减少从开食盘过渡为料桶和料线的应激；经常检查雏鸡嗉囊是否饱满，努力达到雏鸡嗉囊充盈，否则就应调整饲喂方案和鸡舍环境；育雏期日粮营养要充足，蛋白水平不低于 22%，高能量饲料有利于提高 817 肉杂鸡的增重速度和饲料利用率。

3. 一周龄雏鸡死亡原因及病变　生长早期的若干死亡原因是比较容易判别的。

（1）脱水，常见于雏鸡出壳后没有及时补足水分加上育雏室温度较高或白痢病死亡的雏鸡，这个原因死淘时间为 3～6 天。剖检可见，体重较轻，腿部皮肤干燥而色深，肌肉干燥而色暗红。脐炎和卵黄囊感染，表现为脐部结痂，胸腹部肌肉水肿，卵黄吸收不全，卵黄囊呈液状，色红、黄或绿，气味恶臭。胸腹腔内有腐败的液体，体腔内部广泛发炎。

（2）曲霉菌病，活鸡感染该病可引起费力的张嘴呼吸。感染鸡死后剖检病变主要在肺部和气管、气囊，可见到暗灰色菌丝，气管中有淡黄色渗出物，肺部有针尖到小米粒大的黄白色结节。若从 1 日龄死淘率就高的话可能是种鸡场或孵化场感染所致。817 肉杂鸡 1～10 日龄，主要控制沙门菌病和大肠杆菌病。要从正规的、条件好的孵化场进雏。改善育雏条件，采用暖风炉取暖，减少粉尘污染，保持适宜的温湿度，避免温度忽高忽低，以防雏鸡感冒，用药预防要及时，

选药要恰当。同时，喂一些扶壮的营养添加剂，如葡萄糖、电解多维、育雏宝等，以提高雏鸡抗病力，一般用药3~5天，可大大降低死亡率。

总之不管什么原因引起的，舍内基管理都必须加强基础管理工作，温度比标准温度上调1℃，温差在1℃或没有温差最好。特别注意温度不稳定的问题，这样才能把雏鸡养好。确保舍内有良好的通风效果。减少各种应激因素才能减少死淘率的发生。

4. 时间安排细分

3日龄：设定舍内温度在31℃，恒温范围为30~32℃，相对湿度控制在60%左右，光照23小时。温度管理同2日龄。2小时开食盘撒一次料，中间驱赶一次雏鸡让其活动起来。每次加料量2克/只左右；开始加入部分小料桶，但料量不要太多以5克为宜，更换4次饮水器，过渡使用水线，调药水线高度（水线的乳头高度与雏鸡站立时眼高度相平）。统计3日龄的喂料量，应达到20克以上，可以把这个料量作为基础料量，去考虑第4天的喂料量，第4天的料量在26克左右为宜。

4~6日龄：设定温度为30℃，恒温范围为29~31℃，相对湿度控制在55%左右，光照23小时。以鸡群反应去控制温度，以鸡群分布均匀为宜。喂料方面，用这3天时间将所有开食盘更换为小料桶，若料位不足的话可以加放部分大料桶的底盘作为喂料工具；开始加入部分小料桶，但每次料量加的不要太多以5克为宜，把前一天的料量分四次以上加入。更换真空饮水器为全自动饮水器，用3天时间慢慢换去所有真空饮水器。统计每日的喂料量；把每日料量作基础料量，去考虑下一天的喂料量，使第6天的料量在36克左右为宜；4日龄扩栏到舍内1/2面积处。5日龄加入部分10千克的大料桶或者料桶底盘，加入大料桶时首次不要多加料，也不能少加，要加料桶底槽3/4深度即可。这样加料能有效地提高雏鸡采食量，等到快吃完时可倒入小料桶里，以晚上统计料量前3小时进行操作，以方便统计料量的准确性。

高密度育雏鸡舍扩栏一定要注意下列问题：首先对将要扩栏的区域进行清洗消毒处理，消毒对象有水线和乳头饮水器，要先清洗再消毒。对网上平养的要对网进行清洗消毒，就是用毛巾蘸消毒剂清洗一遍即可。扩栏用具也要消毒一次。提前升温到舍内适宜温度。这要在鸡群扩栏前2小时进行。扩栏对鸡是个较大的应激，要在水中加入电解多维以缓解鸡群的应激反应。扩栏顺序为绑好新扩栏的保温设施，扩拦区域消毒，提高舍内温达到标准温度，移动料位与水位到适合区域，引鸡过来绑好隔栏。

4~6日龄其他方面管理：赶鸡只多采食，每小时驱赶鸡一次，以促进雏鸡采食与吃料；更换大料桶喂料，确保新更换入的大料桶中加入新鲜饲料以促进雏鸡尽快使用大料桶，绝对不能把陈料加入新的大料桶中。大料桶前几天加料时，料量不宜过多，确保料桶内饲料 4 小时内吃完。

7 日龄：设定温度 29℃，恒温范围为 28~30℃，相对湿度控制在 55%左右，光照 22 小时。温度管理同 4~6 日龄。喂料方面，用小料桶喂料，每天加料 4 次以上，若料位不足的话可以加放部分大料桶的底盘作为喂料工具；把前一天的料量分 3 次以上加入，第 4 次加入的料量就是一天多吃的料量。饮水方面使用全自动饮水器。统计每日的喂料量，作为下一天的基础料量，使第 7 天的料量为 40 克左右为宜。关灯 2 小时后称重 50 只左右，算出平均体重记录。

8~35 日龄控制定时喂料办法：817 肉杂鸡 8~35 日龄（鸡 8 日龄后）每天下午干净料桶 2~3 小时。净料桶 2~3 小时就能有效预防腺胃炎病和腹水症的发生。鸡控料后，腺胃和肌胃排空，使腺胃和肌胃中长时间贮积的有害物质全部排出。由于饥饿鸡只又会饱食一次，这样每天腺胃和肌胃都会得到锻炼和保养，健康的腺胃和肌胃自然就能预防腺胃炎和肌胃炎的发生。同样这样可以让鸡抢料而活动起来，从而增加肉鸡的肺活量，提高鸡的体质，以减少后期由于腹水症、猝死而引起的死淘率增加。36 日龄后每天让鸡吃净一次料桶内饲料即可，注意不能影响到鸡每天的采食量。料量一定要准确，保证采食量每天正常增长。

8~14 日龄：本周设定温度为 27℃，控制舍内温度为 26~28℃，相对湿度控制在 50%以下最好。光照 20 小时以下。完全撤去开食盘和扩栏；控制舍内湿度、均匀度是管理重点。适时扩栏，分群，控制料量，确保鸡群体格健壮，以防止猝死症的发生。扩栏分群也有利于控制腿病的发生。

按前面控料办法进行喂料管理。控料饲喂是有必要的。喂料办法应是每天的加料量分 3 次进行，第一次加前一天料量的 2/3，放到控料后的第一次加料，一般应是下午 6 时进行，第二天早上加 1/3 的料量，上午进行匀料，能匀多少就是当天增加的料量，这样持续下去每天都能统计准确料量，有利于最早发现鸡群的不正常情况。每天让雏鸡一小时左右把料桶里的碎料吃干净。扩栏到全栋。14 日龄更换较大颗粒的饲料，以加速 817 肉杂鸡的采食时间，建议把育雏前期料分成颗粒破碎料和颗粒料，这样效果会更好点。

15~21 日龄：设定温度 24℃，控制舍内温度在 23~25℃，相对湿度控制在 50%以下最好。光照方面参考第 2 周，结合通风降低舍内相对湿度；3 周的舍内相对湿度要小；舍内不能有氨味。防疫准备工作不容忽视。

前两周是控制料量的时候，但此时也不要忘记让鸡只在 22 小时吃够 24 小时的料量，缩短采食时间也不能让鸡只少吃饲料。控制采食时间的目的是为了让雏

鸡活动起来，增加鸡只的活动量，而不是为了控制料量。

2~4周龄死亡原因及病变：多数817肉杂鸡可在2~4周龄发生传染性法氏囊病。感染后，3天开始发生死亡，由轻度向中等程度增加，5~7天达到死亡高峰。死于感染的鸡，呈严重脱水，胸肌、腿肌、臀部、翼部肌肉有出血斑点。病鸡法氏囊先肿大后萎缩，囊内有时有果酱样或干酪样物。肾脏苍白肿大、粪便呈白色液状。猝死综合征，又称暴死症，多发于2~4周龄左右体大而健康的鸡，体重超标，突然死亡，死后呈明显仰卧，两脚朝天的姿势。结合剖检内脏器官无明显病变，排除传染性和中毒性疾病之后，可做出诊断。

硒和维生素E缺乏症：多发生于2~4周龄的雏鸡，主要呈现脑软化，表现运动失调，身体丧失平衡，头向后或向下挛缩，有时伴有向侧方扭转，边拍打翅膀边向后翻倒，有的有前冲或向后退等神经症状。有的病鸡虽然卧地不能站立，但仍想伸头采食，常在死前出现不自主的翻滚。剖检变化主要在小脑纹状体、延脑和中脑，小脑软化肿胀，脑膜水肿，表面有小点状出血，结合症状综合判断。

雏鸡进入3周后，往往是刚防疫过法氏囊病，大家注意的是防疫过法氏囊病后3~6天是防疫的应激最大的时候，所以这段时间管理重点要预防鸡群的应激反应，以防止与疫苗应激一起加重雏鸡的死亡比率，影响到采食和增重。所以这时应做好温度与通风的关系，给鸡群创造一个良好的生存环境。控制昼夜温差，做好良好通风管理，不给鸡群造成一点不良反应。

二、育成期管理

1. *育成鸡群*　育成期管理重点是加强通风减少不必要的应激。控制昼夜温差，是防止疫病发生的主要措施。防止因为通风不良和应激问题造成鸡的猝死症的发生（图8-3）。生长中、后期的死亡原因及病变如下。

（1）腹水症。多发于4周龄左右的肉仔鸡。剖检腹腔可见到大量透明、淡黄色腹水，有时混有乳黄色纤维蛋白凝块；心包积液，心肌松弛，心脏膨大呈囊状；肝脏呈灰色，表面不平，覆盖一层包膜。

（2）球虫病。对15~50日龄的雏鸡危害十分严重。可引起肠道各部分增厚、膨胀，肠内容物呈血性，两侧盲肠显著肿大，肠内壁表面粗糙或出血。

（3）大肠杆菌病。病原菌感染部位不同，所表现的病变也不相同。急性败血型通常病变为：①纤维素性心包炎，常见心包积液，心包膜混浊、增厚，内有纤维性渗出物，常与心肌粘连。②纤维性肝周炎，表现为肝肿大，表面有一层半透明状灰白色纤维素性膜包裹。③纤维性腹膜炎，主要表现为腹腔有太多腹水，纤维素性渗出物凝块充斥于脏器与肠道之间。

图 8-3　良好的育成鸡群

病鸡和死鸡都可能提供重要的信息。关键是饲养员应经常注意观察鸡群的动态，及早发现异常；及时请兽医人员确诊，尽快采取有效的预防和治疗措施，把损失减少到最低限度。

2. 817 肉杂鸡饲养后期的分期管理

（1）22~28 日龄。设定温度 22℃，控制舍内温度为 21~23℃，相对湿度控制在 50%以下最好。光照 20 小时以下。加强通风控制空气质量。这一周内的前几天也是第 3 次弱毒疫苗免疫后应激最严重的时期，鸡群会表现出死淘率明显增加的现象。死鸡可能会有新城疫典型病理变化出现，会给管理人员造成误导以为病毒病的发生，有人会建议采取注射的方法治疗，这样采取措施后反而会造成更为严重的应激反应，死淘率反而更难控制了。所以在这一周的疫苗应激反应不容忽视，不要产生不必要的误导。遇到这种情况一定要确诊到底是什么问题，先排除疫苗应激反应后再采取措施。

（2）817 肉杂鸡 20~30 日龄。主要控制球虫病、支原体病和大肠杆菌病，同时密切注意法氏囊病。改善鸡舍条件，加大通风量（以保证温度为前提），控制温度，保持垫料干燥，经常对环境和鸡群消毒。免疫、分群时，应事先喂一些抗应激、增强免疫力的药物，喂药尽量安排在夜间进行，以减少应激。预防球虫病，应选择几种作用不同的药物交替使用。有条件的采取网上平养，使鸡与粪便分离，减少感染机会。防治大肠杆菌病，要选择敏感度高的药物，剂量要准，疗

程要足。避免试探性用药，以免延误最佳治疗时期。使用新城疫、支气管炎活苗对鸡呼吸道影响较大，免疫后应马上用一次防支原体病的药物。法氏囊活苗对肠道有影响，易诱发大肠杆菌病，免疫后要用一次修复肠道的药物。如果有法氏囊病发生，应及时用药物治疗，早期可肌内注射高免卵黄抗体。一定要控制法氏囊病，否则后期非典型新城疫发生的概率很大。

（3）22日龄之后。随着日龄增大，体重也慢慢增加，脂肪沉积偏多，此时鸡只的羽毛已经覆盖全身并且能够调节自己的体温。此阶段开始需要改变舍内的环境使鸡群感觉温度更舒适，这段时间是需要加强纵向通风的阶段。纵向通风系统利用空气流速使鸡只感觉比实际温度凉爽。所有的纵向通风所使用的风机和湿帘降温系统可同时运转，此时空气流速可提高到2.5~3米/秒。

整个生产周期正确管理使用纵向通风和湿帘降温系统可有助于提高生产性能，增加经济效益。为达到此目的，生产经营者必须通过观察鸡只的行为和鸡舍环境，调节通风，满足鸡群需要来不断地提高自己的饲养管理技巧。

（4）29~35日龄：设定温度22℃，控制舍内温度为21~23℃，相对湿度控制在50%以下最好。光照20小时。加强通风控制空气质量，充足的供氧是管理的关键，减少不必要的应激来控制意外死亡鸡的发生。5周后的空气质量最关键。这时的管理重点是要注意817肉杂鸡解剖病理变化，确保内脏实质器官没有病理变化就行。这一周可以用些中草药制剂，调节脾胃功能。

从第5周开始喂料方法进行小小变更：把原来每天饲喂3次料改成每天饲喂4次。大致加料时间和用料量：晚上7时前一天料量一半，凌晨5时前一天1/4料量，上午10时前一天1/4料量，下午2时匀一下料桶里的料，使晚上6时前把料全部吃完。另外一种刺激多吃料的办法是员工在舍内慢慢走动驱赶角落的鸡只起来多采食饲料。网上饲养的817肉杂鸡舍，员工可以用手驱动网边的鸡只刺激其活动。

（5）36~42日龄：设定温度22℃，控制舍内温度为21~23℃，相对湿度控制在50%以下。光照22小时。保证空气质量，减少氨气的产生。减少不必要应激，这一周鸡只就马上要出售了，817肉杂鸡成本很高，每伤一只鸡的损失都是巨大的，所以这时的管理重点就是预防应激因素，注意温度与通风的关系。本周的采食速度是管理的关键，鸡只体重已经偏大，活动量减少，在没有应激情况下刺激其采食增加是管理关键。根据出售时间看是不是更换后期料。

（6）817肉杂鸡6周后：鸡群生长发育已达到极限，就如马拉松运动员快跑到终点时，体力已达到极限，一个小小的应激因素就能使817肉杂鸡造成死亡，所以随着鸡日龄增加，应激对它们危害就越大。出售前一周要和育雏前一周一样用心管理。

（7）43 日龄后：设定温度 22℃，控制舍内温度为 21~23℃，相对湿度控制在 40%以下。光照 22 小时。保证空气质量，减少氨气的产生。减少不必要应激，这一周鸡只就要出售了，同样要预防应激因素，注意温度与通风的关系。管理工作重点要提前决定淘汰鸡时间，若要出售 2 千克以上的大鸡。可以考虑在第 6 周后 3 天更换后期料，进行追肥。

817 肉杂鸡 31 日龄至出栏，主要控制大肠杆菌病、非典型新城疫及其混合感染。改善鸡舍环境，加强通风。勤消毒，交替使用 2~3 种消毒药，但免疫前后 2 天不能进行环境消毒。做好前、中期的新城疫免疫工作，做到程序合理，方法得当，免疫确实。此时预防用药，要联合使用抗生素和抗病毒药，并注意停药期。适当增喂微生态制剂，调整消化道环境，恢复菌群平衡，增强机体免疫力。

3. 减少肉仔鸡饲养后期死亡率之防治对策

在肉仔鸡生产实践中，一般而言其死亡率是随鸡日龄的增加而逐渐上升。饲养前期因孵化原因（脱水、脐炎等）或管理不当而造成少量鸡只死亡；饲养后期，鸡只死亡大多数发生在 4 周龄以后，死亡率普遍较高，这直接影响肉仔鸡饲养场户的经济效益。根据近几年饲养肉仔鸡的经验、教训和体会，提出以下相应的防治措施。

（1）商品 817 肉杂鸡后期死亡的原因：

1）疏忽饲养管理。大多数养殖户多是对前期的饲养管理比较重视，温度、湿度、通风换气、药物预防、疫苗接种等都能得到很好的控制，所以前期死亡较少，随着养殖天数的增加，有些养殖户认为大日龄的 817 肉杂鸡适应性和抗病力较强，容易饲养，轻视了此阶段的饲养管理，导致饲养环境越来越恶劣。

2）疾病的影响。主要是禽流感、新城疫、慢性呼吸道病、大肠杆菌病、球虫病、肠炎、817 肉杂鸡猝死综合征、鸡腹水综合征、脂肪肝这几种疾病的影响。

（2）防治对策：

1）加强饲养管理，合理防治疫病的发生。最好采取网上饲养方式。在地面平养时应加厚垫料的高度，勤换垫料，定期做好杀虫、灭鼠的工作，禁止飞鸟、野禽进入鸡舍。全场实施全进全出的制度，加强中后期的通风换气，定期带鸡消毒，最佳带鸡消毒药可选用二氧化氯和戊二醛，因其对病毒、细菌、支原体都有很强的效果，并且对呼吸道黏膜刺激性较小。

对于大肠杆菌病主要是采取综合防治措施，包括环境消毒、加强空气流通、防止饲料及水源的污染、提高机体免疫力、减少应激因素等。采用药物治疗最好

通过药敏试验选择几种高敏药物，替换用药或者联合用药。发病鸡群在进行用药治疗的同时，还要注意营养物质的补充，能够提高鸡群恢复的速度和效果，建议使用营养无敌 C-2000 全天饮水。

发生球虫病时，一是加强管理，注意通风换气，并且及时地清理粪便，保持鸡舍的干燥和清洁卫生；二是发病后及时用药，可以使用磺胺类药物治疗，但要注意使用剂量和使用周期，并且在饮水中添加肾囊肿解毒药，在治疗球虫的过程中，最好能够几种药物交替使用，以防止产生耐药性和影响治疗的效果；三是在治疗的过程中多维素要增至平时用量的 3~5 倍，全天使用营养无敌 C-2000 饮水，如果发生严重的肠道出血，在每千克饲料中添加维生素 K_3 3~5 毫克，以缓解症状，防止贫血和预后不良，影响生长速度和饲料的转化率。

2）制定科学的免疫程序。每个鸡场都必须根据受不同传染病的威胁程度和饲养管理水平、疫病防治水平及母源抗体水平的高低来制定科学的免疫程序，确定使用疫苗的种类、方法、免疫时间和次数等。有条件的鸡场还可根据抗体监测水平进行免疫。受新城疫威胁较大的鸡场，也可采取同时使用弱毒疫苗和灭活疫苗进行免疫的方法，以确保鸡只在整个生产周期中均具有较强的免疫力。传染性法氏囊病的发生可致使免疫功能下降，因此传染性法氏囊病的早期免疫应避免使用毒力过强的疫苗，以免损伤法氏囊而导致免疫功能降低，可根据不同地区、不同母源抗体水平，安排弱毒疫苗进行 1 次或 2 次加强免疫。在发生过传染性法氏囊病特别是肾型传染性法氏囊病的鸡场中，应结合新城疫的免疫，同时安排传染性法氏囊病的免疫计划。特别应指出的是，传染病的防治不能单纯依靠免疫，应该注重饲养管理工作，以提高鸡的抵抗力和防止强病毒的侵入。

3）加强饲养管理，给 817 肉杂鸡创造一个适宜生长发育的“小环境”。坚持“全进全出”的饲养方式，避免“二步制”带来相互传染疾病的机会。有条件的鸡场可改用网上平养以减少鸡只与粪便接触的机会，从而控制鸡球虫病、大肠杆菌病等。

加强 817 肉杂鸡饲养后期通风换气和垫料的管理。饲养后期随肉仔鸡生长速度的加快，鸡只需要氧气亦相对增加，此阶段的通风换气尤为重要。鸡场应建立严格的通风换气制度。夏季以减少热应激为主，冬春季应在保温的同时，定时进行通风换气，以减少舍内尘埃、二氧化碳和氨气等有害气体的污染，降低舍内湿度，使空气保持新鲜，从而达到减少呼吸道疾病发生的目的。

饲养后期的垫料管理可以说是减少 817 肉杂鸡死亡和养鸡成败的重要环节。在生产中，可一次垫足垫料，当过于潮湿时应加强通风换气，清除或更换垫料。当垫料过于干燥，相对湿度小于 25%时，鸡舍会因空气干燥而尘土飞扬。在此环境下，鸡呼吸道黏膜抵抗力降低，易发生新城疫、传染性支气管炎、禽流感、鸡毒霉浆体病、大肠杆菌病等而造成死亡，此时可采取带鸡喷雾消毒等方法来加大湿度，降低尘埃的危害。

坚持环境消毒和带鸡消毒。常用消毒药品可选用百毒杀、过氧乙酸、抗毒威、碘附等。常用的方法是用 1：（2 000～3 000）百毒杀，每天 1～2 次，连用 3～4 天；再换用 0.15%过氧乙酸，以喷雾方式循环进行消毒，同时还应根据气温、湿度等情况适当调整喷雾剂量和浓度。

为减少各种应激，在天气突变，转群，防疫，换料前后应适当应用电解多维、中药刺五加等，35 日龄后，为减少体内尿酸盐的沉积，可适当用 0.2%的小苏打夜间饮水，连用 3～5 天后，隔 3 天，再应用 3 天。

为防止 817 肉杂鸡腹水综合征和 817 肉杂鸡猝死综合征的发生，除了采取相应的限饲、降能、改变环境外，在饲料中适当添加抗氧化剂如维生素 A、维生素 E、维生素 C 和中药龙胆泻肝散等均有一定疗效。

发生脂肪肝时以消脂为主，防病为辅。在每千克饲料中加入 2.6 克氯化胆碱拌料 5 天。调整饲料配比，确保有 3%～4%的麸皮，降低玉米等碳水化合物饲料比例，在冬季可适当以富含亚油酸的油脂类物质替代 2%～3%的玉米，可增加对不饱和脂肪酸的利用，减少脂肪沉积，同时用蛋多多拌料 5 天，防止因鸡体质下降而引起细菌感染。

4）药物预防。在使用疫苗免疫预防某些传染性疾病之外，还应采用药物预防细菌性疾病，这也是防止肉仔鸡后期死亡的重要手段。

药物预防疾病时，针对性要强，应了解周围环境疾病流行的情况和本场流行疾病的规律，选用敏感性强的药物，并制定适当的用药程序，如预防霉浆体感染，可选用泰乐菌素、高利米先、北里霉素、恩诺沙星、诺氟沙星。在发生疾病时，要及时诊断，选用特效药品。在发生大肠杆菌病时，应进行药敏试验，选用敏感性高的药物进行治疗。用药程序应根据本场的实际情况制定，无论使用哪种药品都应使用一个疗程，一般为 3～5 天，同时最好错开免疫时间。

从经济观点出发，饲养前期由于鸡只体重小，用药量亦小，宜选用抗菌广谱、效果好、价格相对高的药品，而饲养后期鸡体重较大，用药量亦较大，应选用价格相对便宜一些的药品。实践证明，只有做好前期的预防工作，才能避免鸡后期的发病与死亡。

用药物预防时，不要从雏鸡入舍至出栏不间断地用药，也应杜绝在同一批鸡中反复使用同一种药物而使病原菌产生抗药性，最终导致防治的失败。一般而言，凡属病毒性疾病不应使用抗菌药物进行治疗。

在防疫、转群和换料前后，为了减少应激造成的损失，可适当投服维生素C、苏威多维、延胡索酸。5 周龄以后，为减少尿酸盐的沉积，可适当投服肾肿解毒药、肾通等。

长时间或大剂量的使用抗生素会破坏肠道菌群间的生态平衡，产生新的感染并难以治疗。因此，建议采取生物防治的方法。在预防中，可使用促菌生（DM423 菌粉）。此药物的主要作用是恢复肠道菌群平衡，产生消化酶和合成部分维生素，降低肠内容物和肝门静脉血液中氨的浓度，提高生产性能和饲料转化率等。使用这类制剂时，应停止使用抗菌药物，但可以和抗菌药物错开一定时间，交替使用。

减少应激，降低腹水症和猝死综合征的发生。为减少腹水症和猝死综合征造成肉仔鸡的后期死亡，除改善饲养环境外，可在饲养前期适当限制饲料量或限制饲料能量的摄入量来减少此病的发生。一般可在 1 周龄前夜间停料或在 3 周龄前实行间断断料的方法，同时应保证饲料中维生素和电解质的平衡。

在饲料中添加尿酶抑制剂以降低肠道氨浓度也是降低腹水症发生的重要措施。对已发生腹水症的病鸡应及时淘汰，以减少损失。至于猝死综合征，除采取上述措施外，还应避免突然惊吓，适当减少光照时间和强度，同时使用心速宁来进行预防，可收到较好的效果。

三、出售时的管理措施

肉用仔鸡育成后，达 1.75 千克左右即可出售。捉鸡时最好安排在清晨，如果是开放式鸡舍，应在天黑时抓鸡装笼，以免因鸡惊慌逃避而增加捕捉时的困难。如是无窗鸡舍，也可利用光来引导鸡走到笼车里。即舍内熄灯，而在笼车中开灯来引导鸡走进。使用这种方法时要让车的后门与鸡舍的门连接起来，便于利用灯光引导鸡从暗室中走入特制的层笼车中，然后运入市场或屠宰场。这种引导捕捉可大大减少商品 817 肉杂鸡在捕捉与装运过程中的损伤率（图 8-4）。捕鸡时，必须抓住鸡的翅膀、脚放入笼内，不得抛鸡入笼，以免骨折成为次品。要轻抓轻放，笼底要垫草，以防碰伤 817 肉杂鸡，影响商品价值。

夏季为防止烈日曝晒，要在上午 8~9 时前将鸡运至销售地点。出售、屠宰前应停喂饲料。准备出售的 817 肉杂鸡，要在出售前 6~8 小时停料，防止屠宰时消化器官残留物过多，使产品受到污染，同时也防止浪费饲料。已装笼的 817 肉杂鸡要注意通风、防暑，必须放到通风良好的场所，不让阳光直照到鸡的头部。炎热的夏天，可以在运前向鸡体喷水，然后运走，中途停车时间不要过长。笼子、用具等回场后须先经消毒处理后才能进鸡舍，以免带进病原体。每批鸡出售

图 8-4　出售时管理

后必须进行核算，其一是计算饲料报酬，可按总耗料（千克）/817 肉杂鸡净增重（千克）计算；其二是收支核算，即计算成本。每次核算要尽可能精确，才能算出饲养中的问题，得出经验，提高今后养鸡效益，立足于不败之地。

地面厚垫料平养就是在鸡舍地面上铺设 10 厘米左右厚的垫料，雏鸡从入舍饲养到上市出售一直生活在上面，这是目前普遍采用的一种饲养方式。垫料要求干燥松软、吸水性强、不霉变。常用垫料有刨花、锯末、稻壳及铡成 3~6 厘米长的麦秸、稻草和玉米秸等，这几种垫料宜混合使用。厚垫料平养方式的优点是简便易行，设备投资少，残次品率低；缺点是 817 肉杂鸡易感染肠道疾病和球虫病，会增加医药费用。

网上平养就是在离地 50~60 厘米的高度上架设网架，用 2 厘米左右粗的圆竹竿或木条平排在网架上制成网床，上面铺上塑料网或铁丝网，鸡群就生活在网上。用这种方式养鸡，虽然设备投资较高，但由于鸡粪落在地上，鸡群不接触鸡粪，可显著降低各种疾病的发生，减少医药费用，鸡舍内环境也容易控制。

随着集约化养鸡业的迅速发展，各种应激因素越来越多，尤以夏季高温造成的应激最为突出。气温超过 817 肉杂鸡本身体温调节能力，从而引起一系列的全身性反应，称为热应激。夏季气温较高，高密度饲养造成 817 肉杂鸡热应激发生普遍，生产性能降低，免疫功能下降，发病死亡率升高，给 817 肉杂鸡饲养业带来很大经济损失，应引起养禽工作者的关注和重视。实践证明，817 肉杂鸡生长

的适宜温度为18.6~22.1℃，在适温范围内，鸡体代谢产热主要靠辐射、传导和对流散失，其余经呼吸道途径散发。产热和散热基本保持平衡，鸡的体温不升高，817肉杂鸡生长速度快，饲料利用率高，死亡率低。当环境温度超过28℃时，817肉杂鸡开始出现热应激反应，表现为张口呼吸，饮水量显著增加。超过30℃，鸡体温度随着环境温度的升高而上升，超过31.8℃就有死亡的危险。临床症状为精神不振，体温升高，热性喘息，呼吸急促，通过加大肺通气量增加呼吸道的散热，减少运动，经常蹲伏在地上或网上，两腿叉开，翅膀下垂，心跳加快，外周血管扩张，增大热交换面积，进而提高热交换效率；冠及肉髯苍白，采食量减少，饮水增加，生长速度变慢，饲料转化率降低，发病率及死亡率上升等。

管理措施如下：

（1）加强通风换气　在鸡舍内提高气流速度，加强通风换气，减少817肉杂鸡饲养密度。安装排风扇使鸡背水平风速达到1~1.2米/秒，可使鸡的散热加快，对提高鸡的抗热应激能力具有一定作用。

（2）湿帘和喷雾降温　在鸡舍进风口处设置湿帘，使外界热空气经冷却后进入鸡舍，部分水在形成水汽时吸收大量热量，从而降低空气温度，使鸡舍内温度下降。气温越高，湿帘降温效果越好。采用旋转式喷雾器向鸡舍顶部或鸡体喷洒凉水，也可达到降温的效果。

（3）调整日粮组成　夏季合理调配日粮，维持适宜的营养水平，可以补偿高温应激引起的饲料摄入量的减少，缓解应激反应对鸡的危害。糖消化代谢过程中产热较多，应适当减少其比例。蛋白质在代谢过程中产生的体增热较多，应采用低蛋白日粮并补加限制性氨基酸。脂肪含能量高，代谢产生的体增热少，日粮中添加2%~3%脂肪，可以弥补817肉杂鸡摄食量减少所造成的能量不足，增加饲料的适口性和利用率。低钙高磷饲料可有效地缓解热应激反应，提高817肉杂鸡生产性能和存活率。热应激造成817肉杂鸡合成维生素减少或对维生素需要增加，极易发生维生素缺乏症，必须补充某些维生素，以保证817肉杂鸡的特殊需要。国内外报道指出，维生素C和维生素E具有较好的抗热应激作用，能明显减轻热应激对817肉杂鸡的影响，提高生产性能。每天早晚凉爽时饲喂，中午炎热时让鸡休息，采用间继式饲喂法或限制饲喂有助于防治热应激。

（4）调节电解质平衡　热应激条件下，817肉杂鸡容易发生呼吸性碱中毒和低血钾症，造成电解质平衡紊乱，影响机体调节活动。在饮水或饲料中添加电解质可缓解热应激造成的危害。国外学者试验证明，给817肉杂鸡饲喂含0.5%碳酸氢钠的日粮，能显著提高热应激条件下817肉杂鸡的增重和采食量。建议夏季日粮中碳酸氢钠的添加剂量最少为 4 千克/吨。给热应激 817 肉杂鸡饮水中添加 0.3%氯化钾溶液，可提高 817 肉杂鸡采食量，增加饮水量，使 817 肉杂鸡体温明显降低，对蛋白质和代谢能利用率提高。饲料中添加氯化铵，能显著降低 817 肉杂鸡血液 pH 值，缓解呼吸性碱中毒，增加体重。

（5）添加抗热应激药物　通过饮水或拌料方式添加某些药物，调节 817 肉杂鸡体内环境，调控代谢以最终达到缓解热应激的方法，简单易行，容易让养鸡场接受。杆菌肽锌能够抑制 817 肉杂鸡肠道内微生物的繁殖，增进食欲，提高采食量，在 817 肉杂鸡日粮中添加 50~150 毫克/千克杆菌肽锌，可提高生产性能，缓解热应激的不良影响。饲料中加入 0.1%镇静剂氯丙嗪，有降低代谢率和减少活动量的作用，从而减轻 817 肉杂鸡散热负荷，使料肉比降低。柠檬酸在 817 肉杂鸡体内能缓冲血液碱性造成的危害，维持血液 pH 值在适宜的范围内，饲料中添加 0.25%柠檬酸，能提高热应激状态下肉仔鸡的日增重。日粮中添加酵母铬或吡啶酸铬，可改善高温应激条件下肉仔鸡的生产性能和免疫能力，使血清总蛋白水平升高，尿素氮水平、胆固醇浓度和腹脂率显著下降。由于热应激对 817 肉杂鸡的影响是多方面的，单一抗应激添加剂作用有限，不可能完全消除热应激。所以，只有在加强饲养管理的基础上合理调整日粮的组成和添加剂的使用，才能最大限度地降低热应激，提高 817 肉杂鸡生产力。

第九章　817 肉杂鸡淘汰后清理工作

一、清理前准备

鸡粪清完后的空舍时间不能少于 15 天，目的是杜绝本批鸡所携带的病原微生物对下批鸡造成危害，要求做到鸡舍冲洗全面干净、消毒彻底完全。淘汰鸡后从清理、冲洗和消毒三方面去下功夫整理才能达到要求。

无抗养殖是指在良好饲养管理条件下，不使用抗生素，通过良好的管理理念结合微生态制剂和酸制剂调节肠道的健康，利用优质纯粮食型安全的饲料与安全的饮水确保肠道的安全；通过细节化的管理避免呼吸道疾病的发生，再结合饲养周期的管理要点及疾病易发期进行纯中药产品的防控来确保鸡群的健康；通过 20%石灰水处理墙壁与地面，冲净鸡舍后干燥 7 天以上，减少疫病的发生。

清理工作是至关重要的，只有清理干净才能方便以后的工作；清理对下批鸡有用的设备、用具和物品进行整理，包括仓库内存放的东西，运到冲洗处准备冲洗；对本批鸡所有废弃不用的物品、垃圾彻底清理干净运出场外 2 千米以外的地方；用封闭车辆清理鸡粪，运到场外 2 千米以外的地方，并把清理完鸡粪的鸡舍清扫干净后准备冲洗；等到鸡舍内外水泥地面冲洗干净后，清理舍外的土地面上的腐蚀土和垃圾、废弃物品运到场外 2 千米外。对厕所和下水道进行清理。

冲洗干净对下批鸡有用的设备、用具和物品，包括仓库内存放的东西；浸泡消毒后存放，准备最后统一消毒；冲洗鸡舍先上后下，把鸡舍冲洗的一尘不染，冲洗的标准以存水不留痕迹为准；对生产区内的其他房间及清理后的厕所进行冲洗干净（图 9-1）。

二、休整期的重点工作

（1）舍内外所有与上批鸡有关的有用或无用物品全部清理干净，使生产区

图 9-1　冲洗干净的鸡舍洒生石灰水

内只看到地面，所有物品全部清理到固定地方，进行分类处理。

（2）清理鸡粪后，把舍内外所有鸡粪与垫料清理干净，鸡舍外不能见到鸡粪和垫料。

（3）冲洗鸡舍前对舍内各个角落进行认真清理打扫干净，不出现成堆鸡粪后再进行冲洗，以最大限度减少对舍外的污染，同样也减少了冲洗的难度。

（4）舍内冲洗干净，存水处不留痕迹。

（5）舍内不留存水的地方，冲洗工作完成后，清理干净舍内所有存水，促进舍内尽快干燥。干燥是最廉价的消毒剂，就是大消毒后的存水地方也要清理干净。

（6）舍外净区表面腐蚀的泥土清理干净，露出全部新土，撒上生石灰，再洒水。污区也要把舍外鸡粪清理干净，同时清理干净上批鸡存下的杂草和树叶。

（7）鸡舍冲洗干净后，立即冲洗干净舍内外下水道，以防止造成二次污染。

正常冲洗情况下，要做到以下几点，就能保证 817 肉杂鸡安全：淘汰完 817 肉杂鸡到进鸡时要有 15 天以上，但 7 天内鸡舍必须冲洗干净；提前到 7 天内舍内完全冲洗干净，目的是舍内干燥时间不低于 7 天；任何病原体在干燥情况下存活时间都会明显缩短；舍内墙壁、地面冲洗干净后；空舍 5 天后，再刷 20%石灰水；任何消毒（包括甲醛熏蒸消毒在内）都不能忽视屋顶。

舍外也要如新场一样。污区清理干净不进入活动，最好撒生石灰。净区严格清理撒上生石灰，不要破坏生石灰形成的保护膜。舍外路面冲洗干净后，水泥路面洒20%石灰水或5%氢氧化钠溶液。土地面铺1米宽砖路供育雏舍内人员行走；把育雏期间煤渣垫路并撒上生石灰碾平（不用上批煤渣）。通风开始到接鸡以后10天注意进风口消毒，确保接鸡10天内进入舍内的鞋底不接触到土地面。

土地（泥土）是病原体的培养基。病原体的存活条件营养、水分和温度，泥土中能全部提供。消毒剂对泥土中病原体没有作用。土地（泥土）中病原微生物的来源主要有候鸟迁移中拉下的粪便，农田中施的粪肥，雨水、大风带来的污物，本场上批鸡饲养过程的积累，进出鸡场车辆带来的污染（表9-1）。

表9-1　泥土中病原体含量与存活期限

名称	类别	存活环境/存活时间
葡萄球菌	细菌	泥土中干燥脓汁内存活20天以上
大肠杆菌	细菌	土壤、水能存活数周至数月
沙门杆菌	细菌	夏季土壤中存活20~35天；冬季土壤中存活128~183天
禽流感病毒	病毒	在20℃的粪土中可存活7天
马立克病毒	病毒	垫草中存活44~112天，土壤和鸡粪能存活16周之久
新城疫病毒	病毒	15℃鸡肉中存活98天，粪土中可存活半年以上
法氏囊病毒	病毒	鸡群发病后完全清理后，56天鸡场粪土中存在病毒仍有感染性
曲霉菌	其他病原微生物	长期存于土壤、谷物和腐败的植物中
球虫卵囊	其他病原微生物	在隐蔽的土壤中可保持活力86周之久
支原体	其他病原微生物	在20℃粪土能存活1~3天，棉布中存活3天

用生石灰处理舍外人员接触较多的地面，生石灰与水结合后，形成氢氧化钙，氢氧化钙与空气中的二氧化碳结合生成碳酸钙和水。碳酸钙在土地面上形成一层薄膜，可以防止地面内病原体散发到空气里污染环境。

把生石灰用水处理成面粉样，不能干或有太多的存水（现用现处理）。淘鸡后或第一次使用生石灰时，对舍外土地面上的腐土进行清理运出（露出新土），对清理过的露出新土的地面均匀洒水（地面完全洒湿）。把处理过的生石灰均匀地撒到土地面上，尽量做到同一个厚度为好（均匀不露地面），再用消毒机洒水，把所没有湿透的生石灰再用水处理一下（没有干石灰存在）。

做法：清理场内土地面上的腐蚀土，把腐蚀土运出场外；对清理过的地面进行洒水，再撒生石灰，可两组人配合；每平方米用1%～2%氢氧化钠溶液进行消毒，使水分与生石灰充分结合，使地表面形成一层膜。大雨过后可在表面再撒一次。

经过上述处理后的地面经过几天的干燥后，就会形成一层牢固的熟石灰膜（碳酸钙），使地面与空气隔离开来。这样处理好的话可以预防本场疫情的发生。

三、修整期注意事项

（1）确保冲洗干净：小进风口、水帘和风机内外，同时保证不存水，水帘池内清理干净，晾干后用消毒剂处理，墙壁冲洗，池底浸泡一天，然后清理干净。把窗户（小进风口）打开冲洗干净，并用消毒剂擦拭干净。

（2）舍内所用物体表面要清洗干净，其中包括地面、墙壁、顶棚和舍内所有设备和物品表面。舍内冲洗干净后立即冲洗清理舍外污水道，以减少污染机会。

（3）清理舍外砖路和水泥路两侧的土地面，使土地面的水流不到砖路或水泥路上来，否则易把泥土带入舍内引起疫病发生，这点很重要。

（4）生产区舍内外及仓库内的所有有用与无用物品进行分类处理以便消毒，同时把舍内不易冲洗干净的物品清理出去换新的，如料袋、绳子等。

（5）生产区舍内外及仓库内物品统一清洗消毒一次。

（6）对鸡舍熏蒸消毒时把舍内其他房间也熏蒸消毒一次，以做到全面彻底的消毒工作，其中包括生产区内外的仓库和住室。住室床下清理消毒也不能忽视。强制消毒间要打开。

（7）金属物体表面清理干净，最好刷一次防锈漆，以起到保护舍内设备的作用，同时也起到良好消毒作用。

（8）风机冲洗干净后要用消毒过的湿布把风机表面及百叶窗擦拭干净，同时清理干净下面的存水。

（9）热风炉进行炉内清理保养；清理干净热风带。

生物检测标准

检测项目	限定标准			
	细菌总数	大肠菌群	沙门杆菌	霉菌
水线/毫升	<10 000	<100	不得检出	
消毒液/毫升	<250			
鸡舍空气/米^3		<1 900	不得检出	
饲料/克	<50 000	<2 000	不得检出	<5 000
垫料/克		<200 万	不得检出	<500 万
后备鸡舍熏蒸前（环境）/厘米^2	<2 000			
后备鸡舍熏蒸后（环境）/厘米^2	<200			
后备鸡舍熏蒸前（空气）/米^3	<600			
后备鸡舍熏蒸后（空气）/米^3	<60			
球虫卵囊/克	限定标准：<3 000			
药敏结果/毫米	0 不敏感，0~10 低敏，10~14 中敏，15~20 高敏，20 以上极敏			

员工用消毒剂清理消毒塑料网如图 9-2。

图 9-2　员工用消毒剂清理消毒塑料网

第十章　疫病的预防控制

一、防病基础知识

解剖病死鸡，有利于详细了解鸡群的实际情况。解剖时，应按要求、按步骤去解剖病死鸡，对解剖的病死鸡做详细的记录，以此总结特征性病理变化。同时，对解剖记录进行系统性分析，对典型病变进行细菌培养和药敏试验，以利进行预防性和治疗性用药。

预防疾病和减少死亡是鸡场兽医及饲养员的一项重要工作。在大型鸡场或养鸡大户中，对一些常见病和多发病及时做出正确判断、尽快采取有效措施、从速控制疾病、减少死亡造成的损失，是极为重要的。

（一）剖检工作中的注意事项

死后剖检就是在动物死亡之后为搞清疾病或死亡原因而对其体表和各脏器做彻底检查的方法，也是诊断和防制疾病十分重要的第一步。动物脏器和组织对病原体的反应范围是有限的，许多疾病从外表上看十分相似。因此，除肉眼直接观察外，有些病例还需借助实验室培养、切片观察等，以判明其特定的病因。但有些常见病和多发病，一经剖检基本上能定性，然后再了解其饲养管理情况，观察鸡舍、饮水、垫料、通风等小环境综合判断。实验室诊断对于解决疑难病症来说是必不可少的。

在剖检具体操作过程中，工作人员必须有条不紊，并妥善处理死鸡。在鸡场附近剖检时，工作场所一定要挖坑深埋或焚烧，用具要彻底清洗消毒。同时，要注意工作人员的卫生防护。

（二）1周龄雏鸡死亡原因及病变

生长早期的若干死亡原因是比较容易判别的。

1. 脱水　常见于雏鸡出壳后没有及时补足水分，加上育雏室温度较高或白痢病导致雏鸡死亡。剖检可见，体重较轻，腿部皮肤干燥而色深，肌肉干燥而色暗红。

2. 脐炎和卵黄囊感染　表现为脐部结痂，胸腹部肌肉水肿，卵黄吸收不全，卵黄囊呈液状，色红、黄或绿，气味恶臭。胸腹腔内有腐败的液体，体腔内部广泛发炎。

3. 曲霉菌病　活鸡感染该病可引起费力的张嘴呼吸。感染鸡死后剖检病变主要在肺部和气管、气囊，可见到暗灰色菌丝，气管中有淡黄色渗出物，肺部有针尖到小米粒大的黄白色结节。

（三）2~4 周龄死亡原因及病变

1. 法氏囊病　多数 817 肉杂鸡可在 2~4 周龄发生传染性法氏囊病。感染后，3 天开始发生死亡，由轻度向中等程度增加，5~7 天达到死亡高峰。死于感染的鸡，呈严重脱水，胸肌、腿肌、股部、翼部肌肉有出血斑点。病鸡法氏囊先肿大后萎缩，囊内有时有果酱样或干酪样物。肾脏苍白肿大、粪便呈白色液状。

2. 猝死综合征　又称暴死症，多发于 2~4 周龄体大而健康的鸡，体重超标，突然死亡，死后呈明显仰卧、两脚朝天的姿势。结合剖检内脏器官无明显病变，排除传染性和中毒性疾病之后，可做出诊断。

（四）生长中、后期的死亡原因及病变

1. 腹水症　多发于 4 周龄左右的肉仔鸡。剖检腹腔可见到大量透明、淡黄色腹水，有时混有乳黄色纤维蛋白凝块；心包积液，心肌松弛，心脏膨大呈囊状；肝脏呈灰色，表面不平，覆盖一层包膜。

2. 球虫病　对 15~50 日龄的雏鸡危害十分严重。可引起肠道各部分增厚、膨胀，肠内容物呈血性，两侧盲肠显著肿大，肠内壁表面粗糙或出血。

3. 大肠杆菌病　病原菌感染部位不同，所表现的病变也不相同。急性败血型通常病变为如下三种：

（1）纤维素性心包炎：常见心包积液，心包膜混浊、增厚，内有纤维性渗出物，常与心肌粘连。

（2）纤维性肝周炎：表现为肝肿大，表面有一层半透明状灰白色纤维素性膜包裹。

（3）纤维性腹膜炎：主要表现为腹腔有太多腹水，纤维素性渗出物凝块充斥于脏器与肠道之间。

4. 硒和维生素 E 缺乏症　多发生于 2~4 周龄的雏鸡，主要出现脑软化，表现为运动失调，身体丧失平衡，头向后或向下挛缩，有时伴有向侧方扭转、边拍打翅膀边向后翻倒，有的前冲或向后退等神经症状。有的病禽虽然卧地不能站立，但仍想伸头采食，常在死前出现不自由的翻滚。剖检变化主要在小脑纹状体，延脑、中脑和小脑软化肿胀，脑膜水肿，表面有小点状出血，结合症状可综合诊断。

病鸡和死鸡都可能提供重要的信息。关键是饲养员应经常注意观察鸡群的动态，及早发现异常，及时请兽医人员确诊，尽快采取有效的预防和治疗措施，把损失减少到最低限度。

（五）病鸡的送检

有时为了进一步确诊，在剖检完死鸡之后，有可能还要在鸡群中再找几只同样症状的病鸡送到别处做进一步鉴定，要确保送检的病鸡具有代表性，适当的样本有助于做出准确的诊断。

（六）结论

不能鸡死了就扔，鸡得的什么病却含糊不清。只有通过认真剖检，彻底搞清病因，才能做到有的放矢。属于营养方面的，要及时调整饲料配方，特别是矿物质、微量元素要搭配合理；属于温湿度方面的问题，应加强保温与通风换气；是病原体引起的，应抓紧时间选用特效药物进行预防、治疗及消毒；需要隔离的，一定要及时果断隔离。否则，病因不清，可致损失骤增。

（七）存在问题实例

1. 目前农村散养户防病存在的问题　现在 817 肉杂鸡散养户治疗病鸡的问题主要表现在：使用药物完全凭经验而没有药敏试验支持；使用药物的方法不正确：早上一次集中饮水、一次饮水时间又不超过 4 小时；使用浓度与量不足，致药品含量不足，甚至有假药的成分；用药不对症；治标没治本；没有配合用药。

（1）投药途径：

1）饮水投药：适用完全溶于水的药剂。优点：方便、快速。缺点：浪费较大。

2）拌料投药：适用于不完全溶于水或不溶于水的药剂。优点：不易造成浪费。缺点：用药麻烦，有药物中毒现象发生。

3）注射投药：适用于小群鸡只或病危鸡只。

4）喷雾投药：适用于慢性呼吸道疾病的防治用药。

（2）投药方法：

1）饮水投药：药品使用时一定要确保禽体内 24 小时内的血液浓度，所以用药一定要均衡；饮水投药的最好办法是全天自由饮水，为了尽快使药品在血液里达到治疗浓度可以最先 4 小时按说明书量的 1.5 倍量使用。其次是：使用 6 小时停药 6 小时，按常用量的 2 倍量饮水使用，就是把全天用药量 3 次用完。

2）用料投药：药品使用时一定要确保禽体内 24 小时内的血液浓度，所以用药一定要均衡；用料投药的最好办法是全天饲料拌入的办法，但如何拌料应引起

重视，否则会引起中毒。拌料方法有两种，即颗粒料拌入法和粉料拌入法。①颗粒料拌入法：按饲料量的1%准备水量，把药品兑入水中，用喷雾器均匀喷洒在全部饲料上，然后再拌几遍就行了，这样确保雏鸡吃料均匀。②粉料拌入法：要采取分级兑入的办法。

2. 现在817肉杂鸡场用药方面存在的问题

用药没有作用或者效果不好，再用另一种药试试吧。还有一个问题是，药敏试验高敏的药品，实际生产中作用仍然不好，原因是什么呢？专家解释：只要是药敏试验高敏者一定效果不错，如果不好，只是剂量不够，没按疗程使用，或者药品含量不足；许多次治疗用药效果不显著，常与疗程不足有关，如有的只用1~2天就停了，造成耐药性和隐性感染。

（1）配伍不科学　如：①药物性配伍禁忌（如诺氟沙星不能与氯霉素配；饲料中拌氨茶碱，又用红霉素）。②理化性配伍禁忌，如红霉素+氯霉素（混浊）、青霉素+磺胺（混浊）。

（2）用药效果不佳的原因　只有两个：①药品使用不对症。②使用方法不当：没有用够量（含量不足），饮水量不足，疗程不够，用药方法不当。

（3）禽病治疗过程中的管理细则。禽群出现疫病时首先表现是食欲下降，平时做好采食记录，注意定时加料，统计好采食量与饮水量，有利于疫病的早期发现。人们常说：治疗病时，“三分治七分养”。这里所说的“养”，就是护理。所以我们用药时，不仅仅是用药，而要给鸡列一套详细的护理方案，这样会起到事半功倍的效果。我们有时会发现：用药效果很不明显，还有的做了药敏试验特效药品仍无作用，可能就是这个方面的原因。

1）做好舍内小气候的控制。例如，①温度控制：以最适宜的温度进行控制，把舍内不同地点的温差和昼夜温差降低到1℃以内；晚上温度提高1℃。②良好的通风管理：舍内无一点气味，供氧充足，无贼风。③光照：增加光照强度刺激鸡群活动；清理舍内卫生。

2）舍内喂料管理：疾病期的禽群食欲下降，刺激禽群食欲是一个管理细节问题。措施：料要少加勤加，并要定时驱赶病禽刺激多采食。放低喂料器具。

3）饮水管理：大群饲养的禽，多数是用饮水投药的，饮水多少是投药效果的关键，无论是何种特效药品，如果没吃到嘴里，或用量不足，作用就不会太好。饮水管理的措施：增加饮水器数量、放低饮水器高度，使鸡饮水均匀。

4）生物安全：出疫病时首先要采取严格隔离措施，对发病舍严格隔离，专人封栋或进出鸡舍要更换服装并严格消毒。定时进行带鸡消毒；依病的情况进行消毒；消毒时提高舍内温度2℃以上；严格其他栋的带鸡消毒；并对进风口进行严格消毒；风机钉自由塑胶布；发病栋舍出舍所有物品用两种以上消毒剂消毒后出舍存放，不用于其他舍。大的疫情要考虑到排出气体的消毒；死禽要焚烧。

5）药物的预防与治疗：防治要考虑标本兼治的原则；找出主因用猛药，然后依据具体病理变化配合用药治标；对影响食欲严重的疫病使用健胃药；对于病毒病引起的疾病除预防继发感染使用抗生素外，还要使用中草药制剂；使用抗生素时间偏长或者发现有肠黏膜脱落的现象时，要使用有益菌制剂；对于呼吸道较严重的疾病，特效药治疗后，要用中药去维持治疗一段时间；配方用药应是主要措施。

6）预防应激因素出现：禽群出现疫病本身对禽体就是一个较大的应激反应，若再出现不必要的应激问题，会增加死亡数量；同时影响疾病的恢复。

7）专人护理：出现疫病时要像育雏时一样，应专人对禽群进行特别护理。

8）慢性呼吸道的防治措施：①建立良好的隔离措施；②控制好舍内温度与通风；③育雏前 3 天的湿度；④冷应激的预防；⑤及早用药；⑥足疗程用药；⑦配合用药；⑧呼吸道药+大肠杆菌药+补养药。

9）大肠杆菌病的防治措施：①建立良好的隔离措施；②控制好舍内温度与通风；③及早用药；④足疗程用药；⑤配合用药：诱因病的特效药+大肠杆菌药+补养药。

10）病毒病的防治措施：①建立良好的隔离措施；②控制好舍内温度与通风；③带鸡消毒；④及早用药；⑤足疗程用药；⑥配合用药：本病特效药+大肠杆菌药+补养药。

（4）控制原则：

1）分析病因：对因治疗。

2）紧急消毒：每天带鸡消毒，饮水、场地、工作人员消毒。

3）增强抵抗力：投电解多维类产品和免疫增强剂 3~5 天。

4）控制继发的细菌感染：投抗菌剂 3~5 天。

5）紧急接种：发生新城疫、传染性喉气管炎时紧急接种。

6）生物制品治疗：法氏囊病的早期注射卵黄抗体。

7）对症处理：如解肾肿、助消化、止泻。

8）加强管理：如舍内小气候的控制，加强清洁、温度、湿度的管理。

9）抗病毒药：无明显疗效，最多只在发病早期适当使用。

（5）家禽下痢症状的控制要点：

1）分析病因并根除。检查饲料中食盐含量是否偏高？植物蛋白是否熟化？分析是否有传染性疾病？如炎热夏季饮水过多的腹泻就较难控制。解除原发性

病因。

2）抗菌剂控制原发或继发的细菌感染：首选氟苯尼考（杆菌必治）、新霉素（普健），次选环丙沙星（新囊康、雏安健）、硫酸黏菌素（肠瑞克）等。

3）提高机体抵抗力：营养保健药品（营养快线）连续使用5天。

4）加强生物安全措施：清洁卫生和饮水消毒为第一重要。

5）微生态制剂：抗菌剂久治不愈时，则改用活菌制剂，在消化系统建立有益菌优势菌群，达到微生态平衡。

（6）常见细菌性感染的控制原则见表10-1。多数细菌病均为条件性致病菌，条件改变则易引起疫病的发生。

1）分析病因：对因治疗，综合防治。

2）紧急消毒：每天带禽消毒，并对饮水、场地、工作人员消毒。

3）增强抵抗力：投电解多维类产品3~5天。

4）控制感染：投抗菌剂3~5天。

5）对症处理：如解肾肿、助消化、止泻（肾通）。

6）加强管理：舍内小气候控制，注意环境卫生及舍内温度和湿度。

表10-1　常见细菌性感染的控制原则

感染类型	抗菌剂	疗程
一般的细菌感染	常见抗菌剂	3~5天
传染性鼻炎	首选磺胺类（鼻冠康），次选喹诺酮或氨苄青霉素/阿莫西林	连续7天以上
肾型传染性支气管炎继发的细菌感染	首选强力霉素和头孢塞呋（杆菌必治），次选氨苄青霉素/阿莫西林	5~7天及以上
慢性呼吸道疾病	首选氟苯尼考（杆菌必治）、泰妙菌素，次选北里霉素、泰乐菌素	长期用药、轮换穿梭用药、脉冲式用药
细菌性下痢	首选硫酸黏菌素（肠瑞克）、新霉素（普健），次选喹诺酮（雏安健）和氨苄青霉素	3~5天
产蛋鸡卵黄性腹膜炎	首选甲磺酸达氟沙星（卵舒通）、安普霉素（普利通）；次选氟苯尼考（肠杆净）	第一种抗生素先用5天，症状缓解后再换抗生素巩固3~5天，否则极易复发

二、疫苗基础知识

（一）疫苗免疫的基本原理

所谓疫苗，是指具有良好免疫原性的微生物或其组成成分，经繁殖和处理后制成的生物制品，接种动物后能产生相应免疫力、能预防疾病的一类制剂，包括细菌类疫苗、病毒性疫苗和寄生虫疫苗、亚单位苗、基因工程苗。免疫的目标是指通过给畜禽接种免疫原性物质诱导免疫应答产生抗体或免疫活性细胞来保护动物，并且产生免疫记忆。当外界有野毒感染时，由于存在着一定的免疫力或诱导快速的记忆应答，而不会引起疾病，从而避免疾病暴发引起的损失。

（二）疫苗的种类

疫苗种类繁多，除常规的灭活疫苗和弱毒活疫苗外，还包括生物技术疫苗。在生物技术疫苗投入实际应用前，常规疫苗依旧是预防疾病的有力武器。

1. *灭活疫苗*　又称死疫苗，是将免疫原性好的细菌、病毒，经人工培养后用物理和化学方法将其灭活，使其失去感染性和毒性但保留免疫原性，并结合相应的佐剂，接种于动物后产生主动免疫，起到预防疾病的作用。其优点：

（1）安全，不存在散毒和造成新疫源的危险，不会返祖返强。

（2）便于储存和运输，对母源抗体的干扰作用不敏感。

（3）易制成联苗和多价苗，可简化免疫接种程序，减少应激反应次数。

（4）接种后应激反应小。

2. *弱毒疫苗*　又称活疫苗，让病原微生物毒力逐渐减弱或丧失，但保持良好的免疫原性，用这种活的病原微生物制成弱毒苗。其优点：

（1）免疫效果好，免疫力坚强，免疫期长。

（2）用量小，价格便宜。

三、确定免疫程序的依据

1. *免疫*　免疫是指通过致弱的或灭活的病原微生物（疫苗）的使用，使鸡只被动地产生对某种病原微生物的抵抗力的办法。

2. *免疫途径*　①点眼；② 滴口；③颈部皮下注射；④肌内注射：胸肌肌内注射、翅肌肌内注射和腿肌肌内注射；⑤翅膜刺种；⑥饮水免疫；⑦喷雾免疫。

3. *免疫依据*

（1）根据本地区、本场的发病史及目前正在发生的主要传染病，依此确定疫苗的免疫时间和免疫种类。对当地从未发生过的疾病切勿盲目接种。

（2）把握好接种日龄与畜禽感病的关系。

（3）免疫途径不同将获得不同的免疫效果，如新城疫滴鼻、点眼效果优于饮水免疫。

4. 免疫所带来的不良反应

（1）在疫苗使用过程中即使是正确操作，也会给 817 肉杂鸡造成一系列的不良反应，如球虫免疫反应、传染性喉气管炎免疫反应等。

（2）非正确的操作危害更大；颈皮下注射引起颈部弯曲的神经症状；胸部肌内注射到肝上引起死亡；胸部肌内注射引起胸肌坏死；免疫透发疫病的发生；喷雾免疫引起的呼吸道反应。

四、免疫接种技术要求

（一）疫苗

1. 疫苗的选用

（1）在使用前，必须对疫苗的名称、厂家、有效期、批号做全面核对并记录。

（2）严禁使用过期疫苗。疫苗必须确认无误后方可使用。

2. 疫苗的保管

（1）灭活佐剂苗置于 2～8℃保存，使用前 1～2 小时进入预温至 30℃，摇匀使用。

（2）弱毒苗在 2～8℃环境中保存，取出后用冰袋保存，尽快使用、稀释后在 1 小时内用完。

（3）疫苗保管有其他温度要求及特殊要求的，以使用说明书为准。

（二）免疫操作方法

1. 滴鼻、点眼、滴口

（1）稀释：将封条和稀释瓶打开，往疫苗瓶内注入稀释液或生理盐水，盖上瓶塞，充分摇晃，将疫苗溶解；稀释好后的疫苗在 1 小时内用完。要求由生产主任稀释，根据操作速度决定稀释的用量，尽量减少浪费。

（2）操作：排出滴瓶中空气，然后倒置，滴入鸡只一侧鼻孔、眼内或口中，注意滴管要垂直并悬空于鸡只鼻孔、眼睛、口的上部，保证有足够的一滴疫苗落在鼻孔、眼内或口中，待鸡只完全吸入后方可放鸡。滴口时轻轻压迫鸡只喉部，使鸡只嘴张开，滴头不能接触鼻、眼、嘴，操作中滴瓶应始终口朝下。

2. 注射免疫

（1）连续使用的注射器、针头应严格消毒备用，并调整好剂量，并准备好使用的疫苗。

（2）注射方法：颈部皮下注射时首先将鸡只保定好，提起脑后颈中下部，使皮下出现一个空囊，顺皮下朝颈根方向刺入针头。注意避开神经肌肉和骨骼、头部及躯干的地方，防止误伤。针头自颈后正中方向插入，不能伤及脾脏。胸肌注射时，保定者一手抓鸡的两翅一手抓鸡的大腿，注射人从胸肌最肥厚处即胸大肌上1/3处以30°~45°角斜向进针。防止误入肝脏及腹腔内致鸡死亡。

（3）关于大鸡注射免疫的注意事项：为了把应激减到最小限度，使817肉杂鸡群生长和死淘不会有大的变化，我们一定要按下列规则进行免疫，绝不能更改，确保生产安全。

1）免疫人员分工：2个操作人员，2个抓鸡和保定人员；2人换针头，其他人员全去抓鸡。2个操作人员分成打胸肌（ND）与点眼（ND）；要求列出防疫人员名单与分工。

2）免疫办法：免疫前关灯20分钟后免疫人员进入鸡舍，等鸡安静下来防疫开始，用提灯作为唯一照明；提前消毒，30袋/栋垫料备用，袋子装满；防疫时用袋子挡鸡并作为鸡的保定工具，所有人员全部蹲下，不准站立操作；保定人员抓住双腿双翅放在垫料袋上供操作人员操作；人员全部蹲下前移，防疫中不准站立行走。

3）免疫注意事项（违反操作规程不听劝阻者，扣除当月考核）：

A. 疫苗预温在30~40℃；用热水桶存放疫苗（栋长责任）。

B. 防疫过程中，人员全部蹲下前移；操作人员看好鸡只（领班）。

C. 抓鸡保定不能粗暴；按鸡只分布顺序抓鸡。

D. 提前做好人员分工，中间不能更改。

E. 打针人员一手注射，一手按住注射部位，不准单手操作。

F. 人员不准大声喧哗，不准发出异常怪声。

G. 人员随着鸡群分布进行防疫，不准驱赶鸡群（人动鸡不动）。

H. 不准听见有鸡只惊恐尖叫声。

I. 进出鸡舍统一彻底消毒；由栋长操作消毒。

J. 不准私自更改操作规程；不准随便使用其他操作办法。

3. 刺种

（1）用于AE+DOX的免疫，稀释方法同前。

（2）接种方法：将翅膀展开，同时将两翅错开，将刺种针浸入疫苗，在翅内侧三角区无血管处垂直刺入，每只鸡刺一下。注意瓶内疫苗高度不应低于接种针槽的上缘高度，要避开羽毛、血管、肌肉和骨骼。

4. 气雾免疫

（1）按生产厂家的说明稀释和准备疫苗。

（2）免疫前关闭门窗，关闭通风系统，免疫结束15~20分钟后开启。

（3）操作人员手持喷枪，在鸡舍内缓慢均匀前进，使喷出的雾滴在鸡头上部约30cm处悬浮，直至喷完所有疫苗液。

（4）注意事项：鸡群有呼吸道疾病时不用此法免疫。

5. 饮水免疫

水用量的统计（一天用水量）

=上天用料量×（2.4~3）倍量天每小时用水量

=［上天用料量×（2.4~3）倍量］/24可以使用于饮水防疫和用药时用水量

除注意发病时舍内温度与外界温度情况外，同时还要关注当时鸡群健康情况。整个免疫过程中疫苗浓度要一样。

（1）断水时间：2~4小时。

（2）饮水免疫办法：应是三阶段饮水免疫办法（表10-2）。

表10-2　三阶段饮水免疫法

阶段	饮水时间	用水量
第一阶段免疫	断水时间+1.5小时	（3.5~5.5）×每小时用水量
第二阶段免疫	1.5小时	1.5×每小时用水量
第三阶段免疫	1.5小时	1.5×每小时用水量

（3）饮水中疫苗计算办法：按时间平分疫苗。

（4）注意事项：

1）工作人员要认真负责，操作时轻拿轻放。不漏鸡、不漏免。

2）免疫过程中不准说话，更不准打闹。

3）不能浪费。

4）免疫接种完后，连续观察免疫反应，有不良症状时，及时报告生产主任。

5）免疫前1天起连续3天给鸡群饮抗应激药物和电解多维。

6）调整好注射器剂量刻度。

7）注射部位准确，经常检查核对刻度，注射一定要足量。

8）免疫过程中，不断地摇晃疫苗瓶。

9）注射接种时，每注射10只鸡换1个针头。

10）注意针头有无弯折和倒刺，如有应及时更换。

11）用完的疫苗瓶全部烧掉。

12）接种时生产主任必须参加。生产厂长必须亲自安排，必要时参加。

五、生物制品管理办法

（一）生物制品的管理

生物制品应由场指定的兽医技术人员或其他专人保存与管理。根据鸡群的免疫程序合理购置疫苗和其他生物制品。所有的生物制品要严格按照产品说明书的指定温度保存。保管人员每日至少检查一次冰箱的温度及运行状况，避免阳光直射，远离热源，需防冻的要防止冷冻。所有生物制品使用前应由生产主任或技术员写出书面申请，陈述理由、剂量及时间，上报场长，批准后方可发放使用。所有的生物制品的使用应本着先进先出的原则保存管理。所有的生物制品应在有效期内使用，临近失效期时应向生产主任及场长汇报。所有的生物制品应按品名、类型分类放置，以利查找及使用。生物制品保管员每半月做出一份库存清单，报场长及各生产主任。

注意事项：按厂家说明书遵照免疫规程使用疫苗，并做好详细记录；任何时候避免疫苗在阳光下照射；疫苗不能接触所有的消毒制剂、化学制剂和含有重金属的物质；严格按正确的操作规程和正确的部位去使用疫苗；掌握准确的防疫剂量避免疫苗浪费；每次防疫前结合实际制订现场操作程序，并必须分清保定人员、看鸡人员与操作人员，按以制订程序严格执行；所有疫苗必须在规定时间内用完否则弃去不用；疫苗必须在规定温度下保存和使用；正常免疫时每10只更换一个消毒过的针头，紧急接种时每只更换一个消毒过的针头。同部位灭活疫苗注射间隔期在一个月以上。

（二）影响免疫效果的因素

要成功地使家禽免疫，有许多关键的因素。下面就讨论其中的一些因素。请注意，接种与免疫并非同义，免疫是正确施行接种的结果。

1. 断水时间　为了使家禽群中的大多数家禽都能成功地接种，必须适当地使它们感到口渴。一般来说，或者根据经验，大多数家禽都要在接种前禁水2~4小时。不过这只是一个指导值，具体禁水时间必须根据环境因素来调节，其中室温是最重要的因素。如果室温较高（30~32℃），只要禁水1小时就可能足以使家禽感到相当地口渴；如果室温较低（21℃或更低），则可能需要禁水4小时或更长的时间才能使家禽感到同样程度的干渴。禁水时间的长短之所以重要，是因为当一群家禽中大多数都感到相当程度的口渴时，接种摄入量更均匀的可能性就越大，因而反应也就越好。禁水时间对家禽消耗疫苗的速度也有直接的影响，而这又对接种的成功率产生重大影响。例如，倘若使家禽感到过度口渴，疫苗消耗就可能过快，这样就会使有些（较弱小的）家禽不能摄入足够的疫苗剂量，或者根本就无法摄入任何疫苗。这种情况自然是不合乎要求的，因为那样会导致接种摄入量不均匀以及接种反应不一。而如果未能使家禽口渴到足够的程度，疫苗留在饮水器中的时间就会过长，从而失去其功效，不能发挥疫苗接种的作用。例如，有些传染性支气管炎疫苗病毒在水温开始升高的情况下 1 小时后就会损失 50%的活性。

2. *接种持续时间*　比较理想的做法是在清晨当太阳刚刚开始激发家禽的活力的时候给家禽接种（在多云的日子里接种时可用舍内灯光来激发家禽的活力）。同时疫苗最好在接种开始后 2 小时内用完。如果疫苗在饮水器里停留的时间不到 1 小时，有些（较弱小的）家禽就可能没有机会吸收到足够的防疫剂量的疫苗，这种问题会导致接种摄入量不均匀以及“接种反应不一”。而如果疫苗留在饮水器里的时间超过 2 小时，则病毒的活性就要受影响。

3. *疫苗溶液量*　关系到鸡群接种成败的另一个关键因素是疫苗溶液量。根据经验，鸡群一般在充满活力的前 2 小时里饮用大约一天饮水量的 40%。因此常用的经验方法就是先确定鸡群接种日的大致总耗水量（以千克为单位），然后再取该数字的 40%作为所要加的疫苗溶液加仑数。这一经验方法与希望鸡群在大约 2 小时内消耗掉全部疫苗溶液量的想法相一致。确定将要接种的鸡群的大致日耗水量的最佳方法是用水表测量，水表能够提供每间鸡舍日饮水量的准确数据。一般可在接种的前一天进行“干运转”模拟试验以尽可能准确地确定接种日的实际耗水量是多少。这样也可更精确地估计接种持续时间，从而可相应地增加或减少给鸡群服用的疫苗溶液量。请注意，在有些情况下品种和年龄都相同的家禽关养在同一饲养场的不同鸡舍内耗水量会有显著差别。如果无法使用水表或者没有时间进行接种的“干运转”模拟试验，有好几种经验方法可以估计鸡群接种需水量。对于肉杂鸡来说，一天的耗水总加仑数可通过将鸡群的年龄（按周计）乘以 5 来算出。其他实用导则则是要求将疫苗在一定量的水中稀释，每1 000 只年龄在 4 周以下的家禽，可用 9.5 千克水稀释疫苗；每 1 000 只 4～8 周龄的家禽，则应用 19 千克水稀释疫苗；每 1 000 只 8 周龄以上的家禽，要用 38 千克水稀释疫苗。

4. *水质*　水质会影响疫苗病毒的稳定性和活性，因而也影响被接种鸡群应当达到的防疫水平。水中残留的消毒剂会使大量疫苗丧失活力，免疫失败。如果水中所含的消毒剂只有氯制剂，可将接种用水预先放在一个大的塑料容器中过夜来除去其中所含的氯。倘若所要用的水无法抽到塑料容器中过夜或者担心水中残留有别的消毒剂，有两种方法可供选择：①在稀释疫苗之前按每升水加 2.4 克奶粉的比例往疫苗稀释用水中加脱脂奶粉（这样可以中和水中的氯，使其含量不超过1 mg/kg。②用蒸馏水在配制槽中稀释疫苗。

最好是在接种前24小时关掉水加氯器和暂停投放消毒剂。同样也最好在接种前24小时通过剂量器或加药器加脱脂奶粉或炼乳，刚接种完时也要这样做，因为我们知道管线上仍然留有一些疫苗溶液（使用乳头式饮水器时尤其如此）。

5. *饮水器状况* 如果采用钟形或其他形式的开放式或半开放式系统，即将接种之前一定要用清水（不含任何消毒剂）刷净饮水器。疫苗稳定剂将有助于中和喂水系统中残留的少量消毒剂，但是如果饮水器不清洁，则无法中和其中存在的大量的有机物质。

6. *疫苗剂量及相容性* 一般不主张“削减”饮水接种用的疫苗剂量。采用饮水接种之类群体免疫方法时，很难保证每一只鸡都能摄入足够剂量的疫苗。现场有太多的变数，往往会影响单个鸡只的饮水量。此外，由于鸡只强弱不等，争夺饮水器位置的能力也不一样，就更难保证每一只鸡都能摄入足够剂量的疫苗。接种的目的就是要确保每一只鸡都能摄入足够剂量的疫苗，从而产生足够的免疫力，而“削减”疫苗剂量只会使这一目的更难达到。如果鸡群面临传染病的威胁，就应设法让它们摄入足够剂量的疫苗。如果没有这样的威胁，则根本不必进行接种。切勿将那些未经证明彼此兼容的疫苗混合施用。一般来说，给鸡群接种两次可能比一次混用多种疫苗而冒着疫苗相互干扰和彼此不相容的危险要合算。

（三）饲养场饮水接种的基本步骤

由于喂水系统有多种多样，各个饲养场的具体配置也有所不同，因而就无法采取统一步骤来给家禽进行饮水接种。不过在大多数情况下下述基本步骤还是适用的（尤其是对于那些采用了乳头式饮水系统的饲养场）。

（1）确保饲养员已在家禽接种的前一天通过加药器加入浓缩听装炼乳混合液或脱脂奶粉。

（2）确保饮水器清洁干燥，并且已按建议的时间给家禽禁水，使之感到相当程度的干渴。如果用的是乳头式饮水器，应抬高水管。倘若不止一间鸡舍中的家禽要接种，应考虑到每间鸡舍接种所要花的时间，调节其余鸡舍开始禁水的时间，从而尽可能使所有鸡舍中的家禽禁水的时间长短都差不多一样。

（3）如果饲养场用的是自来水，应确保稀释疫苗所需用的水已于前一天晚上抽到一只大的塑料容器内，以便去除其中残留的氯。或者确保备有适量的蒸馏水供稀释疫苗用。

（4）确认计划用水量适合鸡群的规模、年龄以及现有环境条件的需要。如果装有水表，应根据前三天的平均日耗水量，核实各禽舍疫苗稀释用水量是否适当。查明饲养员前一天是否通过剂量器加炼乳以进行“干运转”模拟试验来尽

可能精确地计算出接种持续时间。要保证将系统启动加注所需的用水量考虑在内。换句话说，就是要把注满从配药槽至水管道之间的管子所需用水量考虑在内，因为根据各饲养场的情况，此用水量可能很大。

（5）往向鸡舍输送疫苗的水箱或水槽内加入所需数量的脱脂奶粉，用尺寸合适的清洁塑料棒进行充分搅拌（如果要用食用色素片或接种功效监测片，就在此时投入）。从冷藏容器（冰柜、恒温器）内取出接种第一间鸡舍所需的疫苗，用已配好的脱脂奶粉水溶液稀释疫苗。应将这些疫苗瓶充分漂洗，并将疫苗溶液充分搅匀。

（6）假如不准备直接使用装在防疫车上的配制槽配制疫苗，可将配制后的疫苗溶液倒入配制槽内，也可将潜水泵直接插入盛有疫苗的疫苗配制容器内。

（7）用软管将配制槽与供水系统连接起来，绕过任何过滤器。打开冲洗阀，以冲掉供水管道中的空气栓。启动泵，开始往水管道中泵送疫苗溶液，切勿给管道加过大的压力。卸下鸡舍内各水管道的端帽，等到看见有乳白色溶液流出时重新盖上端帽，并将管道调低，让家禽开始饮服疫苗溶液。

（8）沿着侧墙和端墙走动，促使靠墙根的家禽去饮服疫苗溶液。在接种过程中要这样巡走 2~3 次，确保尽可能多的家禽能摄入足够剂量的疫苗。

（9）疫苗溶液全部送入管道后，让家禽尽可能多地饮服疫苗溶液，然后再接通水源。在使用乳头式饮水器的情况下，除非恢复供水和供压，否则家禽就不能饮完管道中所有的水。在接种后要通过剂量器加浓缩听装炼乳来处理水，防止那时管道中还剩有的活疫苗病毒失去活力，以利于管道中剩余的疫苗全部被家禽服用。请记住，甚至在看起来是空的水管道也可能仍还残留有大量的疫苗溶液。采用乳头式饮水器时，根据所用饮水器的类型，水管里的疫苗溶液残留量可达每 122 米管道 7.6~30 千克。一般依乳头式饮水器类型不同，每 122 米管道可容纳水达 15~42 千克不等。

（10）饮水免疫要点：①饮水免疫水线和水杯的卫生是管理关键。②供给肉鸡合适的饮水量，让所有肉鸡都喝到充足疫苗为好。③注意防疫时舍内温度和饮水温度高于舍温 2℃左右：饮水温度控制在 26~28℃。舍内温度提高 1℃，防止雏鸡喝一肚子凉水而应激过大。饮水免疫后过料和腹泻可能就是这个原因。

（11）饮水免疫的做法：首先计算全天饮水量=前一天料量×2.2 倍；免疫用水量=全天饮水量/24×6，准备水量进行预温至 24~28℃。饮水免疫分三次进行：第一次免疫：2/3 的免疫饮水量+2/3 疫苗量。第二次免疫：1/6 的免疫饮水量+1/6 疫苗量。第三次免疫：1/6 的免疫饮水量+1/6 疫苗量。

六、鸡预防性用药方案

控制家禽疾病需要采取多项综合措施，预防性用药不失为一种重要的手段。根据生产实践，现总结如下预防性用药方案。

（一）第一次用药

雏禽开口用药为第一次用药。雏禽进舍后应尽快让其饮上 2%～5%的葡萄糖水和预防性药品，以减少早期死亡。葡萄糖水不需长时间饮用，一般 3～5 小时饮一次即可。饮完后适当补充电解多维，投喂抗生素，但不宜用毒性较强的抗生素如痢菌净、磺胺类药等，有条件的还可补充适量的氨基酸。育雏药可自己配制，也可用厂家的成品雏禽开口药，使用这类药物时切忌过量，要充分考虑雏鸡肠道溶液的等渗性。

（二）抗应激用药

接种疫苗、转群扩群、天气突变等应激易诱发家禽疾病，如不及时采取有效的预防措施，疾病就会向纵深方向发展，多数表现为如下的发病链：应激→支原体病→大肠杆菌病→混合感染。抗应激药应在疾病的诱因产生之前使用，以提高家禽机体的抗病能力。抗应激药实际就是电解多维加抗生素。质量较好的电解多维抗应激效果也较好；抗生素的选择应根据禽群用药情况及健康状况而定。

（三）抗球虫用药

不少饲养户只在发现家禽拉血便后才使用抗球虫药。但值得提醒的是，隐性球虫病虽不导致禽群显示临床变化，而实际危害已经产生，带来的损失无法估量。所以，建议饲养户要重视球虫病的预防用药。方法是从家禽 1 周龄开始，根据具体的饲养条件每周用药 2～3 天，每周轮换使用不同种类的抗球虫药，以防球虫产生耐药性。

（四）营养性用药

营养物质和药物没有绝对的界限，当家禽缺乏营养时就需要补充营养物质，此时的营养物质就是营养药。家禽新陈代谢很快，不同的生长时期表现出不同的营养缺乏症，如维生素 B、亚硒酸钠、维生素 E、维生素 D、维生素 A 等缺乏症。补充营养药要遵循及时、适量的原则，过量补充营养药会造成营养浪费和家禽中毒。

（五）消毒用药

重视消毒能减少抗菌药物的用量，从而减少药物残留，降低生产成本。很多饲养户往往对进雏之前的消毒比较重视，但忽视进雏鸡后的消毒。进鸡后的消毒包括进出人员、活动场地、器械工具、饮用水源的消毒以及带鸡消毒等，比进雏鸡前消毒更重要。生产中常用的消毒药有季铵盐、有机氯、碘制剂等。消毒药也应交替使用，如长期使用单一品种的消毒药，病原体也会产生一定的耐受性。

（六）通肾保肝药

在防治疾病过程中频繁用药和大剂量用药势必增加家禽肝肾的解毒、排毒负担，超负荷的工作量最终将导致家禽肝中毒、肾肿大。因此，除了提高饲养水平外，根据家禽的肝肾实际损伤情况，定期或不定期地使用通肾保肝药为较好的补救措施。

七、现在治病困惑和投药途径

鸡散养户治疗疾病较困难的问题主要表现在：使用药物完全凭经验没有药敏试验支持；使用药物的方法不正确：早上一次集中饮水、一次饮水时间又不超过4小时；使用浓度与量不足或药品含量不足，甚至有假药的成分；用药不对症；治标没治本；没有配合用药。

（一）投药途径

1. *饮水投药* 只适用完全溶于水的药剂。药品使用时一定要确保禽体内24小时内的血液浓度，所以用药一定要均衡；饮水投药的最好办法：是全天自由饮水的办法，为了尽快使药品在血液里达到治疗浓度可以最先4小时按说明书量的1.5倍量使用。其次办法是：使用4小时停药4小时，按常用量的2倍量饮水使用，就是把全天用药量3次用完。

2. *用料投药* 适用于不完全溶于水或不溶于水的药剂。药品使用时一定要确保禽体内24小时内的血液浓度，所以用药一定要均衡。用料投药的最好办法是全天饲料拌入的办法，但如何拌料应引起重视，否则会引起中毒。拌料方法，有颗粒料拌入法和粉料拌入法两种。颗粒料拌入法：按饲料量的1%准备水量，把药品兑入水中，均匀喷洒在全部饲料上。

（二）综合运用

药物应配合使用，不要单独使用。在一次治疗用药中一定要配合使用，应有主药、辅药、调节用药和补营养药四个方面组成。有目的地治疗疾病使用主药。为预防继发感染的病用辅药。发病是一种大的应激，加上药物的副作用，会引起食欲下降和营养不良。提高自身抵抗力方面，需用促进食欲调节和补充营养方面的药品。配合用药也要按疗程使用；配合用药不一定是叠加作用，可能会让病菌对这两种药品产生耐药性。

相信药敏试验，加大疗程用药；治疗用药最好是做药敏试验，选出高敏药品进行用药，效果不好就加量使用。

（三）中药的使用

肉杂鸡生产过程中如何使用中草药呢？中草药不能溶于水，只有拌料使用，但现在社会上使用的肉杂鸡药多以颗粒料为主，如何拌料成为当今肉杂鸡饲养管理的一个关键问题，否则效果会很差的。建议用下列方法去做：

（1）把全天药品量拌入当天6小时的喂料中，药量与料量计算准确。

（2）先把药品兑入1/3料中，做法是：把这1/3料平铺薄薄一层，用喷雾器给料表面喷湿，随时洒上中药，让药品黏附在颗粒料上，然后再拌入余下的2/3料中即可。

（3）料拌好后立即饲喂。

总之就是为了让中草药均匀地黏附在饲料表面，使鸡只均匀采食为好。所加入药料让鸡吃完后再加其他料量，中药在体内代谢很慢，可以一天使用一次。

八、无抗养殖之管理理念

无抗养殖的最终目的是把亚健康状态提升成健康状态的一个过程，若是健康状态的鸡群就不需要使用抗生素了。

（一）无抗养殖管理工作

做到无抗养殖的管理工作必须做好以下几项工作：

（1）良好的禽健康高效饲养管理模式是成败的关键。

（2）确保消化系统的安全。无抗养殖是指在良好饲养管理条件下，通过良好的管理理念，结合微生态制剂和酸制剂调节肠道的健康。利用优质纯粮食型安全的饲料与安全的饮水确保了肠道的安全。

（3）确保呼吸系统的安全。通过细节化的管理避免呼吸道疾病的发生。再结合饲养周期的管理要点及疾病易发期进行纯中药产品的防控来确保鸡群的健康。

（4）真正做到环境的卫生与生物安全工作：通过20%生石灰水处理墙壁与地面和冲净鸡舍后干燥7天以上来进行无抗养殖验收，减少疫病的发生。

（二）无抗养殖管理理念

无抗养殖是指在良好饲养管理条件下，通过良好的管理理念结合微生态制剂和酸制剂调节肠道的健康，利用优质饲料和安全的饮水确保了肠道的安全。通过中药保健，细节的管理，避免呼吸道疾病的发生。再结合饲养周期的管理要点及疾病易发期进行中药产品的防控，确保鸡群的健康。无抗养殖的理念不是不用抗生素治病，而是不让鸡群发病。只有鸡真正的健康才能完成大肉鸡的“3885”管理理念，817肉杂鸡的“4053”管理理念，青年鸡的“603414”管理理念和蛋鸡600天管理理念。

1. 无抗养殖之药品保健　建议：使用维生素、酸制剂、微生态制剂和中药保健结合纯粮食型饲料结合良好管理思路进行无抗养殖。

（1）3~10 日龄使用油剂的维生素 A、维生素 D_3、维生素 E 连续 8 天，用量不大，效果却是最好的。作用是防止中后期腿病和后期猝死症、心包积液和腹水症的发生。腿脚好活动量就大。

（2）8 日龄以后交替使用酸制剂和微生态制剂确保肠道健康。结合病的易发期，定期使用中药制剂保证呼吸道的健康和预防杂病的发生；结合温差控制和细则管理，呼吸道的问题即可解决。使用优质黄芪多糖提高机体的免疫力。

2. *肉鸡“3885”管理理念* 是肉鸡饲养的一大进步。饲料转化率达 1.5 左右已不是问题。管理理念模式解释为肉鸡在饲养过程中饲养周期为 38 天，能吃饲料 4.0 千克，使出栏体重达 2.5 千克以上的管理目标。

用料饲喂模式：38265 模式。模式解释为：饲养周期 38 天，510 号（1 号）料 1 千克，511 号料（2 号）料 3 千克，同样出栏体重达 2.5 千克以上。肉鸡 3885 健康高效饲养管理理念使肉鸡养殖高效成常态化。

3. *肉杂鸡 4053 管理理念* 是肉杂鸡饲养的一大进步。饲料转化率达 1.6 左右已不是问题。管理理念模式解释为 817 肉杂鸡在饲养过程中饲养周期为 40 天，能吃饲料 2.5 千克，使出栏体重达 1.5 千克以上的管理目标。若喂到 45 天则体重达到 1.75 千克以上，耗料约在 3 千克以上。

用料饲喂模式为“401223”模式，模式解释为：饲养 40 天，510 号(1 号)料 0.5 千克，511 号料(2 号)1 千克，513 号(3 号)1 千克。同样出栏体重达 2.5 千克以上。肉杂鸡“4053”健康高效饲养管理理念使 817 肉杂鸡养殖高效呈常态化。

4. *青年鸡“603414”管理理念* 是青年鸡在良好管理条件下，60 日龄体重达标准体重以上，胫长超标准情况下的一种精细管理思路。管理理念模式解释为青年鸡在饲养过程中饲养周期为 60 天，只吃饲料 1.7 千克的饲料，使 60 天出栏青年鸡体重达到标准体重 0.7 千克以上的管理目标。若喂到 45 天则体重达到 1.75 千克以上，耗料约在 3 千克以上。

青年鸡“603414”健康高效饲养管理理念使青年鸡饲养 60 天达到标准要求，使养殖高效成常态化。

5. *蛋鸡 600 天管理理念* 目的是使蛋鸡品种发挥最大的生产潜能，使蛋鸡饲养管理能顺利达到 600 天，高峰产蛋率 90%以上达到 10 个月以上，全期产蛋量累计达到 25 千克以上的管理水平。淘汰时出栏产蛋率不低于 82%。全产蛋期死淘率累计在 4%以内。要想达到上述生产水平我们需要付出加倍的努力。

（三）817 肉杂鸡的无抗养殖

肉杂鸡“4053”管理理念之无抗养殖药品保健程序：在此免疫保健程序中建议使用维生素、酸制剂、微生态制剂和中药保健并结合纯粮食型饲料再结合良好无抗养殖管理思路才能进行无抗养殖。如在3~10日龄使用油剂的维生素A、维生素D_3、维生素E油剂连续使用8天，用量不大，效果却是最好的。目的是防止中后期腿病和后期猝死症、心包积液和腹水症的发生。雏鸡腿脚好，活动量就大，跑得欢长得快。8日龄以后交替使用酸制剂和微生态制剂确保肠道健康，人常说养鸡就是养肠道。再就是结合病的易发期，定期使用中药制剂保证呼吸道的健康和预防杂病的发生；结合温差控制和细则管理，呼吸道的问题即可解决。使用优质黄芪多糖提高机体的免疫力。

肉杂鸡"4053"健康高效饲养管理模式无抗养殖保健程序见表10-3。

表10-3 肉杂鸡"4053"健康高效饲养管理模式无抗养殖保健程序

日龄	预防与保健的目的	药品与疫苗	用法与用量	备注
1~5	(1)防止运输应急 (2)预防白痢、脐炎 (3)促进卵黄吸收,提高育雏成活率,有助胎粪排出	(1)黄芪多糖 (2)沙星类药品 (3)微生态制剂(健力肽)	(1)按说明书倍量使用 (2)按厂家建议全天使用 (3)料量12%,拌料前10小时	尽量选择沙星类,以抗菌药物为主,防止耐药性发生
3~10	提高雏鸡活力和运动能力为主,防止当时腿脚病的发生和预防后期腹水症和猝死症发生	液体维生素A、维生素D_3、维生素E	按500千克水/瓶使用两次,用完全天量;每次6小时左右	强筋健骨为主要目的
7	新城疫免疫;预防应激	新支流和ND+28/86(肾型)电解多维	(1)油苗0.25~3毫升;1~2倍量 (2)按说明倍量使用	防疫准确性是关键
8	(1)调节酸碱平衡,提高胃肠的功能;水线消毒预防肠炎病的发生 (2)均衡肠道菌群,防止肠炎的发生	(1)酸制剂 (2)微生态制剂(健力肽)	(1)每周各使用3天,全天连续使用,按每1 000千克水加入本品1千克 (2)每次在抗生素后使用3天;1千克/1 000千克	
9~12	提高雏鸡免疫力;预防肾型传染性支气管炎	(1)黄芪多糖 (2)保肝护肾药(肝肾宝) (3)中药制剂	按说明书使用	

续表

日龄	预防与保健的目的	药品与疫苗	用法与用量	备注
14	法氏囊免疫	(1)法氏囊中毒疫苗 (2)电解质	1.5~2倍量。按说明书倍量使用	断水3小时,疫苗要分3次加入
16~19	(1)预防肠道疾病 (2)预防慢性呼吸道疾病为主 (3)提高自身免疫力	(1)黄芪多糖 (2)中药制剂	按说明书用	以防呼吸道病为主,大肠杆菌病为辅
21	新城疫免疫	克隆88或La-sota四系电解多维	1.5~2倍量,按说明书加倍量使用	断水3小时,分3次加入疫苗
23~25	预防新城疫免疫的应激	黄芪多糖	全天量使用,500毫升兑水300千克,连用3天	
28~31	(1)防治慢性疾病 (2)防治肠毒综合征	(1)黄芪多糖 (2)中药制剂	按说明书使用	
33~35	保肝护肾:以保肝为主,结合维护肾的功能,同时防止腹水症加重	保肝护肾药品(肝肾宝)	按说明书使用	
36~38	(1)健脾胃,帮助消化,提高饲料转化率 (2)提高自身抵抗力	(1)助消化药品(杜仲山楂散) (2)双黄连口服液	按说明书使用	

注:1. 本用药程序宗旨:以防病为主,全力做到无抗养殖的管理理念;同时,杜绝滥用抗生素药品的现象发生,应以调节机体自身免疫功能,增加自身抵抗力为主。

2. 预防用药时不能太集中使用,应全天用药或分早晚两次使用,每次使用时间不少于6小时。短时间集中用药无法保证24小时血液中药品浓度的均衡,也不能确保每只鸡均匀饮上药品。

提倡健康绿色无抗养殖的理念,以调节机体功能的中草药药品为主,减少或杜绝使治疗的西药品(以西药为主的杀菌抑菌的药品)的使用。30日龄后杜绝使用药品，确保鸡只的安全无抗养殖。

鸡存在的问题为后期死淘率偏高，也危害最大。后期死淘率偏高原因有三点：腹水症（心包积液）、猝死症和肝肾肿大引起心肺功能衰竭的问题，这个问题又加重了心包积液和腹水症的发生。

在此免疫保健程序中建议：使用维生素、酸制剂、微生态制剂和中药保健并结合纯粮食型饲料再结合良好无抗养殖管理思路才能进行无抗养殖。

8 日龄以后交替使用酸制剂和微生态制剂确保肠道健康，人常说养鸡就是养肠道。再就是结合病的易发期，定期使用中药制剂保证呼吸道的健康和预防杂病的发生；结合温差控制和细则管理，呼吸道的问题即可解决。使用优质黄芪多糖提高机体的免疫力。

九、鸡疾病防治

鸡生产中易发生的条件性疾病有两大类：第一大类由病原微生物引起的疾病有条件恶劣引起的大肠杆菌病、慢性呼吸道病，沙门杆菌引起的鸡白痢病、金黄色葡萄球病等细菌病，冷应激和通风不良引起的流感、新城疫病等。第二大类为条件性疾病，包括腹水病、腿病和猝死症等。

禽病治疗过程中要注意的是：对于发病的鸡群在使用药品后有没有效果主要表现在用药后的食欲表现，只要药品有效，鸡群首先表现在食欲上升，也就是采食量增加。药品的效果不会立即表现在死淘率的多少，应表现在鸡群精神状态和食欲上升方面，只要食欲恢复正常精神状态良好则就说明药品效果较好。

• 禽流感

禽流感也称欧洲鸡瘟或真性鸡瘟，由 A 型禽流感病毒引起的禽类的一种急性高度接触性传染病，1878 年首次发生于意大利，以后在欧洲、美洲都有发生。我国原本一直没有本病的发生，但自 1991 年在广东分离到该病毒，以后疫情有扩大的趋势。为了认识本病发生和流行特点，做好对本病的防范，阻止本病的蔓延，现将其特点论述于下。

（一）禽流感流行特点

1. 血清型多　禽流感病毒 A 型属正黏病毒科、流感病毒属。该病毒，表面抗原分为血凝素（HA）和神经氨酸酶（NA），容易变异，是特异性抗原。现已知 HA 抗原有 14 种（H1～H14），NA 抗原有 9 种（N1～N9），它们之间可以相互构成若干血清亚型，亚型之间无交叉保护作用，因此消灭这种病有一定的难度，

也是本病难以防治的根本原因，所以本病以预防为主。

2. *毒株间毒力的差异*　禽流感病毒在各地分离到的毒株存在血清亚型不同，而且毒力也有很大差异，根据相关标准，是以 1 日龄雏鸡脑内接种致病指数（ICPI）大于 1.2 以上判定为高致病性，小于 1.2 为低致病性，0.5 以下为无致病性。一般认为 H7、H5 等毒株具高致病性，我国已分离禽流感病毒株的血清亚型有 H9N3、H5N1、H9N2、H7N1，H4N6 的 ICPI 为 0.48~1.48，这说明了我国各地分离病毒的致病高、低及无致病性均存在。高致病性病毒传播快，可引起高死亡率。

3. *传播方式*　本病以空气传播为主。随着病鸡的流动，所排毒株污染空气，通过呼吸道而感染。因此传播迅速，一旦感染，全群鸡可引起疫病暴发，甚至波及到邻近的鸡场和乡村养鸡户。

4. *感染和禽类多*　禽流感病毒可感染多种禽类，包括鸟、家禽和野禽，从水禽和野生水禽、迁徙鸟等都能分离到禽流感病。从鸡和鸭（相邻）群可分离到同一血清亚型的 AIV。同一个场可传到相邻场的同种和异种禽群。根据这一特点，迁徙鸟也是传播本病的传染源之一。

5. *我国禽流感的疫情*　病情有扩大的趋势。1991 年在我国广东发现本病之后，由于检疫、隔离、病死鸡处理不严格而使本病没有得到有效控制，加上禽类流通领域中没有严把检疫关，在某种程度上经家禽和禽产品流通领域传播此病，因此流行的省份比较多，所造成经济损失也较大。

6. *症状和病变的差异*　从我国一些省份禽流感流行情况看，各地血清亚型和致病性的高、低有一定差异。在临床症状和病变方面也有差异，绝大多数鸡感染后表现慢性感染死淘率增加不明显，在感染初期病鸡精神不好，少吃食或不吃食，腹泻或水样绿色粪便、恶臭，眼睑水肿，有的鸡冠和肉髯水肿，鸡冠鲜红，死后呈暗红色。剖检：气管黏膜和气管环出血，腺胃黏膜和乳头出血，肌胃黏膜也有出血，也可能表现出更高的致死率；死亡率上升很快，则会出现明显典型的病理特征，以实质脏器出血坏死为主，以脾脏出血坏死和肝脏实质变性和坏死为主要症状。禽流感引起角质层出血。脂肪有明显出血点或片状出血，重病会出现肌肉出血的情况。产蛋鸡群病死后解剖变化有输卵管内有大量的黄白色分泌物和输卵管内存在大块的干酪存在，此为禽流感典型病理变化。同时卵泡出现完全变性。禽流感疫病恢复期会出现一些神经症状。

（二）禽流感鉴别诊断

禽流感和新城疫的鉴别诊断如表 10-4 所示。

表10-4　禽流感和新城疫的鉴别诊断

项目	新城疫	禽流感
病原	副黏病毒	正黏病毒
发病季节	一年四季，秋冬季多发	秋冬、春冬季多发
发病鸡群	各种日龄的鸡群都发病，但多发于20~50日龄、70~120日龄或200日龄左右的鸡群	各种日龄的鸡群都发病，以H9N2禽流感为例，多发生于产蛋鸡群
临床症状	临床可见各种日龄的鸡群发病。 （1）育雏、育成鸡感染后，发病迅速，头一天鸡群正常，第二天就出现大群精神不振，有呼吸道症状，拉黄绿稀粪，采食、饮水下降50%以上，死淘率高达60%以上，甚至全群覆灭 （2）产蛋鸡发病后，外观基本正常，但病鸡逐渐消瘦，有2~3天黄绿粪和呼吸道症状，采食量下降10~20克/只，产蛋下降20%~30%，少数出现神经症状。产蛋恢复极缓慢，并有部分鸡成为假产蛋鸡	临床所见多为产蛋鸡群。发病鸡精神沉郁，闭眼缩颈，出现呼吸道症状，冠发紫，拉黄绿粪，采食量下降30~60克/只，部分鸡群出现死亡。恢复后的鸡群无神经症状，在发病的早期类似禽霍乱的症状，突然死亡。育雏和育成鸡发病后一般只表现呼吸道症状，呼吸道发病程度介于慢性呼吸道病和传染性喉气管炎之间，没有继发感染，一般不引起死亡。若H5N1发病，死淘率会很高
病理变化	（1）雏鸡、育成鸡发病，病鸡机体脱水，气管充血、出血，腺胃乳头出血，肌胃内膜易剥离，肠道有岛屿状、枣核状肿胀、出血溃疡灶，肾肿大 （2）产蛋鸡主要表现在肠道淋巴滤泡处肿胀、出血，卵泡变形，发病的早期输卵管水肿，后期萎缩	病鸡脱水，气管充血，有血痰；腺胃乳头化脓性出血并有大量脓性分泌物，肌胃内膜易剥离，输卵管水肿，有脓性分泌物。卵泡变形、出血、易爆裂，有时腹腔内有新鲜卵黄；肾脏肿大、瘀血。脂肪有出血点
诊断	病毒分离	病毒分离
治疗	（1）氨基维他饮水 （2）新城疫CL/79苗3倍量饮水 （3）电解多维饮水	（1）氨基维他饮水 （2）电解多维饮水 （3）阿司匹林0.04%拌料

（三）防治方法

本病流行迅速而且血清型比较多，以防治本病时应贯彻预防为主，综合性防治的措施。

1. *杜绝禽流感高致病性毒株传入*　要做好这个环节，兽医部门的上级专门机构要加强家禽流通领域的检疫，一旦发现高致病性禽流感应上报主管部门立即采取封锁和扑灭措施，杜绝其扩散。

2. *防止疫病扩散*　一旦发现高、低致病性禽流感时要首先划定疫区，对疫区的家禽和畜产品封锁，加强病死鸡处理和扑灭措施。特别要严禁病鸡的流通。

3. *加强防范*

（1）在没有发生疫病的地区应特别注意防范，最好方法是加强消毒和严格隔离，也就是说应用消毒药对可能的环境进行消毒，杀死环境中的病原微生物，切断传播途径，阻止疫病的发生。一旦发生疫病，更要及时消毒和严格隔离，如杀死病鸡排出体外的病原体，达到切断传播途径作用，阻断疫情扩散。

（2）防止继发或混合感染。如继发或混合感染时，可引起鸡的死亡率提高，因此在流行过程中一定要防止继发感染。可以应用杀菌和抗病毒的药物，一方面有杀菌作用防止细菌性继发感染；另一方面可以抑制病毒的复制，起到抗病毒的作用，但这类药物时必须用于预防或早期治疗。

（3）增强免疫功能。如果一旦感染本病，除加强上述两种措施之外，可以在饲料中添加一些免疫增强剂如维生素 C、维生素 E，补一些硒或中药，提高机体抵抗力，尽快治愈本病。

（4）做好病死鸡的处理。前面已提到本病流行和病死鸡处理不当有很大关系，所以发现本病时，严禁病鸡流入市场，宁可自己损失，必须及时淘汰处理病死鸡，阻止疫病的扩散。

4. *疫苗免疫*　是预防本病的主要途径。虽然本病血清亚型多，而且各地流行的血清型差异比较大，所以血清型判断不准确，用疫苗免疫作用不大。但经过这几年的研发，结合本病发病机制和流行状态，哈尔滨兽医研究所研制出多价灭活苗，一般研发出来的疫苗，大约能预防两年的流感；防疫工作做好了，则不会出现大的疫情。所以，做好防疫工作是防治本病的主要途径。

5. *加强病鸡群的管理*　给病鸡提供良好的生长生产环境，并加强免疫（表10-5）。

表 10-5 建议禽流感免疫程序

	疫苗	免疫办法
20 日龄	H9+H5 二联苗	颈皮下注射或翅肌肌内注射
60 日龄	H9 和 H5 单苗	左右翅肌肌内注射
118 日龄	H9 和 H5 单苗	左右翅肌肌内注射
150 日龄	地方毒株自家苗	右翅肌肌内注射
36 周龄	H9+H5 二联苗	翅肌肌内注射
48 周龄	H9+H5 二联苗	翅肌肌内注射

• 新城疫

鸡新城疫也称亚洲鸡瘟、伪鸡瘟或非典型鸡瘟，是由新城疫病毒引起的一种急性、热性、高度接触传染性疾病。其主要特征是呼吸困难、严重下痢、黏膜和浆膜出血，病程稍长的伴有神经症状。

本病于 1926 年首先发现于印度尼西亚的爪哇，同年英国的新城（Newcastle）也发生了本病。经 Doyle（1927）研究证明，它是一种由滤过性病毒引起的疾病，并根据发现的地名，称为新城疫。新城疫是危害鸡和火鸡饲养业最严重的疫病之一。现在全国各地普遍开展免疫接种，已很少流行，许多省区已基本控制了这种疫病。

（一）病原

新城疫病毒（Newcastle disease virus，NDV）是副黏病毒科（Paramyxoviridae）腮腺炎病毒属（Rubulavirus）的成员。

鸡新城疫病毒存在于病鸡的所有组织器官、体液、分泌物和排泄物中，以脑、脾、肺含毒量最高，骨髓含毒时间最长。因此分离病毒时多采用脾、肺或脑乳剂为接种材料。

鸡新城疫病毒在鸡胚内很容易生长，无论是接种在卵黄囊内、羊囊内、尿囊内或绒毛尿膜上及胎儿的任何部位都能迅速繁殖。通常多采用孵育 10~11 天的鸡胚做尿囊腔注射。鸡胚接种病毒后的死亡时间，随病毒毒力的强弱和注射剂量而不同，一般在注射强毒后 30~72 小时即死亡，大多数死于 38~48 小时；注射弱毒的死亡时间可延长至 5~6 天，甚至更长。病毒通过鸡胚继代后，其毒力稍有增强，一般多在 38 小时使鸡胚死亡。死亡胎儿全身充血，绝大多数头顶部出血，足趾常有出血，胸、背、翅膀等处也有小出血点或出血斑。卵黄囊常有出血。胚膜湿润且稍厚，并有由细胞浸润而形成的浊斑。

鸡新城疫病毒具有一种血凝素，可与红细胞表面的受体连接，使红细胞凝集。鸡、火鸡、鸭、鹅、鸽等禽类以及哺乳动物中豚鼠、小鼠和人的红细胞都能被凝集。这种凝集红细胞的特性被慢性病鸡、病愈鸡或人工免疫鸡血清中的血凝抑制抗体所抑制。因此可用血凝抑制试验鉴定分离出的病毒，并用于诊断或进行流行病学调查。此外，新城疫病毒具有溶血素，在高浓度时还能溶解它所凝集的红细胞。本病毒对外界环境，对热和光等物理因素的抵抗力较其他病毒稍强，在pH值为2~12的环境下，1小时不被破坏。其在密闭的鸡舍内可存活8个月，在粪便中72小时死亡。病料中的病毒煮沸1分钟即死，经巴氏消毒法或紫外线照射即毁灭。常用消毒药如2%氢氧化钠、1%来苏儿、10%碘酊、70%乙醇等在30分钟内即可将病毒杀死。

（二）流行病学

病鸡是本病的主要传染源。感染鸡在出现症状前24小时，其口鼻分泌物和粪便中已开始排出病毒，污染饲料、饮水、垫草、用具和地面等环境。潜伏期的病鸡所生的蛋，大部分也含有病毒。痊愈鸡在症状消失后5~7天停止排毒，少数病例在恢复后2周，甚至到2~3个月后还能从蛋中分离到病毒。在流行停止后的带毒鸡，常有精神不振、咳嗽和轻度神经症状。这些鸡也都是传染源。病鸡和带毒鸡也从呼吸道向空气中排毒。野禽、鹦鹉类的鸟类常为远距离的传染媒介。

本病的传染主要是通过病鸡与健康鸡的直接接触。在自然感染的情况下，主要是经呼吸道和消化道感染。创伤及交配也可引起传染。病死鸡的血、肉、内脏、羽毛、消化道的内容物和洗涤水等，如不加以妥善处理，也是主要的传染源。带有病毒的飞沫和灰尘，对本病也有一定的传播作用。非易感的野禽、寄生虫、人、畜均可机械地传播本病毒。本病一年四季均可发生，但以春秋两季较多。鸡舍内通风不良，亦可使鸡群抵抗力下降而利于本病的流行。购入病鸡或带毒鸡，将其合群饲养和宰杀，可使病毒远距离扩散。本病在易感鸡群中常呈毁灭性流行，发病率和病死率可达95%或更高。

（三）发病机制

新城疫病毒一般经呼吸道、消化道或眼结膜侵入机体，最初24小时在入侵处的上皮内复制，随后释入血流。病毒损伤血管壁，改变其渗透性，导致充血、水肿、出血和各器官的变性坏死等病变。消化道首先表现为黏膜的急性卡他性病变，随即发展为出血性纤维素性坏死性炎症，引起严重的消化障碍而下痢。由于循环障碍引起肺充血和呼吸中枢功能紊乱，呼吸道黏膜的急性卡他性病变和出血，由于气管常为黏液所阻塞而导致咳嗽和呼吸困难。大多数病毒株都是嗜神经的，在病的后期侵入中枢神经系统引起非化脓性脑脊髓炎，因而出现神经功能紊乱；病鸡瘫痪，呈昏睡状态，终致死亡。病毒在血液中的最高滴度约出现在感染后的第 4 天，以后显著降低。感染后的 3～4 天鸡血清中出现抗体，3～4 周时达最高峰，以后开始下降。在体液抗体形成的同时，鼻、气管和肠道渗出物中也开始分泌抗体。潜伏期的长短，随病毒毒力的强弱、进入机体内的病毒量、感染途径以及个体抵抗力的大小而有所不同。自然感染潜伏期 2～14 天，平均 5 天。最短的潜伏期见于 2 日龄的幼雏。人工接种多在 4 天以内发病。根据临诊表现和病程长短可分为最急性、急性和亚急性、慢性、非典型等四型。

1. 最急性型　此型多见于雏鸡和流行初期。常突然发病，除精神委顿外，常看不到明显的症状而很快死亡。

2. 急性型　病鸡在发病初期体温升高达 43～44℃，食欲减退或突然不吃。精神委顿，垂头缩颈，眼半闭或全闭，似昏睡状态。母鸡停止产蛋或产软皮蛋。排黄绿色或黄白色水样稀便，有时混有少量血液。口腔和鼻腔分泌物增加。病鸡咳嗽，呼吸困难，有时伸头，张口呼吸。部分病鸡还出现翅和腿麻痹，站立不稳。病鸡在后期体温下降至常温以下，不久在昏迷中死亡。死亡率 90%～100%。病程 2~9 天。1 月龄内的雏鸡病程短，症状不明显，死亡率高。

3. 慢性型　多发生于流行后期的成鸡，常由急性转化而来，以神经症状为主。初期症状与急性期相似，不久渐有好转，但出现翅和腿麻痹、跛行或站立不稳，头颈向后或向一侧扭转、伏地旋转等神经症状，且呈反复发作。最后可变为瘫痪或半瘫痪。或者逐渐消瘦，陷于恶病质而死亡。病程一般 10～20 天，死亡率较低。

4. 非典型　病鸡衰弱无力，精神萎靡，伴有轻微呼吸道症状，也常见无明显症状，而发生连续死亡。产蛋鸡常突然发病，产蛋下降，有的下降 20%～30%，有的下降 50%左右，一般经 7～10 天降到谷底，回升极为缓慢。蛋壳质量差，表现为软皮蛋、白壳蛋等。死亡率一般较低。

(四) 解剖症状

解剖以呼吸道和消化道症状为主，表现为呼吸困难、咳嗽和气喘，有时可见头颈伸直，张口呼吸，食欲减少或消失，出现水样稀粪，用药物治疗效果不明显；病鸡逐渐脱水消瘦，呈慢性散发性死亡。剖检病变不典型，其中最具诊断意义的是十二指肠黏膜、卵黄柄前后的淋巴结、盲肠扁桃体、回直肠黏膜等部位的出血灶及脑出血点。典型新城疫的病理变化有：腺胃乳头出血为主要症状，最先发生时还会伴发腺胃乳头有脓性黏液流出，角质层下有出血点、直肠条状出血等特征病理变化，现已不常出现了。新城疫的发生现也就是非典型为主了，疾病恢复期会出现典型的神经症状。

1. *最急性型*　尸体变化比较轻，仅在胸骨内面及心外膜有出血点，或可能完全没有变化。

2. *急性型*　全身黏膜和浆膜出血，淋巴系统肿胀。出血和坏死尤以消化道和呼吸道明显。口腔及咽喉附有黏液。咽部黏膜充血，并偶有大小不等的出血点，间或被覆有浅黄色污秽假膜。食道黏膜间有小出血点。嗉囊壁水肿，嗉囊内充满酸臭的液体和气体。腺胃黏膜和乳头肿胀，乳头顶端或乳头间出血明显，或有溃疡坏死。在腺胃与食道或腺胃与肌胃的交界处常有条状或不规则的出血斑。肌胃角质层下常有轻微的出血点及出血斑，有时也形成粟粒大小、圆形或不规则的溃疡。从十二指肠到盲肠和直肠可能发生从充血到出血的各种变化。肠黏膜上有纤维素性坏死性病灶，呈岛屿状凸出于黏膜表面，上有坏死性假膜覆盖，假膜脱落即露出粗糙、红色的溃疡。溃疡大小不等，大的直径可达 15 毫米或更大，溃疡可深达黏膜下层组织，以致从肠壁浆膜面即可清晰地看到有隆起的大小不等的黑红色斑块。盲肠和直肠黏膜的皱褶常呈条状出血。盲肠扁桃体肿大、出血和坏死。

鼻腔和喉头充满污浊的黏液，黏膜充血，并有小出血点，偶有纤维素性坏死点。气管内积有大量黏液，黏膜充血和出血。肺有时可见瘀血或水肿，偶有小而坚硬的灰红色坏死灶。心外膜、心冠状沟和胸骨都可见到小出血点和瘀斑。产蛋母鸡的卵黄膜和输卵管显著充血。脑膜充血或出血。卵泡变质、变性和变形。

3. *慢性型*　变化不明显，仅见肠卡他性炎症或盲肠根部黏膜轻度溃疡，或以神经系统的原发性病变为主。

4. *非典型*　大多病例肉眼变化不明显，可见喉头、气管黏膜充血、出血，小肠卡他性炎症，又是可见泄殖腔黏膜充血、出血等。

（五）鉴别诊断

非典型鸡新城疫在临床诊断上的症状与引起呼吸道疾病的其他传染病症状相似，在诊断过程中一定要认真详细观察，多剖检一些病鸡。目前可引起呼吸道症状的其他传染病主要有慢性呼吸道病、传染性喉气管炎、传染性支气管炎、传染性鼻炎、曲霉菌病等。另外非典型鸡新城疫常与大肠杆菌病及支原体病并发，需要综合诊断。

非典型鸡新城疫主要发生在已免疫接种的鸡群中，因免疫失败或免疫减弱而导致发病流行。究其原因主要有如下几方面。

1. *病毒严重污染*　鸡场被强病毒污染后，即使鸡群有一定抗新城疫免疫水平，但难以抵抗强病毒的侵袭而感染发病。

2. *忽视局部免疫*　据报道，新城疫免疫保护包括体液免疫和呼吸道局部免疫两部分，两者都要有足够抗体水平，才能有效地防止新城疫发生，其中呼吸道局部免疫更为重要。但实践中，往往由于忽视呼吸道弱毒疫苗的免疫（滴眼、滴鼻、气雾法免疫）而偏重饮水免疫或灭活疫苗注射免疫，导致呼吸道系统抗体水平低下而发病。

3. 疫苗选择不当　对疫苗内在质量如抗体的产生、维持、效价的不了解。

4. 疫苗质量问题　疫苗过期或临近过期，疫苗在运输过程和保管过程中没有按规定温度保存，疫苗效价下降导致免疫失败。

5. 疫苗之间干扰　不同疫苗之间可产生相互干扰作用，同时以同样方法接种几种疫苗，会影响它们的免疫效果。

6. 疫苗剂量不足　目前使用新城疫疫苗不管弱毒、中毒疫苗都应掌握在每只2~3羽份，特别是饮水免疫的剂量更应足一些，才能有效激发抗体的产生。

7. 免疫抑制病的干扰　鸡感染传染性法氏囊病或传染性贫血，由于免疫系统受到破坏，产生免疫抑制。又如黄曲霉毒素中毒、球虫病、慢性呼吸道病等一些慢性病，都可使鸡群免疫力下降，而导致免疫失败。

8. 使用中等毒力偏强的传染性囊病疫苗　目前应引起高度重视的是，不少养殖户认为毒力越强的传染性法氏囊病疫苗预防该病的效果越好，但虽然该病不再发生，而损伤和破坏了法氏囊这个免疫中枢器官而使整个体液免疫受阻，随之导致非典型鸡新城疫的发生。

（六）预防和控制

在预防和控制本病时，必须坚持预防为主的方针和标本兼治的原则。新城疫免疫接种：早期研究证明，鸡接种灭活的感染材料可以产生保护，但在生产和标准化中遇到难题，使其未能大规模应用。20世纪30年代Iyer和Dobson致弱强毒NDV研制出中发型疫苗株，至今仍有部分地区在使用。灭活疫苗一般是铝胶吸附病毒，在欧洲1970~1974年大流行中使用最广，但效果不好。结果大多数国家使用B1和La Sota活疫苗免疫接种。这些大流行也促使人们研制出油佐剂灭活苗，现已证明非常有效。

1. 弱毒疫苗　一般将NDV弱毒疫苗分为两类：缓发型和中发型。中发型由于毒力较强，仅适用于二次免疫。使用弱毒疫苗的目的是建立鸡群感染，最好是在使用时每只鸡均感染。缓发型疫苗常常进行逐个接种如滴鼻、点眼和浸喙。中发型疫苗一般需要刺羽或肌内注射。偏好弱毒疫苗是因为可以进行大规模使用，较经济。最常用的方法可能是饮水免疫。通常家禽禁水若干小时，然后将计算好的疫苗加入到新鲜的饮水中，保证每只可以获得足够的剂量。饮水免疫时，必须进行认真的监测，因为室温过高、水不纯甚至输水管道质量等都有可能杀灭病毒。在饮水中加入脱脂奶粉可以在一定程度上稳定病毒活性。

弱毒疫苗大规模喷雾或气雾也很普遍，因为这样可以在短时间内免疫大量鸡。控制雾滴大小很重要。为了避免严重的疫苗反应，气雾常常限用于二次免疫。大颗粒喷雾不易穿透禽的深部呼吸道，因此反应较少，适合于雏禽的大规模免疫。尽管有母源抗体，但1日龄雏鸡喷雾仍可以使鸡群建立疫苗毒感染。弱毒疫苗接种的优缺点：弱毒疫苗一般是由感染胚尿囊液冻干而成，相对便宜，易于大规模使用。弱毒感染可能刺激产生局部免疫，免疫后很快产生保护。疫苗毒还可从免疫鸡传播给未免疫鸡。但也有缺点，最重要的是疫苗可能引发疾病，这取决于环境条件及是否有并发感染。因此，初次免疫接种应选用毒力极弱的疫苗，一般需要多次接种。母源抗体可能影响弱毒疫苗的初次免疫。疫苗毒在鸡群中散布可能是一优点，但传播到易感鸡群，特别是不同日龄混养的地方可能会引起严重的疾病，尤其是有促发性病原并发感染时。在疫苗生产过程中如果控制不当，弱毒疫苗很容易被药剂和热杀灭，并且可能含有污染的病毒。

2. 灭活疫苗

（1）生产方法：灭活疫苗一般是感染性尿囊液用β-丙内酯或福尔马林杀死病毒，并与载体佐剂混合。早期灭活苗用铝胶佐剂，油佐剂疫苗的研制是一大进步。不同的油乳剂疫苗的乳化剂、抗原及水—油比不同，大多数使用矿物油。生产油乳剂疫苗的毒种包括 Ulster2C、B1、La Sota、Roakin 及几种强毒。选择的标准是在鸡胚中增殖的抗原量。无致病力的病毒滴度最高。所以，没有必要冒险使用强毒。可加入一种或更多的其他抗原与 NDV 一起乳化制成二联或多联疫苗，包括传染性支气管炎病毒、传染性法氏囊病病毒、产蛋下降综合征病毒和呼肠孤病毒等。鸡新城疫病毒（La Sota 株）、传染性支气管炎病毒（M41 株）、禽流感病毒（H9 亚型，HL 株）三联灭活疫苗，鸡新城疫病毒（La Sota 株）、传染性支气管炎病毒（M41 株）二联灭活疫苗等在生产实践中已有广泛应用。

（2）灭活苗的应用：灭活苗经肌内注射或皮下注射接种。灭活苗的优缺点：灭活苗的储存比活苗容易得多，但生产成本较高，使用比较费劳力。使用多联苗可以节省部分劳力。灭活苗与弱毒疫苗不同，1 日龄鸡免疫不受母源抗体影响。灭活苗的质量控制较难，而且接种人员被意外注射后矿物油可能引起严重反应。灭活苗的主要优点是免疫鸡不良反应小，可用于不适合接种弱毒疫苗，特别是有并发病原感染的鸡。另外，可产生很高水平的保护性抗体并可持续较长时间。

3. 免疫程序　疫苗和免疫程序可能受政府政策的控制。应根据流行情况、疫苗种类、母源免疫、其他疫苗的使用、其他病原的存在、鸡群大小、鸡群饲养期、劳力、气候条件、免疫接种史及成本等因地制宜地确定。肉鸡因为有母源抗体，免疫接种时间更难确定。由于肉鸡生长时间短，在ND威胁较小的国家有时不进行免疫预防。为了保持产蛋鸡终生的免疫力，往往需要多次免疫，建议用弱毒疫苗和灭活疫苗同时接种免疫或先用弱毒疫苗局部免疫，间隔14~21天后再用灭活疫苗加强免疫，实际免疫程序依当地情况而定。

4. 免疫反应监测　对于NDV一般采用HI试验评定免疫反应。易感禽缓发型弱毒疫苗一次免疫后，免疫反应可达24~26。油乳剂灭活疫苗免疫后HI效价可达211或更高。

（1）认真做好疫苗免疫接种工作。目前此病仍无特效药物治疗，只能靠疫苗主动免疫产生抗体。在免疫时要特别注意上述几个引发原因，根据实际制订符合本地切实可行的免疫程序，选用适当、可靠疫苗，采取正确方法和足够剂量免疫。

（2）加强饲养管理，做好防疫消毒和清洁卫生工作。饲养栏舍最好远离人畜繁杂地方，进栏前和每批鸡出栏后均应进行严格彻底清洗消毒，每栋栏舍均使用专用器械和用具，工作人员穿戴消毒过的专用衣服和鞋帽，不让外人进入。

（3）采取全进全出的方法，杜绝一栋栏舍同时养几批不同日龄的鸡。

（4）一经诊断发生本病时，首先应将病死鸡做无害化处理，挑出病鸡隔离，对未出现症状的鸡群可选择如下两种方法治疗：第一种饮水和饲料中加入抗病毒中草药，交叉补充多种维生素，特别是维生素C。第二种是紧急接种疫苗，20日龄以内的鸡最好用Ⅱ系或Ⅳ系疫苗做4倍稀释。

新城疫免疫程序见表10-6。

表10-6　新城疫的免疫程序（以本地情况注明选择疫苗名称）

肉种鸡ND免疫程序						
	病名	免疫程序	接种剂量	接种方式	厂家	联系人
孵化		威支灵	1x	孵化场喷雾	梅里亚	
7~8日龄		28/86+H120+clone30	1x	滴鼻、点眼	威兰	
		ND+IB+H9-K	0.5毫升	颈部皮下	普莱克	
21日龄		新威灵	1.2x	滴眼	梅里亚	
35日龄		ND-K	1x	颈部皮下	海博莱	

续表

肉种鸡ND免疫程序						
日龄	病名	免疫程序	接种剂量	接种方式	厂家	联系人
49日龄		Lasota+Ma+Con	1.5x	喷雾	梅里亚	
12周龄		Lasota	1.5x	滴眼	英特威	
		ND-K	1x	胸肌内注射	瑞普	
16周龄		Lasota	2x	喷雾	梅/英	
20周龄		Lasota+Ma+Con	2.5x	喷雾	梅里亚	
		ND+IB+IBD+REO	1x	胸肌内注射	英特威	
23~24周龄	产蛋率5%前	Lasota	2.5x	滴鼻、滴眼	英特威	
		ND-K	0.7毫升	胸肌内注射	瑞普	
30周龄		Lasota	2.5~2x	饮水/喷雾	英特威	
36周龄		ND-K	0.7x	肌内注射	瑞普	
45周龄		ND+IB+IBD-K	0.7毫升	颈部皮下注射	英特威	
55周龄		ND-K	0.7x	肌内注射	瑞普	

注：30周龄以后每隔5~6周用Lasota或新威灵。各场可根据本场季节实际情况调整。

• 传染性法氏囊病

鸡传染性法氏囊病是由双股RNA病毒引起的一种急性接触性传染病，本病主要侵害雏鸡、幼龄鸡甚至青年鸡群，感染鸡群以明显呈“Λ”形尖峰死亡，以腿、胸肌出血及法氏囊出血、肿大为特征，是危害养鸡业最为严重的传染病之一。特就本病的流行病学特点、临床症状、剖检变化及防治措施讲述给大家。

（一）流行病学特点

（1）本病一年四季均可发生，但根据这两年本病在当地流行的情况看，本病的流行季节多在天气较热的6~9月。

（2）本病对鸡群的危害与雏鸡的母源抗体水平有很大关系，据报道，无母源抗体的雏鸡一周内就有可能感染，母源抗体AGP值小于1∶8时就有感染的可能。在生产实践中，我们曾观察到一群12日龄暴发的法氏囊病的鸡群，通常有母源抗体的雏鸡法氏囊病的发生时间多在21日龄后，3~6周龄是本病的高发日龄。

（3）鸡是传染性法氏囊病的重要宿主，病鸡是本病的主要传染源，本病可通过直接接触或通过被污染的饲料、水源、器具、垫料、车辆、人员等间接传播，本病毒是抵抗力较为顽强的一种。据报道，传染性法氏囊病毒在鸡舍的阴暗处可存活半年以上，本病毒对消毒剂有一定的抵抗力，最好的消毒剂为过氧乙酸。

（二）临床症状

本病的潜伏期为2~3天，易感鸡群最初表现为精神高度沉郁、腹泻、排出黄白色黏稠或水样稀便、污染肛门部羽毛、集堆，部分鸡有行走无力、走路缓慢、步态不稳等症状，随后出现采料量下降或拒食、闭目呆立、嗜睡等症状，感染72小时后体温升高1~1.6℃，仅10小时左右，随后体温下降1~7℃，后期触摸病鸡有冷感，极度脱水、趾爪干燥、眼窝凹陷，最后极度衰竭而死；已接种过疫苗或处在母源抗体保护期的鸡群，发病鸡群表现为亚临床症状，少数病鸡腹泻、瘫痪、逐渐消瘦而死。雏鸡早期感染死亡有时可高达30%~50%。

（三）剖检特点

急性法氏囊病死鸡，表现为肌肉深层出血，多为条纹状，尤其以腿部和胸部肌肉最为明显，法氏囊明显肿大，为正常大小的3~5倍，浆膜面覆有淡黄色或灰白色多少不一的胶样物，黏膜面出血、充血，呈点状或斑块状，严重时整个法氏囊呈紫黑色，部分法氏囊内有灰白色或黄白色脓样分泌物，腺胃或肌胃交界处及交界处的腺胃乳头上有程度不同的出血，呈条状或斑状，肾脏多为轻度肿胀，有的病例有少量尿酸盐的沉积。

20日龄前的雏鸡或非典型法氏囊病死鸡，很少能观察到肌肉出血，最为明显的表现为法氏囊肿大变硬，外观浅黄色，外多有一层胶冻样物包围，黏膜面皱褶明显，有少量出血点，个别有灰白色坏死点，少数法氏囊内有黄豆样大小的干酪块或豆渣样物。

（四）防治措施

1. 日常管理

（1）严格对鸡舍及环境进行消毒，特别是以往有发病史的鸡场务必做好进鸡前的鸡舍清理消毒工作，否则可能批批逃不出本病感染的可能性，建议清理消毒程序如下：出栏→全场舍内/舍外用过氧乙酸消毒一次→出粪清理→对鸡舍用2%的氢氧化钠溶液喷洒→冲洗→用过氧乙酸消毒舍内外→20%生石灰水均匀喷洒地面与墙壁→进物料→熏蒸消毒→通风。

（2）做好日常的隔离消毒工作，严防病毒通过人员、车辆、饲料、工具等带入鸡舍。

（3）做好免疫工作。法氏囊苗的免疫必须采取滴口或饮水的免疫方式。14日龄一次免疫即可。注意免疫后疫苗反应带来的危害，因为疫苗免疫后，应激反应较大的时间是：免疫后3~5天，因为疫苗是一种致弱的病原体，它对肉杂鸡饲养是有危害的，但我们为了防止本病发生，明知用疫苗有反应但仍然使用，只是把疫苗应激反应降到最低。所以，在疫苗反应期注意舍内温度与通风的关系，给鸡群创造良好环境。

（4）对外调鸡苗或外调种蛋所孵化出来的鸡苗，在IBD抗体未经检测的情况下，建议在7日龄做一次法氏囊弱毒苗，在15日龄再做一次中等毒力疫苗。

2. *发病后的治疗*　对发病的鸡群，可紧急采取以下措施。

（1）对鸡舍及环境进行严格消毒。

（2）改善鸡舍环境，温度适当提高1~2℃，饮水中添加5%葡萄糖、1%食盐、多维素等。

（3）对发病群用抗传染性法氏囊病卵黄进行紧急肌内注射：对高免卵黄的质量有严格的要求，卵黄必须肌内注射。颈皮下注射及饮水，效果不确切。

（4）据实验，一些中药冲剂在临床上也有效，但不确切。

（5）对发生传染性法氏囊病不用卵黄耐过的鸡群，由于整群暴露于野毒下，所有鸡只均有感染的机会，均有高抗的出现，可不必再注射疫苗；注射过卵黄的鸡群，由于是被动免疫，卵黄抗体一般维持1周左右就会下来，所以待鸡群稳定后重新注射传染性法氏囊苗一次，最长距最后一次注射高抗的时间不能超出10天。

首先计算全天饮水量：

全天饮水量=前一天料量×2.2倍

免疫用水量=全天饮水量/24×6

准备水量并预温至24~28℃。饮水免疫分三次进行：

第一次免疫：2/3的免疫饮水量+2/3疫苗量。

第二次免疫：1/6的免疫饮水量+1/6疫苗量。

第三次免疫：1/6的免疫饮水量+1/6疫苗量。

• 大肠杆菌病

（一）流行病学

鸡大肠杆菌病是由致病性大肠杆菌所引起的一种细菌性传染病，幼龄鸡对本病最易感，常发生于3~6周龄，后备鸡和产蛋鸡也可发生。病鸡和带菌者是主要传染源，通过粪便排出的病菌，散布于外界环境中，污染水源、饲料等。本病主要经消化道而感染，也可经呼吸道感染，或病菌侵入入孵种蛋裂隙使胚胎发生感染。病鸡产的蛋还可以带菌而垂直传播。本病一年四季均可发生，雏鸡发病率可达 30%~60%，病死率很高，给养鸡生产带来较大的经济损失。

不同血清型的大肠杆菌寄生于动物（包括人）的肠道并可能感染多种哺乳动物和禽类，临床发病的病例多见于鸡、火鸡和鸭。

（二）病原

大肠杆菌是禽类肠道的常在菌，其密度为 10^6 个/克，在幼禽，没有建立正常菌群的禽类及肠道后半段的数量要更高一些。该菌在饮用水中的存在常被作为粪便污染的指标。正常鸡体内有 10%~15%的大肠杆菌是潜在的致病性血清型，肠道内分离的菌株与同一禽体心包囊内的血清型不一定相同。致病性大肠杆菌常通过蛋传播，造成雏鸡大量死亡，它在新孵出雏鸡消化道中的出现率要比孵出这些雏鸡的鸡蛋高，这说明大肠杆菌在孵化后迅速传播。种蛋感染的最重要来源是其表面被粪便污染，然后细菌穿过蛋壳和壳膜侵入。垫料和粪中可发现大肠杆菌，禽舍中的灰尘大肠杆菌含量可达 10^5~10^6 个/克，这些菌可长期存活，尤其在干燥条件下。用水将灰尘打湿后，7 天内可使细菌量减少 84%~97%。饲料也常被致病性大肠杆菌污染，但常在饲料加热制颗粒过程中被杀死。啮齿动物的粪便中也常含有致病性大肠杆菌。

（三）发病机制

鸡胚和雏鸡的早期死亡。正常母鸡所产蛋内有 0.5%~6%含有大肠杆菌。人工感染母鸡所产蛋中大肠杆菌含菌量可高达 26%。从死胚分离到的 245 个菌株中，有 43 个菌株有致病力。若污染此种病菌时，正常卵黄囊内容物从黄绿色黏稠状变为干酪样或黄棕色的水样物。粪便污染的鸡蛋是最重要的感染来源。另外一些来源可能是由于卵巢感染或输卵管炎。雏鸡刚孵出时感染率增高，孵出后 6 天左右感染率下降。

鸡胚卵黄囊是最易感染的部位。许多鸡胚在孵出前就已死亡，尤其是在孵化后期，一些雏鸡在孵出时或孵出后不久即死亡，一直持续 3 周左右。1 日龄雏鸡卵黄囊接种 10 个 LA：K1：H7 血清型菌体，可使雏鸡死亡率达 100%。卵黄囊感染的雏鸡多数发生脐炎。存活 4 天以上的雏鸡或雏火鸡经常发生心包炎和卵黄感染，表明细菌从卵黄囊向全身扩散。此种情况下的鸡胚或雏鸡可能不死亡，仅是受感染的卵黄滞留及增重减慢。

感染的卵黄囊壁有轻度的显微病变，呈现水肿，囊壁外层结缔组织区内有异嗜细胞和巨噬细胞构成的炎性细胞层，然后是一层巨细胞，接着是由坏死性异嗜细胞和大量细菌构成的区域，最内层是受到感染的卵黄，有些卵黄内含有一些浆细胞。将蛋暴露于大肠杆菌肉汤培养物可人工复制出鸭的脐炎和卵黄囊感染。育

雏温度过低或禁食都要增加本病的发生率和死亡率。

并发传染性支气管炎病毒（IBV）感染、新城疫病毒（NDV）（包括疫苗株）感染和支原体感染的鸡常出现大肠杆菌呼吸道感染。很明显，受损伤的呼吸道对于大肠杆菌从呼吸道侵入极其敏感，由此导致的疾病称气囊病或慢性呼吸道疾病（CRD）。除气囊炎可以扩散至相邻组织外，也常见肺炎、胸膜肺炎、心包炎及肝周炎病变。偶尔也可见败血症后的病鸡发生眼球炎和输卵管炎及骨骼、滑膜感染。气囊病主要发生于4~9周的肉杂鸡，由此造成鸡的发病、死亡及加工时被淘汰而造成很大的经济损失。

大肠杆菌经气囊感染，很容易复制出无并发症大肠杆菌感染的病变。死亡主要发生在头天。如果耐过最初的感染，通常可迅速康复，但仍有一部分病鸡持续性厌食、消瘦，最终死亡。

感染IBV或NDV的病鸡也对大肠杆菌的易感性增加，且易感期出现的时间更早，持续时间更长。

易感气囊发生感染的最重要的来源之一是吸入污染有大肠杆菌的灰尘。鸡舍的尘土和氨气可使鸡的上呼吸道纤毛失去了运动性，从而使吸入的大肠杆菌易于增殖并导致气囊感染。

（四）病理学

受到感染的气囊增厚，呼吸面常有干酪样渗出物。最早出现的组织学病变是水肿和异嗜细胞浸润。

1. *心包炎*　大肠杆菌的许多血清型在发生败血症时常引起心包炎。心包炎常伴发心肌炎，一般在显微病变出现前有明显的心电图异常，心包囊混浊，心外膜水肿，并覆有淡色渗出物，心包囊内常充满淡黄色纤维蛋白渗出液。

2. *输卵管炎*　当左侧腹气囊感染大肠杆菌后，母鸡可发生慢性输卵管炎，其特征是在扩张的薄壁输卵管内出现大干酪样团块。干酪样团块内含许多坏死的异嗜细胞和细菌，可持续存在几个月，并可随时间的延长而增大。鸡常在感染后6个月死亡，存活的鸡极少产蛋。产蛋鸡、鸭、鹅也可能由于大肠杆菌从泄殖腔侵入而患输卵管炎。

3. *腹膜炎*　大肠杆菌腹腔感染主要发生在产蛋鸡，其特征是急性死亡、有纤维素和大量卵黄。大肠杆菌经输卵管上行至卵黄内，并迅速生长，卵黄落入腹腔内时，造成腹膜炎。

4. *急性败血症*　有时从患类似于禽伤寒和禽霍乱的急性传染病的患病成年鸡、育成鸡和火鸡可以分离到大肠杆菌。病禽体况良好，嗉囊内充满食物，表明这是一种急性感染，病禽最有特征的病变是肝脏呈绿色，脾明显肿大及胸肌充血。有些病例中，肝脏内有许多小的白色病灶。存活禽显微镜下病变最初可见有急性坏死区，随后出现肉芽性肝炎。继发感染或慢性病会引起肝周炎，肝脏被黄白色干酪物包着。因大肠杆菌败血症常和呼吸道疾病有关，所以有发生心包炎和腹膜炎的趋势，火鸡感染出血性肠炎病毒后最易发生急性败血症。

5. 全眼球炎　全眼球炎是大肠杆菌败血症不太常见的后遗症。一般是病鸡的一只眼睛积脓，失明，但也有些病鸡康复。

6. 大肠杆菌性肉芽肿（Hjarre 氏病）　鸡和火鸡的大肠杆菌性肉芽肿，是以肝、盲肠、十二指肠和肠膜肉芽肿为特征，但在脾脏无病变。此病虽然不太常见，但个别群体死亡率可高达75%。大肠杆菌有时可引起类似白血病的浆膜病变，肝脏可见有融合的凝固性坏死，可遍及半个肝脏。

7. 肿头综合征　肿头综合征是鸡头部皮下组织及眼眶发生急性或亚急性蜂窝织炎。首次报道肉仔鸡发生该病是在南非发现的有关大肠杆菌和一种尚未鉴定的冠状病毒的联合感染。

8. 禽蜂窝织炎　禽蜂窝织炎是一个炎性感染过程，是感染鸡腹部的一种慢性皮肤疾病，其特征是皮下组织有块状异嗜性干酪样渗出物。病变常见于大腿与腹中线之间的皮肤。

9. 肠炎　大肠杆菌引起的原发性禽肠炎很少，或者根本不引起。但最近从腹泻鸡中分离到肠毒源性大肠杆菌（ETEC）。

鸭大肠杆菌性败血症的特征病变是湿润的颗粒状和大小不同的凝乳状渗出物，可引起小鸭心包炎、肝周炎和气囊炎。剖检死鸭时常有一股异味。肝脏常肿胀，色暗，被胆汁染色，脾肿大，色深。

（五）鉴别诊断

其他许多微生物可引起类似于上述大肠杆菌引起的病变。滑膜炎、关节炎也可由病毒、支原体、葡萄球菌、沙门杆菌、念珠状链球菌及其他微生物引起。可从雏鸡和胚卵黄囊内单独或同时分离到多种微生物，如气杆菌、克雷伯杆菌、变形杆菌、沙门杆菌、芽孢杆菌、葡萄球菌、肠球菌以及梭菌。心包炎也可由衣原体引起，巴氏杆菌或链球菌有时也可引起腹膜炎。气囊炎也可由支原体、衣原体和其他细菌引起。急性败血症疾病也可由巴氏杆菌、沙门杆菌、链球菌和其他微生物引起，引起肝脏肉芽肿的病因很多，如真菌属和拟什菌属的厌氧菌。

（六）治疗

大肠杆菌对多种药物敏感，如氨苄青霉素、氯霉素、金霉素、新霉素、呋喃类药、庆大霉素、碘胺间二甲氧嘧啶、萘啶酸、土霉素、多黏菌素B、壮观霉素、链霉素及磺胺类药物。美国养禽业近年来普遍采用氟喹诺酮类（恩诺沙星、

沙洛沙星）来治疗大肠杆菌病。证明氟喹诺酮类对大肠杆菌病的治疗效果很好。

（七）预防和控制

用灭活苗免疫种鸡。雏鸡在出壳后 2 周或更长时间对同源菌有被动保护能力。

饲养无支原体家禽和减少禽类过多暴露于引起呼吸道疾病的病毒环境，可减少呼吸道感染大肠杆菌的机会。良好的畜舍通风状况可减少呼吸道损伤，减少病原菌入侵的机会。

以下因素也不应忽视：①颗粒饲料中大肠杆菌含量比粉料中的含量少；②啮齿类动物的粪便是致病性大肠杆菌的一个来源；③受到污染的饮水也可能含有大量的病原菌，但目前仍没有已知的能减少肠道内大肠杆菌的方法。

采取饮用含有氯化物的水及密闭性的饮水系统（滴头）等措施可降低禽类大肠杆菌病的发生。减少大肠杆菌性气囊炎所带来的损害，接种来自有抵抗力的自然菌丛，可竞争性排出肠道内大肠杆菌的致病菌株，鸡败血支原体和传染性支气管炎病毒感染可诱发已受保护的鸡排出大肠杆菌。

粪便污染种蛋是禽群间致病性大肠杆菌相互传播的最重要途径。可以采取对种蛋产后 2 小时内进行熏蒸或消毒、淘汰破损明显有粪迹污染的种蛋等办法来加以控制。如果感染种蛋在孵化期间破裂，其内容物将成为严重的感染来源，特别是内容物污染操作人员及用具时，孵化前的蛋对污染尤其敏感，目前尚没有办法来预防孵化器和出雏器对病原菌传播作用。保暖和避免饥饿可提高感染小鸡的存活力，高蛋白饲料和提高维生素 E 水平可明显促进病雏存活力。

（八）综合防治措施

针对发病情况，及时采取以下措施进行处理，取得了良好效果。

（1）防止水源和饲料的污染，粪便及时清理并消毒，饲料要少喂勤添，水槽要每天清洗。

（2）加强饲养管理，鸡舍保持适宜的温度、湿度，保持空气流通，控制鸡群的饲养密度，鸡舍每天消毒。

（3）全群饮用 0.05%维生素 C、5%葡萄糖凉开水，同时 0.1%多种维生素拌料。

（4）通过药敏试验，庆大霉素、丁胺卡那霉素对本场的大肠杆菌最为敏感。全群用 0.01%丁胺卡那霉素混合饮水，连用 5 天，站立不起的鸡适当晒太阳并喂乳酸钙。

（5）喂药 5 天后，病鸡开始好转，食欲逐渐恢复，症状逐渐消失。两个疗程后鸡群全部治愈。

（6）管理方面：保证供水供料充足，确保病鸡能喝上水吃上料。

●鸡白痢

鸡白痢（PD）由鸡白痢沙门杆菌感染引起，禽伤寒（FT）由鸡伤寒沙门杆菌感染引起。它们主要引起雏鸡和火鸡的败血病，但其他鸟类如鹌鹑、野鸡、鸭子、孔雀、珍珠鸡也易感。两种疾病都可通过种蛋垂直传播。鸡白痢沙门杆菌和鸡伤寒沙门杆菌被看成同一种细菌。

鸡白痢的死亡病例通常限于2~3周龄的雏鸡。尽管禽伤寒通常被认为是成年鸟类的一种疾病，但仍以雏鸡死亡率高的报道为多。禽伤寒可致1月龄内雏鸡的死亡率高达26%。鸡白痢、禽伤寒造成的损失始于孵化期，而对于禽伤寒，损失可持续到产蛋期。据报道，有些鸡伤寒沙门杆菌对雏鸡产生的病变与鸡白痢区分不开。

（一）传播途径

与其他细菌性疾病一样，鸡白痢和禽伤寒可通过多种途径传播。受感染的禽（阳性反应禽与带菌禽）是本病绵延与传播的最重要方式。在早期的调查研究中，人们即认识到被感染种蛋在这两种疾病的传播中起着主要作用。感染禽不仅将疾病传给同代禽，而且还经蛋传给下一代，其原因一是蛋在母禽排出时即被本菌污染；二是在排卵之前，卵泡中即已存在鸡白痢沙门杆菌和鸡伤寒沙门杆菌。后者可能是经蛋传播的主要方式。

鸡白痢沙门杆菌的其他传播方式还有通过蛋壳进入蛋内和通过污染的饮料传播，但此两种方式似乎不太重要。感染鸡白痢沙门杆菌或鸡伤寒沙门杆菌的母鸡所产的蛋带菌率高达33%。感染雏鸡或小母鸡的接触传播是鸡白痢沙门杆菌和鸡伤寒沙门杆菌散发的主要途径。这种传播可发生于孵化期间，只能通过福尔马林熏蒸方法才起到防止本病的作用。已有报道，因感染鸡伤寒沙门杆菌的鸡死亡率可高达60.9%。感染鸡互啄、啄食带菌蛋及通过皮肤伤口，均可使本病在鸡群中传播。感染禽的粪便，污染的饲料、饮水及笼具也是鸡白痢沙门杆菌和鸡伤寒沙门杆菌的来源。饲养员、饲料商、购鸡者及参观者，他们穿梭于鸡舍之间及鸡场之间，除非认真谨慎地将鞋、手和衣服进行消毒，否则就能够携菌传染。卡车、板条箱和料包也能被污染。野鸟、动物和苍蝇可成为机械传播者。

蛋黄中凝集素的水平可影响种蛋传播。鸡白痢沙门杆菌的凝集素对防止感染种蛋的胚胎死亡有着重要的作用，从而成为通过种蛋传递病原的促进因素。

（二）临床症状

人们认为鸡白痢主要是雏鸡或雏火鸡的一种疾病，而禽伤寒则较常见于育成

和成年的鸡与火鸡。由于这两种疾病可垂直传播，所以鸡与雏鸡、雏火鸡的病征几乎相同。鸡白痢有时呈亚临床感染，即使是经蛋感染的也会出现这种情况。

1. 雏鸡和雏火鸡　用感染的种蛋进行孵化，可在孵化器中或孵出后不久见到垂死和已死亡的雏。病雏表现嗜睡、虚弱、食欲丧失、生长不良、肛门周围黏附着白色物，继之出现死亡。在某些情况下，孵出后 5~10 天才可见到鸡白痢的症状，再过 7~10 天才有明显表现。死亡高峰通常发生在 2~3 周龄。在这些情况下，患禽表现为倦怠、喜爱在加热器周围缩聚一团、两翅下垂、姿态异常。

由于肺部有广泛的病理变化，可见到病雏呼吸困难、喘息。而过病雏，生长严重受阻，似乎就不生长，且羽毛不丰。这些禽不可能发育成为精神旺盛或生长良好的产蛋禽或种禽。严重暴发后而过的禽群，成熟后大部分成为带菌者。

据报道，雏鸡感染鸡白痢沙门杆菌可引起失明，胫跗、肱桡和尺关节肿胀。在某些情况下，雏鸡的关节发生局部性感染的概率较高，可致跛行与明显肿胀。在美国的东部地区，最近暴发的鸡白痢中，经常可见由鸡白痢沙门杆菌引发的滑膜炎或跗关节肿胀。

2. 育成和成年禽　感染禽有或没有症状，不能根据其外部表现做出诊断，特别是鸡白痢病例。鸡群有急暴发时，最初表现饲料消耗量突然下降、精神萎靡、羽毛松乱、面色苍白、鸡冠萎缩。当同时发生鸡白痢和禽伤寒时，还可见到其他症状，诸如产蛋率、受精率和孵化率的下降，这主要取决于禽群感染的严重情况。感染后 4 天内可出现死亡，但通常是发生于 5~10 天。感染后的 2~3 天，体温上升 1~3℃。据报道，育成禽和成年禽较少发生鸡白痢，主要症状为厌食、腹泻、精神沉郁和脱水。

（三）发病率和死亡率

鸡的发病率和死亡率差异很大，受年龄、品种的易感染性、营养、鸡群管理和暴露特性的影响。鸡白痢引起的死亡率从 0~100%不等。最大的损失发生在孵化后第 2 周内，在第 3 周和第 4 周时死亡则迅速下降。据报道，禽伤寒引起鸡的死亡率为 10%~96%。

发病率常比死亡率要高得多，因为总有一些雏鸡会自然康复。感染鸡群所孵出的幼雏及与这群雏鸡同一舍饲养者通常要比遭受运输应激者的死亡率为低。火鸡与鸡的损失程度相同。

（四）剖检症状

雏鸡的最急性病例，在育雏阶段的早期表现是突然死亡而没有病变。急性病例，可见肝脏、脾脏肿大、充血，有时肝脏可见白色坏死灶或坏死点，卵黄囊及其内容物有或没有出现任何病变，但病程稍长的病例，卵黄吸收不良，卵黄囊内容物可能呈奶油状或干酪样黏稠物。有呼吸道症状的患病禽，肺脏有白色结节，在心肌或胰脏上有时也有类似马立克病肿瘤的白色结节。心肌上的结节增大时，有时能使心脏显著变形。这种情况可导致肝脏的慢性出血和腹水。心包增厚，内含黄色或纤维素渗出液。在肌胃上也可出现相同的结节，偶尔在盲肠和大肠的肠壁可见到。盲肠内容物可能有干酪样栓子。有些禽表现关节肿大，内含黄色的黏稠液体。

（五）治疗

预防和治疗的有效药物：磺胺类药物，包括磺胺嘧啶、磺胺甲基嘧啶、磺胺噻唑、磺胺二甲基嘧啶和磺胺喹噁啉，这些药物已用于鸡白痢和禽伤寒的治疗。磺胺嘧啶、磺胺二甲基嘧啶和磺胺甲基嘧啶在雏鸡饲料中最大用药剂量为0.75%。雏鸡于1日龄时开始喂药，连用5天或10天，可有效地预防雏鸡的死亡，但鸡群在停药5天后又出现死亡。最初5天在粉料中抖入0.5%的磺胺甲基嘧啶，可降低感染母鸡的后代——雏鸡的死亡率。治疗禽伤寒时，饲料中加入0.1%的磺胺喹噁啉，用药2~3天，如有需要，再以0.05%的比例用药2天；也可用水配成0.04%的药液，连用2~3天，若有需要，也可重复一个疗程。在屠宰食用前至少停药10天。许多研究表明，用药后存活的禽中，有相当一部分成了感染禽。

许多抗生素生素可有效降低发病率和死亡率，如氯霉素以0.5%的比例拌料，连用10天；金霉素以200毫克/千克的比例拌料，氨基糖苷类以150毫克/升或225毫克/升的比例饮水，连用5天。但是，所有这些抗生素都不能有效根除鸡白痢沙门杆菌。孵化前用硫酸新霉素喷雾蛋壳，对控制雏鸡的鸡白痢是有益的。

（六）管理措施

实施管理制度，以防止鸡白痢或禽伤寒传入禽群。必须逐步地将带菌者消除。

（1）雏鸡与雏火鸡应该自无鸡白痢和禽伤寒的场所引入。

（2）无鸡白痢和禽伤寒鸡群都不可和其他家禽或来自未知有无该病的舍饲禽相混群。

（3）雏鸡与雏火鸡应该置于能够清理和消毒的环境中，以消灭上批鸡群残留的沙门杆菌。

（4）雏鸡与雏火鸡应饲予颗粒的粗屑饲料，以最大限度地减少鸡白痢沙门杆菌、鸡伤寒沙门杆菌和其他沙门杆菌经污染的饲料原料传入鸡群的可能性。使用无沙门杆菌饲料原料是极为理想的。

（5）通过采取严格的生物安全措施，最大限度地减少外源沙门杆菌的传入。

1）自由飞翔的鸟常常携带沙门杆菌，但很少遇到鸡白痢沙门杆菌或鸡伤寒沙门杆菌。禽舍必须有防止飞禽的设备。

2）小鼠、鼠、兔、猫、狗和害虫可作为沙门杆菌携带者，但很少发现感染鸡白痢沙门杆菌或鸡伤寒沙门杆菌。因而，禽舍应有防啮齿动物的设施。

3）控制昆虫很重要，尤其是防苍蝇、鸡螨与小粉虫。这些害虫常为环境中的沙门杆菌和其他禽病原的生存媒介。

4）使用饮用水或供给经氯化的水。在某些地区，取露天池中的表层水供给肉杂鸡饮用，这有一定的危险性。

5）本菌的机械传播者，包括人的鞋和衣服、养禽设备、运料车与装禽的板条箱都可机械性地带菌。必须小心谨慎防止经污染物传入鸡白痢沙门杆菌或鸡伤寒沙门杆菌。

6）必须对死禽适当地处理。

● 葡萄球菌病

葡萄球菌病：是由金黄色葡萄球菌引起，各日龄鸡均可发生，以40~80日龄鸡多见，成年鸡较少发生，白羽鸡易感。本病发病原因多与创伤有关，如断喙、接种、啄斗、刺刮伤等，有时也可通过呼吸道传播。鸡痘发病后多继发本病，故防鸡痘对本病至关重要。定期用0.3%过氧乙酸带鸡消毒，发病后要根据药敏试验选药。

（一）病理变化

本病主要病理变化有：病鸡趾尖干性坏疽，爪部皮肤出血、水肿。腱鞘积有脓性渗出物，病鸡打开关节后可见大量化脓性物，此灶可延伸至屈肌膜鞘，内有血样黏液。眼睑肿胀，有大量脓性分泌物，眼封闭。翅膀、胸部皮肤出血、发紫、液化、脱毛、皮下出血、溶血。病鸡腿部和翅膀尖处脱毛，浮肿性皮炎，皮下出血。头、颌部皮下出血、水肿。外观头肿胀、绿色。肺出血、液化，不成形。胸、腹部皮肤出血，脱毛、液化。

（二）防治措施

（1）加强饲养管理，注意环境消毒，避免外伤鸡只的发生。创伤是引起本病发生的重要原因。因此饲养管理过程中应尽量减少伤鸡的出现。如鸡舍内网架安装要合理，网孔不要过大，不能有毛刺。接种疫苗时做好消毒工作。

（2）提供营养平衡的饲料，防止因维生素缺乏导致皮炎和干裂。

（3）做好鸡痘和传染性贫血的预防。

（4）禽群发病后可用庆大霉素、青霉素、新霉素等敏感性药物治疗，同时用 0.3%的过氧乙酸消毒。

（5）当发生眼型葡萄球菌病时，采用青霉素、链霉素或氯霉素眼膏点眼治疗，饲料中维生素 A、维生素 D_3、维生素 E 加倍使用。

• 呼吸道疾病

禽类的呼吸系统包括上呼吸道、支气管、肺和气囊等器官。气囊是禽类的一个弱点。尽管上呼吸道具有黏膜和上皮巨噬细胞等局部防御器官，但是气囊网络则没有特殊的屏障。因此，呼吸道的某一部分一旦受到感染，则能很快通过气囊贯穿胸部、腹部甚至某些长骨的气囊网络，造成其他组织的感染。在肉杂鸡业中，肉仔鸡的呼吸道疾病是一个老大难的问题，它给人们带来了巨大的经济损失，成为肉杂鸡业进一步发展的一大障碍。

导致肉仔鸡呼吸道疾病的因素有很多，其中包括病毒性病原、细菌性病原和真菌性病原，以及不良的管理因素，如通风不良、环境粉尘、高温、低湿和劣质饲料等。这些致病因素贯穿于种鸡管理、孵化管理、肉仔鸡管理的三大环节，它们直接影响新生雏鸡的质量、肉仔鸡抵御呼吸道疾病的能力和肉仔鸡对疫苗的应答能力。例如，如果新生雏鸡脐部闭合不严或者卵黄囊被细菌感染，那么这些雏鸡有可能继发呼吸道疾病；如果雏鸡的母源抗体水平不一致，那么一日龄免疫（ND 和 IB）的效果就不会很好，疫苗病毒会在衰弱的雏鸡体内繁殖，毒力增强，使全群免疫反应加剧，并暴发呼吸道病。

先从种鸡管理、孵化管理和肉仔鸡管理的一些方面，介绍肉仔鸡呼吸道疾病的预防方法。

（一）防止父母代种鸡感染 MG 和 MS

感染 MG 和 MS 的父母代种鸡，经种蛋垂直传染给商品代雏鸡。带有 MG 和 MS 雏鸡对 ND 和 IB 的疫苗的免疫反应强烈，在不良饲养条件下，继发大肠杆菌感染，表现为严重的呼吸道疾病（须用抗生素来维持），死亡率高、生长速度慢、料肉比高。MG 和 MS 病原体很脆弱，对大多数消毒药都敏感，在阳光下几小时就死亡，因此，预防 MG、MS 是比较容易的。如要杜绝 MG 和 MS 的危害，则应从父母代种鸡管理上下功夫，做好每个细节，截断传播途径。

（1）要从无 MG 和 MS 的祖代鸡场引进父母代种雏。

（2）要建立健全父母代鸡场的生物安全体系。

每个饲养区应全进全出，区内种鸡应为同一日龄。饲养区之间的距离应保持在 1 000 米以上，防止不同日龄鸡群之间传播疾病。进入饲养区的人员，应在实施淋浴和更衣后方可进入。进入饲养区的设备，应实施消毒并应做好计划，提前一周搬进饲养区，在阳光下暴晒。进入饲养区的饲料应实施熏蒸消毒，并停放在料库内 1~2 天。在制订鸡群周转计划时，要留足冲洗鸡舍的时间和空场时间。应持之以恒地做好灭鼠工作，防止老鼠传播 MG、MS

（二）免疫

在产蛋期间，应定期对种鸡实施新城疫、传染性支气管哮喘和法氏囊的免疫，以确保雏鸡具有一致的、高水平的母源抗体。较高的母源抗体可以抵御早期的野毒攻击，尤其是，如果雏鸡受到法氏囊病的早期攻击，那么会造成免疫抑制，影响后续的新城疫和传染性支气管哮喘的免疫，影响雏鸡的抵抗力。

（三）防止初生雏卵黄囊感染

如果初生雏卵黄囊受到细菌感染，那么这样的雏鸡就会继发呼吸道疾病。雏鸡生命孕育过程包括从种蛋开始形成、产出、储存、上孵到雏鸡破壳而出，在每个阶段卵黄囊都可能受到污染，因此，防止初生雏卵黄囊感染，要从种鸡和孵化的每个环节入手，加强管理，减少感染的机会。

（1）防止大肠杆菌经输卵管感染卵黄。种鸡在开产前后，体内发生生理变化，鸡体抗病能力下降，输卵管易受大肠杆菌等病原体的感染，那么在种蛋形成过程中，卵黄就会受到感染。这样的种蛋，要么孵不出雏鸡，要么孵出的雏鸡有卵黄囊炎症，成活率低。有的公司采用定期投用抗生素的方法，来控制输卵管的感染，具体方法是：见蛋时投药一次，持续 5 天；产蛋率达到 10%投药一次，持续 3 天；产蛋率达到 65%投药一次，持续 3 天；然后，每 6 周投一次药，持续 3 天。

（2）防止弄湿种蛋表面。种蛋表面被弄湿，鞭毛类杆菌和真菌就会顺利地穿透蛋壳及壳膜，有可能造成卵黄的感染。有的种鸡场在鸡舍内安装喷雾降温装置，该装置在降低舍内温度的同时，也会弄湿了产蛋箱内的种蛋，因此应拆除这种装置，改用其他降温设备。在有的孵化厅，种蛋码盘、上车刚结束，职工就急于冲洗工作区域，冲洗水溅到种蛋表面，建议应改掉这种不良习惯。在夏季，由于蛋库内外温差较大，孵化厅内空气相对湿度又很高，种蛋在入孵前常常发生“出汗”现象；若发生“出汗”现象，则建议使用喷洒消毒方法消毒种蛋，而不用熏蒸方法。喷洒消毒的药液配方是：过氧化氢溶液 1%，醋酸 0.05%，季胺 175×10^{-6}。

（3）种鸡舍和孵化厅的卫生。脏蛋是造成卵黄囊感染的一个主要原因。为了防止弄脏种蛋，应加强产蛋箱的管理，保持其洁净、垫草充足；应定时采集种蛋，每日 5 次，使产蛋箱内最多不得多于 5 枚种蛋，防止种蛋破损；在开产前后，要加强对母鸡的培训，使其习惯在产蛋箱内产蛋，适时巡视鸡舍，捡起地面蛋，抓起在地面产蛋的母鸡，放进产蛋箱；地面蛋和脏蛋不应当作入孵种蛋。

雏鸡刚破壳时，脐部是开放的，若此时脐部接触到病原菌，则会造成脐部感染，进而造成卵黄囊感染。因此，应注意出雏器和出雏盒的卫生。

（四）防止曲霉菌感染

初生雏感染曲霉菌，在 2～3 日龄时出现呼吸道疾病的症状；4～9 日龄有部分雏鸡死亡；存活的雏鸡生长速度慢。

产蛋箱内的曲霉菌污染种蛋，当种蛋的温度下降时，曲霉菌穿透进入蛋壳；被污染的种蛋进入孵化厅后，在适宜的温度、湿度的条件下繁殖；曲霉菌进入孵化厅后，人们很难将其清除出厅，并不断感染新生雏鸡。此外，曲霉菌还有一个进入孵化厅的途径，那就是草质笤帚和棉布木把拖布，应将这两种工具拒之孵化厅外。

如果在孵化厅内监测到曲霉菌，那么我们首先查清曲霉菌进厅的途径，设法使外源曲霉菌不再进厅，然后定期彻底清洗消毒孵化厅厅内环境。在众多消毒药中，过氧化氢适用于孵化厅的消毒，并对真菌有杀灭作用。

（五）防止孵化期的缺氧应激

在冬季，国内一些孵化厅为了保持厅内温度，关闭大厅门窗，从而由于缺乏必要的通风取暖设备，使得厅内严重缺氧。在缺氧条件下，一方面孵化率降低；另一方面孵出的雏鸡质量不高。如果做雏鸡解剖，那么我们就可以看到雏鸡心脏变宽。这样的雏鸡在生长过程中极易发生腹水症。建议使用带有循环热水的中央供风装置，而不用热风炉。

（六）防止超量熏蒸雏鸡

员工习惯在出雏期间，加四次福尔马林，每次加 250 毫升或更多。这种加药方法，一次药量太高，对雏鸡呼吸道造成破坏，雏鸡在饲养过程中极易造成呼吸道感染，应改变这种做法。建议从 10% 雏鸡破壳开始，每 3 小时加一次福尔马林，直到破壳结束（不是到捡雏时），每次加 100 毫升福尔马林。

（七）做好肉杂鸡饲养管理

不良的饲养管理可以导致和加重肉仔鸡的呼吸道疾病。人们常常不太注重肉杂鸡的饲养条件，或者因为顾此失彼，不能为肉杂鸡提供舒适的生长条件，而诱发严重的呼吸道疾病。

（1）在注重温度时，应注意通风。在冬季，人们为了降低能耗，又要使鸡舍内保持在合理的育成温度范围内，把育雏舍密闭得严严实实，没有任何通风，使舍内空气变得非常混浊，氨味刺鼻，在这样的条件下，肉杂鸡怎能不感染呼吸

道疾病？建议使用温度定时装置，以兼顾通风与温度这一对矛盾。这一装置，在舍内温度达到或超过设定值，启动风机；而在低于设定值时，使风机在每10分钟内启动几分钟（这可以根据所需通风量随意设定）。总之确保鸡舍内任何时间内都不能有氨味出现。

（2）注意舍内湿度。在冬季育雏时，前1~2周，舍内空气相对湿度都很低（30%~40%），垫料很干，垫料上方空气中粉尘较大，对雏鸡呼吸道有不良影响。在这一方面，有一些公司解决得比较好，其做法是，在鸡舍内的火炉上放上水盆，或在火炉烟道上放麻袋片，并往上泼水，以此来加湿。使用这一方法，效果不错。总之确保舍内相对湿度不低于65%。

（3）为肉仔鸡提供洁净、卫生的饮水。俗话说：病从口入，我们应为肉仔鸡提供洁净的饮水。建议在饮水中加氯消毒，使饮水中含有3×10^{-6}有效氯；定时清洗饮水器，使其保持卫生洁净，防止饮水二次污染；在有条件的地方，尽量改用乳头饮水器。

（4）注意氨气浓度。管理好饮水器，防止漏水，保持垫料干燥。此外，还可以在垫料中添加某种药物，减少氨气的释放量。

总的来说，肉仔鸡在饲养过程中，很容易发生呼吸道疾病。当发生问题时，首先应查明发病原因。只有根除病因才能彻底解决呼吸道疾病。

• 曲霉菌病

禽曲霉菌病是多种禽类常见的霉菌病。该病特征是呼吸道（尤其是肺和气囊）发生炎症和形成小结节，故又称为曲霉菌性肺炎。本病发生于幼禽，发病率和死亡率较高，成年禽多呈慢性经过。曲霉菌属中的烟曲霉是常见的致病力最强的病原，黄曲霉、构巢曲霉、黑曲霉和地曲霉等也有不同程度的致病性。偶尔也可以从病灶中分离到青曲霉和白曲霉等。

（一）抵抗力

曲霉菌孢子对外界环境理化因素的抵抗力很强，在干热120℃煮沸5分钟才能杀死。对化学药品也有较强的抵抗力。在一般消毒药品中，如2.5%福尔马林、水杨酸、碘酒等，需经1~3小时才能灭活。

（二）流行特点

（1）本病主要发生于雏禽，4~12日龄是发病高峰，以后逐渐减少。

（2）污染的垫料、用具、空气、饮水、霉变饲料是本病的主要传染源。主要是通过呼吸道和消化道感染。

（3）育雏阶段管理差、通风不良、拥挤潮湿及营养不良等都是本病的诱因。

（4）孵化环境受到严重污染时，霉菌孢子容易穿过蛋壳侵入而感染，使胚胎发生死亡，或者出壳后不久出现症状，也可在孵化环境经呼吸道感染而发病。

（三）临床病理变化

（1）雏鸡感染后病鸡衰弱，食欲减退，眼闭合，呈昏睡状。呼吸困难，张口喘气，但无声音。眼流泪，流鼻涕，甩鼻。

（2）病鸡排黄色稀粪，肛门周围沾满稀粪。

（四）解剖病理变化

（1）肺或气囊壁上出现小米粒到硬币大的霉菌结节，肺充血、出血霉菌结节切开呈车轮状。肺结节呈黄白色或灰白色干酪样。

（2）胃、肠黏膜有溃疡和黄白色霉菌灶，腺胃与肌胃交界处有溃疡灶。

（3）有的病鸡脑、心脏、脾脏等实质器官有霉菌结节。

（4）曲霉菌病鸡胸骨和肠系膜有霉菌结节或存积黄色干酪物。

（5）曲霉菌病鸡的心脏和脾脏横切面有霉菌结节块。

（五）防治措施

（1）预防本病首先要改善鸡舍的卫生条件，特别注意通风、干燥、防冷应激以及降低饲养密度，尤其是加强孵化室的卫生消毒。禁止使用发霉或被霉菌污染的垫料或饲料，垫料要勤更换。

（2）病鸡没有治疗价值，应淘汰。加强卫生消毒措施，清除污染的全部垫料或饲料，用0.05%的硫酸铜溶液喷洒。

• 鸡球虫病

鸡球虫病是由多种艾美耳鸡球虫寄生于鸡的肠上皮细胞引起的一种原虫病。本病分布广泛，感染普遍，是鸡群中最常见的也是危害最严重的寄生虫传染病。

1. 各种鸡艾美耳球虫特征　见表10-7。

表10-7　各种鸡艾美耳球虫特征

分类	堆形艾美耳球虫	布氏艾美耳球虫	巨型艾美耳球虫	和缓艾美耳球虫	变位艾美耳球虫	毒害艾美耳球虫	早熟艾美耳球虫	柔嫩艾美耳球虫
特征寄生区	十二指肠和空肠	小肠后段和直肠	小肠中段	小肠后段	小肠前段和中段	小肠中段	小肠前1/3部分	盲肠

续表

分类	堆形艾美耳球虫	布氏艾美耳球虫	巨型艾美耳球虫	和缓艾美耳球虫	变位艾美耳球虫	毒害艾美耳球虫	早熟艾美耳球虫	柔嫩艾美耳球虫
肉眼病变	轻度感染在梯形条纹中有时存在白色圆形病变；严重感染，肠壁增厚，斑块融合	凝固性坏死，小肠下段黏液性出血，肠炎	肠壁增厚，黏液性血色渗出物，瘀血	黏液性渗出物，无病变	轻度感染；卵囊圆形斑块；严重感染，肠壁增厚，斑块融合	气胀、白点（裂殖体）瘀斑，充满血液的黏液性渗出物	无病变，黏液性渗出物	开始发病时，肠腔内有出血，以后肠壁增厚，黏膜苍白，有血液凝固的肠芯
致病性	+	++	++	−/+	−/+	+++	−/+	++++

2. 生活史　艾美耳球虫的生活史属直接发育型，不需要中间宿主，通常可分为孢子生殖、裂殖生殖、配子生殖三个阶段。整个生活史需 4~7 天。

（1）艾美耳球虫卵刚随鸡粪便排出时不具感染性，在温暖潮湿的环境里，卵囊经 1~3 天，即可发育成具感染性的成熟卵囊。但温度低于 7℃或高于 35℃及低氧条件下，孢子化过程将会停止。由于鸡肠道中温度高于 35℃且氧气又不充足，所以不能发生鸡的自身循环感染。

（2）当鸡通过饲料和饮水摄食了这种具有感染性的孢子卵囊后，由于消化道的机械和酶的作用，释放出子孢子，子孢子侵入肠壁上皮细胞内继续发育，此时虫体称作滋养体。滋养体的细胞核进行无性的复分裂，此时虫体称作裂殖体。

（3）滋养体发育到一定程度，裂殖体破裂，裂殖子被释放出后又寻找新的上皮细胞，并再发育裂殖体，如此反复几次，造成肠黏膜的损害。

（4）第二代无性生殖进行到若干世代后，一部分裂殖子转化成许多小配子（雄性）；一部分裂殖子转化形成大配子（雌性），二者结合后形成合子，合子很快形成一层被膜而成为卵囊。卵囊随粪便排出体外，并在适宜条年下，经数日发育形成孢子囊和子孢子而成为感染性卵囊，被鸡食入后又重新开始体内裂殖生殖和配子生殖。

3. 致病力　球虫致病力除取决于虫种外，也取决于感染卵囊数量。感染卵囊数量过少也不能导致发病。

4. 抵抗力　球虫抵抗力非常强，卵囊在外界发育的适宜温度是20~30℃。高于35℃或低于7℃发育停止。干燥能使其发育停止或死亡；一般消毒剂无效，氨气对卵囊有强大杀灭作用。

5. 流行特点　各种鸡只均有易感性，多发生于3~5周龄的鸡，成鸡也能发生。球虫病也是一种免疫抑制病。发生球虫病后加重大肠杆菌、沙门杆菌、新城疫病发病率。雏鸡拥挤，垫料潮湿、饲料中维生素A、维生素K缺乏以及日粮营养不平衡等，都是本病发生的诱因。

6. 临床诊断　球虫病危害严重的主要有两种：盲肠球虫和小肠球虫。盲肠球虫主要侵害的是盲肠，引起出血性肠炎，病鸡表现为精神萎靡、羽毛松乱、不爱活动、食欲废绝、鸡冠及可视黏膜苍白，逐渐消瘦，排鲜红色血便，3~5天死亡。小肠球虫主要侵害的是小肠中段，引起出血性肠炎，病鸡表现为精神萎靡、羽毛松乱、不爱活动，排出大量的黏液样棕色粪便，3~5天死亡。耐过鸡营养吸收不良，生长缓慢。

7. 解剖学诊断

（1）盲肠球虫病鸡主要表现为盲肠肿胀，充满血液或血样凝血块。盲肠黏膜增厚。

（2）小肠球虫病鸡主要表现为小肠肿胀，肠管呈暗红色肿胀，切开肠管内充满血液或血样凝血块。小肠黏膜增厚，与球虫增殖的白色小点相间在一起，苍白失去正常弹性。

（3）慢性球虫病鸡主要表现为肠道苍白。失去弹性，肠壁增厚，切开肠壁外翻。小肠球虫引起肠道肿胀，有明显出血斑点出现。

8. 防治措施

（1）加强饲养管理，注意通风换气，保持垫料的干燥和清洁卫生。降低饲养密度。

（2）发病后要及时用药，但用药量不能过大，应至少保持一个疗程。在使用治疗用药的同时要加大多维素的用量。饲料中多维素用量要增加3~5倍。水中加入维生素K_3 3~5毫克，方便时饲料中粗蛋白下降5%~10%为好。

（3）疫苗免疫也是一个很好的做法，在1~7日龄使用球虫疫苗为宜。球虫疫苗使用时一定要注意湿度的控制。再者就是在拌料方面一定要均匀，确保每只鸡吃到均匀的球虫卵囊。

球虫免疫的重要作用是防止肉杂鸡生长过程中出现典型的病理变化；但在免疫球虫疫苗过程中由于管理、操作办法和疫苗质量问题往往引起球虫疫苗免疫后死淘率增加。少则几十只，多则上千只的都有，同时造成免疫失败。

做好球虫疫苗免疫要做到以下几点：

1）确保疫苗质量：优秀厂家，保存过关。

2）防疫球虫疫苗时操作不能失误。有以下几点不能忘记：①足够饲料量，让每只鸡都吃饱。②料中拌疫苗要均匀。③有足够的料位，让每只鸡同时能吃到料。④每栏按鸡数分清料量和料位。操作办法是：①3 日龄按每只鸡 6 克；4 日龄按每只鸡 8 克料；不能太少；管理人员自己拌料。②用小喷雾器每瓶疫苗 1 千克水，一个人喷料，一个人拌料，到把所有疫苗喷完为止。③按加入的水量加上料量平分给每栏的每只鸡。

3）防疫后的管理与维护：控制舍内相对湿度不能过高和过低，应在 35%～60%；提高湿度只地面洒水，不能在垫料上洒水；防疫后 5 天，天天观察粪便情况，并进行化验室检测。

4）预防球虫野毒株感染：野毒株会加重疫苗反应同时引起大的死亡。预防的方法很简单，即不要让雏鸡以任何方式接触到土地面，也就是在育雏过程中所有员工不走土地面。

• 猝死症

猝死症是一种管理性疾病，猝死症主要有上呼吸道被料堵塞引起的死亡，惊吓应激引起肝脾破裂出血而死，身体无力，翻身后无力翻转而心力衰竭而死（图 10–1）。

图 10–1　鸡猝死症

鸡的生产性能很高，生长速度快，饲料报酬率高，周转快。但快速的生长使机体各器官负担加重，特别是 3 周龄内的鸡快速增长，使机体始终处于应激状态，易发生猝死症。本病一年四季均可发生，但以夏冬两季发病较为严重。死亡率为0.5%~4%。鸡发病有两个高峰：以2~3 周龄和6~7 周龄为发病高峰。体重越大发病率越高，公鸡是母鸡发病率的 3 倍。采食颗粒料者比采食粉料的比例大些。

鸡猝死症一般不表现明显的前期症状，常在吃料、饮水时突然倒地尖叫死亡，无特定的病原因素，很多致病因素均可使鸡发生猝死症。

（一）病因

本病病因主要有以下几种。营养过剩猝死：多发生于生长发育良好、肥胖的鸡只，体内脂肪蓄积过多，各个器官充盈发达，肝和胃肠增大，机械性地压迫胸腔。当心和肺受到压迫时，影响心脏正常搏动，长期挤压，心脏不堪重荷，肺和气囊丧失气体交换能力，超过极限时，心跳骤然停止而死亡。微量元素缺乏性猝死：硒是鸡必需的微量元素，鸡的生长发育快，对硒的需求量较大，长期缺乏时，出现肌肉营养不良、红细胞崩解、胰脏坏死、神经调节障碍，常不表现症状而猝死。疾病性猝死：巴氏杆菌可引起鸡的败血症性猝死；鸡患脂肪肝综合征时，肝脏肿大，质地变脆，易破裂出血而死亡；患传染性喉气管炎时，喉和气管出血，因凝血块梗塞而死亡。

鸡的猝死原因很多，但大部分与应激有关。所以，鸡饲养过程中要尽量消除各种不利因素，创造优良的环境条件，防止鸡猝死症的发生。①本病的发生与遗传育种有关：目前鸡培育品种逐步向快速型发展，生长速度快体重大（尤其是对于2~3 周的雏鸡，采食量大而不加限制，造成急剧快速生长）而相对自身的内脏系统（如心脏、肺脏和消化系统）发育不完善，导致体重发育与内脏发育不同步。②与饲养方式有关、营养饲料状态有关：营养良好、自由采食和吃颗粒料者发病严重。③与环境因素有关：温度高、湿度大、通风不良、连续光照者死亡率高。④与新陈代谢和酸碱平衡失调有关：猝死症的病鸡体膘良好，嗉囊、肌胃装满饲料，导致血液循环向消化道集中，血液循环发生障碍，出现心力衰竭而死亡。⑤与药物使用有关：鸡使用离子载体类抗球虫药时，猝死症发病率显著高于用其他抗球虫药。

猝死症是养鸡业中的一种常见病，尤以鸡的发病最为普遍，该病一年四季均可发生，是一种非传染性死亡的主要病症之一。该病常发生于生长过快、肌肉丰满、外观健康的幼龄仔鸡，其症状为发病急、死亡快，急性的从发病到死亡时的平均持续时间约为 1 分钟，且死前不表现明显症状，采食正常，突然发生共济失

调，向前或向后跌倒，翅膀剧烈扇动，肌肉痉挛，发出尖叫而死亡。死后两脚朝天，背部着地，颈部扭曲或伸直，多数死于饲槽边。该病随着饲料加工业的不断进步和鸡品种的改进，以及其他疾病防治的新进展，其危害性越来越突出，是造成鸡育成率低下的重要原因之一，严重时给养殖户造成巨大的经济损失。因此，该病的发生与防治已引起人们的高度重视。

（二）解剖病理变化

肌肉苍白，胃肠道（嗉囊、肌胃和肠道）充满饲料，肝脏肿大，苍白易碎，胆囊一般空虚。肺脏瘀血水肿，右心房扩张，比正常大好几倍。

（三）防治

（1）调整喂料程序：应从肉雏鸡10日龄开始到22日龄，每天控制喂料时间在22小时以内，可预防本病的发生。

（2）调整光照时间在20小时以下。

（3）电解多维的添加，可提高营养物质的消化率，增强肉杂鸡的抵抗力，防止猝死症的发生。

（4）8~21日龄补充维生素A、维生素D_3、维生素E（赐康乐），饲料中拌入维生素E-亚硒酸钠。防止骨骼发育不良，减缓热应激，改善肉品质。在这期间搭配一些如抗生素与中草药制剂等合理的药物组合，有效地预防鸡的呼吸道、消化道疾病，控制球虫病的发生。

（5）改善饲养环境，增加鸡的通风设备，提高通风量。降低鸡群的饲养密度。

（6）按要求提前进行扩栏，让鸡群活动起来，增加肉杂鸡的肺活量，有利于预防后期本病的发生。

• 胸囊肿

肉杂鸡胸囊肿是由于鸡龙骨承受全身压力刺激或摩擦外伤引起的炎症，继而龙骨表面发生皮质硬化形成囊状组织，其里面逐渐累积一些黏稠的渗出液，呈水泡状，颜色由浅变深。它降低了肉用仔鸡胴体的等级，也降低了养鸡场的经济效益。该病产生的主要原因与鸡品种、日龄、体重、季节和垫料性质等因素有关。

1. 品种　肉用仔鸡的品种与其胸囊肿发生率有很大关系。生长速度越快的品种，其发病率越高。对平养肉仔鸡调查发现：AA鸡平均发病率为6.83%，最高达10.0%；海佩科平均发病率为3.70%；海新平均发病率为2.30%。

2. 日龄　AA鸡的日龄发病率，180日龄为10.1%；海佩科60日龄时发病率为2.0%，120日龄则为7.5%。上述数字表明，不论品种如何，随着日龄增长，发病率随之增高。

3. 体重　资料分析表明，鸡体重与胸囊肿发病率成正比。AA鸡体重为1.75～2.5千克时，发病率为5.8%；体重为3.4～3.9千克时，发病率为7.9%；体重为6～7.6千克时，发病率为12.0%。

4. 季节性　季节的变化与鸡胸囊肿发生率具有一定的关系。春夏两季发病率较高，这可能是春夏季节气温高，病菌繁殖较快，因而前两季比后两季感染机会多。

5. 垫料性质　不同垫料，其胸囊肿发病率各不相同。小刨花垫料肉用仔发病率为7.5%，而细锯屑的发病率为10.0%，后者比前者高2.5%。这说明不同垫料对肉仔鸡胸囊肿发病有一定的影响。

根据上述缘由，我们在管理上就应采取下列适当措施来防止或减少胸囊肿的发生：首先保持垫料的干燥、松软，将潮湿结块的垫料及时更换出去。保持垫料足够的厚度，防止鸡直接卧在地面上；搞好鸡舍通风，夏季要降低舍内空气温度，定期抖松垫料，以防垫料板结。其次减少肉用仔鸡伏卧时间。事实上，长时间伏卧对鸡的加快生长不利。肉用仔鸡食欲旺盛，采食速度很快，吃饱就休息，一天当中有68%～72%的时间处于伏卧状态。由于伏卧时其体重由胸部支撑，这样胸部的受压时间长，压力大，加之胸部羽毛又长得较迟，很容易形成胸囊肿。减少伏卧时间的办法是适当地增加饲喂次数，减少每次喂量。如果采用链式喂料器供料，每次少供一些，多供几次，并可每隔一段时间使喂料器空转一次，促进活动。最后采用笼养或网上平养时，必须加一层弹性塑料网垫，这样可有效地减少胸囊肿的发生率。

•腹水症

（一）发病龄期

发病多在3周龄以后的肉仔鸡出现明显症状，最早的3日龄就出现腹部膨大。体况健康、生产快速的鸡发病率高，公鸡比母鸡发病率高，而且症状更为严重。30日龄以后的鸡发病较少。已发病但未死亡的假定病愈鸡则生长发育受阻，出栏体重比未发病鸡低0.5～0.7千克。

（二）病因分析

1. 环境因素　该病发生主要与缺氧有关，冬季为了保温，通风不够，致使舍内二氧化碳、氨气、一氧化碳、硫化氢等有害气体增多，含氧量下降，鸡心脏长期在缺氧状态下过速运动必然造成心脏疲劳及衰竭，形成腹水，而腹水大量积聚之后又压迫心脏，加重心脏负担，使呼吸更加困难，机体更加缺氧，腹水更加

严重，如此恶性循环，最终导致肉杂鸡因心力衰竭而死亡。另外，用煤焦油类消毒药物对鸡舍消毒后，通风不良、室内光线暗、地面潮湿、空气污浊等原因也是导致腹水症的重要原因。

2. *饲料原因*　日粮中蛋白和能量过高，可导致肉仔鸡心肺功能和肌肉的增长速度不协调、心肺出现代偿性肥大和心力衰竭，进而导致腹水；饲料中维生素及矿物质，特别是维生素 E、硒的缺乏，导致肝坏死，引起腹水；饲料中钠含量过高（往往是食盐用量过大），造成血液渗透压增高导致腹水；饲料中黄曲霉素超标以及饲喂氧化变质的油脂均可破坏肝脏功能，改变血管通透性而引起腹水。

3. *疾病原因*　鸡群患呼吸系统疾病造成机体缺氧而引起腹水；鸡只患白痢、霍乱、大肠杆菌病等破坏肝脏的功能进而引起腹水。

4. *药物原因*　大量使用有损心脏功能的磺胺类药物和呋喃类药物。煤焦油类消毒剂使用过多、痢特灵中毒等引起肝脏受损等均可导致肉仔鸡的腹水症发生。

5. *其他原因*　鸡舍温度低，鸡群密度大，高海拔地区氧气稀薄，饲喂颗粒料，垫料潮湿、产生氨气多，食盐中毒，鸡只患某些呼吸道疾病等，均可造成肺泡性缺氧，进而引起腹水症。

（三）症状及剖检变化

患鸡病初精神沉郁、食欲减退、腹部膨大，触诊有波动感，呼吸、行动困难，肉冠发绀或苍白，有的病鸡拉水样稀粪。病程几天到十几天，发病率 5%～30%不等，死亡及淘汰率为 15%～35%。剖检的主要病变集中表现为透明清亮的腹水，腹水量可达 100～500 毫升，肠道充血明显。有的呈黄褐色或粉红色，还可发现纤维蛋白的凝块，全身瘀血明显，心房和心室明显弛缓、扩张；肝脏肿大或缩小、硬化，表面凸凹不平，有弥漫性白斑，肝脏瘀血水肿。病区位于接近肋的部位，苍白或灰色，并含血块，大多数病鸡的肺部病变都伴有右侧心脏肿大。腹腔积满的腹水，不含细菌、病毒或其他微生物。

（四）防治措施

1. *改进饲养条件*　给鸡提供适宜的生长环境，如注意鸡舍通风，保证氧气供应，并将舍内有害气体排出；保持适宜的舍内温度，减少机体对体温维持能量的要求；保证鸡群有足够的运动量，增强鸡群自身体质；保持鸡舍干净卫生，减少氨气、硫化氢、二氧化碳等有害气体的产生。

2. *给以全价、平衡的饲料*　满足各种营养成分，尤其是各种维生素及矿物质的需要，确保饲料无霉变。

3. *建立科学的免疫程序*　预防传染性喉气管炎、传染性支气管哮喘、新城疫等疾病的发生，冬春季节尽量不使用活毒疫苗，以免对肺组织造成严重损伤。

4. 科学管理　肉仔鸡在一定的日龄要采用限饲方法，控制其生长速度，降低腹水症的发生。减少饲养密度，每平方米饲养数不超过12只。按要求提前进行扩栏，让鸡群活动起来，增加鸡的肺活量，有利于预防后期本病的发生。

5. 科学用药　防止呋喃类、磺胺类、煤酚类消毒剂使用过量。在饲料中加入尿酶抑制剂，降低肠道内氨的浓度。对已发病鸡只可用腹水清、腹水消治疗，必要时，对病鸡腹腔进行穿刺放水，饲料中添加利尿剂、维生素类，调整饲料中食盐浓度，限制鸡只饮水量。

6. 鸡腹水症的控制方法

（1）鸡舍通风：在冬季，鸡舍的通风换气受影响，鸡舍内存在大量的氨气，当鸡只吸入氨气后呼吸系统的主要表现为：呼吸系统黏液分泌增加，呼吸道的管道壁增厚并由于氨气的毒性造成纤毛运动减慢；其中呼吸系统黏液分泌增加和呼吸道的管道壁增厚将降低氧气进入血液的总量。同时，心脏反应压迫更多的血液到血管中，从而使血压升高（高血压）。当纤毛的清扫作用降低后将细菌，尤其是大肠杆菌进入肺和气囊中，从而使巨噬细胞进入肺脏器官的数量增加，造成肺脏黏液分泌增加及肺脏充血。

（2）孵化厅的通风：鸡产生腹水症的部分原因很可能起源于孵化厅。实验表明：如果在孵化过程中盖住部分蛋壳，就降低通过蛋壳的氧气和二氧化碳交换量，从而诱发腹水症。在冬季许多高原地区的孵化厅，由于供热量不足而不能保证孵化厅的温度在24℃以上，大多数孵化设备（孵化器和出雏器）的设计，在室温较低的情况下往往是为了保存热量而降低新鲜空气的供给量，这将使孵化设备内不同日龄的胚胎或鸡供氧不足。在孵化后期，一般要提高出雏器内的相对湿度，这就使水蒸气占有部分氧气的空间而造成严重的供氧不足，因此我们建议：孵化厅应保持温度在24℃以上，并提供充足的新鲜空气。出雏器内保持较低的相对湿度，从而为雏鸡提供更多的氧气。

（3）疾病和毒素：肾脏的损伤（病毒和毒素造成）、肝脏损伤（黄曲霉毒素、脂肪肝及其他感染造成的）和肺损伤（曲霉菌、细菌、灰尘、氨气造成的）都使心脏负担加重，从而抽吸更多的血到血管中，这就使血压升高而造成腹水症。为有助于控制腹水症，孵化厅必须做好消毒工作，以避免曲霉菌的生长，同时要在饲料成分和饲喂系统中降低黄曲霉毒素的水平。

（4）控制鸡的生长速度：一般普遍都认为，腹水症和鸡快速生长速度有关。减缓鸡生长速度可降低腹水症的发生。但饲养鸡就是为了让其长肉，生长快是我们要求的。我们要求的是，从8~22日龄限制喂料量，腹水症的发生率将随饲料量的限制程度而降低。同样，隔日饲喂也能降低腹水症造成的死亡率，但会增加鸡的应激，是不提倡的，同样与饲养鸡的目的是相违的。

（5）鸡舍温度控制：鸡如果长期生活在环境温度低于自身温度（舒适）区的环境中，将使血压升高，鸡如果3周龄后长期暴露于温度低于10~15℃的环境下，会使血压升高，心脏增大，增加右心室与整个心室的重量比。鸡在较低的环境温度下仅生活2周，便开始出现腹水症引发的死亡；如果在较低的环境温度下生活8周，腹水症引发的死亡率将达20%。

在冬季，鸡肯定要增加采食饲料量。多采食的饲料主要用于产生热量，同时这些饲料还有维持或提高生长速度的作用。慢羽品系（羽毛鉴别）的羽毛生长不良是一个使情况复杂化的因素。研究表明，21天后随着育雏温度的降低，较低的环境温度对羽毛生长影响最大，这就要求在育雏结束后，要为慢羽公鸡提供合适的温度，特别是要注意监测鸡舍内夜间的温度。为了避免42天后，鸡用快羽的公鸡，在每年最冷的季节，如果无法在鸡舍内保证理想的温度，通过限饲料降低生长速度是比较经济的方法，并且在屠宰前10天，给鸡舍提供足够的热量并解除限饲，将能补救限饲对鸡生长的影响。

（6）饲料：饲料中食盐不能过多，因为它能使血压升高。可用碳酸氢钠部分代替氯化钠以达到NRC标准（1994）要求的在前3周0.2%以及3周后0.15%的最低钠需要量。碳酸氢钠还可通过降低氧引发的酸中毒而降低腹水症的发病率。必须确保满足前3周0.2%以及3周后的0.15%的氯的最低需要量。在饲料中使用碳酸氢钠还能提高正负离子的比例（日粮的电解质平衡），以毫克当量数/千克饲料表示之。日粮的电解质正平衡将有助于鸡的肾脏在血液氧化能力较差的情况下而无过多的碳酸聚积。血管舒张能降低血压及腹水症的发病率，一氧化氮是从精氨酸提炼出来的天然血管舒张剂，在饲料中添加1%L-精氨酸能降低腹水症的发生。通过类推，可以认为饲料中精氨酸水平较低可能是引发鸡腹水症的原因之一。根据1994年NRC标准，0~6周龄鸡生长最佳精氨酸与赖氨酸比例分别为1.13（育雏），1.10（育成）和1.18（育肥）。正是鸡对寒冷的敏感增加或生长速度增加的时候，育成饲料中精氨酸的相对进食量降低了。实际经验表明：在玉米、豆粕日粮中，精氨酸与赖氨酸比例最佳范围为1.15~1.25。在冬季如果精氨酸水平过高也将影响鸡的生长速度及饲料转化率。因此我们在制定饲料配方时应注意这些因素。有些矿物质的螯合物对限制饲喂、降低鸡生长速度方面有帮助，从而降低鸡腹水症的发生率，但我们使用时应注意这些添加剂的说明。

• 腿病

在当代肉用仔鸡生产中，为了获得最大的经济效益，对肉用仔鸡的生长速度和外貌形态这两大性状在遗传上进行了高强度选择。然而虽然肉用仔鸡的生长速度得到了迅速提高，但由于这种选择，加上营养和管理等诸多方面的原因，使肉用仔鸡的腿病发生率不断上升，导致病鸡采食量和饮水量减少、饲料利用率降低、淘汰数和死亡数增多，致经济效益下降，已成为影响鸡业发展的一大障碍。软脚病是肉用仔鸡在育肥过程中的常发病。一般自2周龄开始发生，3~4周龄大量出现。开始发病时，鸡腿呈“X”形或“O”形，随症状加剧，站立逐渐困难，用膝行走。

（一）发病原因

主要是营养不平衡引起。其次是肉用仔鸡生产速度快，常导致骨骼畸形。

（二）防治方法

首先，要保持日粮中各种营养成分的平衡。在维生素营养中要注意维生素D_3、维生素E、维生素B_2、胆碱、烟酸、叶酸和泛酸的缺乏。例如，肉用仔鸡日粮蛋白质含量高，产生尿酸多，叶酸需要增加，如果日粮中叶酸不足，尿酸排泄就不充分，会引起肉用仔鸡痛风病。所以，配合肉用仔鸡日粮时，要特别注意叶酸的补充。在矿物元素成分中，要保持钙磷的标准含量和比例平衡；还要特别注意补充微量元素锰。日粮中锰不足，会引起肉用仔鸡脱腱症。以玉米为主要能量饲料时要特别注意补充锰。其次，降低肉用仔鸡前中期生长速度，使其在最后一周生长得到补偿，也是预防软脚病的有效方法之一。

（三）腿病形式

（1）胫骨软骨发育不良。主要发生在正常速度生长和高速度生长的4~8周龄的雏鸡。其软骨形成组织的过程发生破坏，骨细胞不能增大，导致骺盘下的软骨层变厚，并蔓延至干骺端，而能增大的软骨细胞则进行正常的钙化。在胫骨未成熟的非血管组织的近端，形成可以很清楚地摸得出来的圆形的栓。试验表明，当饲料中钙含量相对于磷极低时，或饲料中大豆饼多而钙低时则发病率增高。另据报道，还与电热保姆伞育雏和用发霉饲料有关。该病的最初症状是一侧或两侧跛行，步态摇摆不定，用翅膀撑住一侧，随着病势进一步加剧，雏鸡发展成为卧下姿势。该病损害的雏鸡都往往集中在食槽、饮水器下面和鸡舍内的部分角落，严重者胫骨头向外脱出，使雏鸡完全丧失运动的能力，最后因衰竭或机体脱水而死亡。

（2）脊柱畸形。这是引起肉用仔鸡跛行的一种主要原因。脊柱畸形有两个主要发病原因，一是椎骨脱位，这种综合征母鸡常发，在脊柱的各个部位都能发生；二是腰背部软骨组织增生，增生的软骨组织压迫椎旁神经节或腰背部神经，导致脊柱弯曲，母鸡多发。在临床上该病发生的高峰期在3~6周龄，雏鸡出壳

约8天时，其生长速度表现减慢，已有脊柱畸形症状表现出来。

(3) 歪曲腿缺陷症。是弯曲、弓形、蜷曲腿的总称，这些畸形最为普遍，其中包括跗骨骨间的连接向外或向内侧偏高。扭曲腿长度方面虽然正常，但向两侧偏离，在7~14日龄时，鸡腿可呈对称性偏弯。主要发病原因有：鸡生长必需的食槽等不足；骨骼的可塑性；髁状突发育不良；骨骼上的肌腱作用发生变化。

综上所述，肉用仔鸡的腿病是很复杂的，诱发腿病的因素往往是综合性的。在实验室中要复制出相同的腿病症状很困难，因为几乎不可能复制鸡只在实际环境中所处的状态。因此，在生产实际中，要选择饲养品质优良的肉用雏鸡，供给全价的配合饲料，加强管理工作，使该病的发生率控制在最低限度。

• 微量营养缺乏症

肉用仔鸡由于生长迅速，常因养分供给不足而发病，这些情况在笼养或网上平养时最为严重，最常见的是鸡发生啄毛、啄肛等食癖或患腿疾症候群，拐腿鸡甚至占全群10%~20%，这些都与营养缺乏有很大关系，常给饲养者带来很大经济损失。

现将鸡营养缺乏症与微量养分的关系归纳如下。

1. 锰锌缺乏与脱腱症　常在2周龄后鸡群中最为多见，发病率为1%~16%。可见单侧或双侧足关节肿大，腿骨粗短或弯曲呈“X”形及“O”形。过去一直认为仅缺锰，现在发现与锌及生物素、胆碱、叶酸、烟酸等维生素缺乏关系很大。据报道，肉粉、鱼粉等动物性蛋白质含量较高时对锰的需要亦增加，从而也成为促进发病原因之一。

2. 硫、铜、铁缺乏症　禽体内的硫，一般都以含硫氨基酶形态存在，家禽羽毛、爪等含有大量的硫，鸡缺硫时易发生食毛癖，鸡显得惊慌，躲于角落以防被啄；或见鸡体很多部位不长毛，要将铜、铁等以硫酸盐形式添加；因为胱氨酸在体内代谢过程中有部分因硫酸盐不足而转化为硫酸盐，使极难满足需要的蛋氨酸更为缺乏，这是由于蛋和胱氨酸在体内有协同和转化功能。据报道，对食毛癖鸡在饲料中加入1%~2%石膏粉（$CaSO_4$）有治疗作用。

3. 硒和维生素E缺乏症　肌肉营养不良主要是微量元素硒和维生素E缺乏，其次是精氨酸、含硫氨基酸、必需脂肪酸（亚油酸）缺乏也促使发病。肉仔鸡在高温或缺鱼粉时更易发病。开始脚、头出现紫红色肿胀，其后胸肌、腿肌呈灰白色状变化，并伴随水肿、出血、双脚麻痹而不能去采食、饮水，走向死亡。

4. 核黄素（维生素B_2）缺乏症　趾蜷缩麻痹症主要发生在1月龄以内的雏鸡，趾爪向内蜷缩是其特征。发病原因为维生素B_2缺乏，或因饲料中添加抗球虫剂及其他抗菌药物（特别是磺胺、呋喃类药物）引起维生素 B_2 吸收受阻而发病。

5. 维生素 D_3 缺乏症 佝偻病家禽只能利用维生素 D_3，是体内合成的 7-脱氢胆固醇移行至体表（存在于皮肤、羽毛、神经及脂肪中）经阳光（紫外线）照射生成。如果鸡既晒不到阳光，又不补充维生素 D_3，就会因缺维生素 D_3 而影响钙、磷代谢，或饲料本身钙磷含量不平衡，使吸收与利用发生障碍而发病。常见鸡步态不稳、蹲坐在地上；骨及喙变软，长骨变形弯曲等。

饲养肉用仔鸡，容易忽视动物性蛋白质、微量矿物质和维生素或青饲料的添加，常常发病后还找不出原因。饲养中必须按饲养标准满足各种微量养分的供给，才能避免发病，也就是才能提高整个经济效益。

• 肾脏疾病

近几年，商品鸡发展迅速，在生产中大量使用各种抗生素，饲料中蛋白质比例不当（偏高）及其他鸡病，导致商品仔鸡肾脏疾病发病率越来越高。这些鸡主要表现为采食量下降，饮水增多，排白色稀粪，解剖后见大量石灰样尿酸盐沉积于肾脏及输尿管、肾脏肿大等症状。

（一）鸡的肾脏生理

鸡的泌尿器官由一对肾脏和两条输尿管组成，没有肾盂和膀胱。因此，尿在肾脏内生成后经输尿管直接排入到泄殖腔，在泄殖腔与粪便一起排出体外。鸡肾脏是泌尿系统的重要器官，它的主要生理功能包括：

1. 通过生成尿液，维持水、电解质平衡 正常鸡在体内水分过多或过少时，都会通过肾脏自身调节，以保持体内水分的平衡。另外，肾小管能按机体的需要，调节它对各种电解质（包括钾、钠、氯、钙、镁、碳酸氢盐及磷酸盐等）的重吸收，维持体内电解质的平衡，对保持鸡体的正常生理活动非常重要。

2. 通过尿液，排泄体内的废物、毒物和药物 鸡体每时每刻都在进行着新陈代谢，产生一系列鸡体不需要的有害物质，如肌酐、尿酸等含氮物质、硫酸盐及无机磷酸盐、尿酸盐等，肾脏通过排泄尿液，将溶解在尿中的这些有害物质排出体外，使这些废物不会在体内蓄积。其中，尿酸盐既可在肝中合成滤入原尿，又可为肾小管分泌，肾小管分泌入尿的尿酸盐占尿中总尿酸盐量的 90% 以上，此外，肾脏还能将进入机体内的有毒物质和药物排出体外。

3. 调节酸碱平衡 将机体新陈代谢过程中所产生的一些酸性物质排出体外，并可控制酸性物质和碱性物质排出的比例，从而保持体内的酸碱平衡。肾脏保持和调节酸碱平衡的功能，主要是通过排氢保钠作用（Na^+-H^+交换）、排钾与保钠

作用（K^+-H^+交换）、NH_3 的分泌这三方面完成的。

4. 内分泌功能　肾脏不仅是排泄器官也是重要的内分泌器官，它能分泌许多激素来调节机体正常生理活动。分泌的肾素能通过肾素-血管紧张素系统调节血压，分泌的促红细胞生成素能刺激骨髓干细胞的造血功能，分泌的前列腺素及高活性维生素 D_3（1-25-二羟维生素 D_3）对调节机体血压和钙磷代谢有重要作用。

可见，肾脏在鸡的生理过程中所处的地位是何等重要。

（二）发病原因

本病致病因素尚待进一步研究，但人们已达成一种共识，主要病因有两部分，一是传染性的原因，二是非传染性的原因。这些因素往往单独或交织在一起引起发病。

1. 传染性的原因　下面是最常见的原因。

（1）肾型传染性支气管炎：人们已经从患鸡的肾分离到传染性支气管炎病毒。

（2）传染性法氏囊病：人们有一种共识，那就是传染性法氏囊病毒与传染性支气管炎病毒是同时存在的，然而引起肾病的病原体，是传染性支气管炎病毒。传染性法氏囊病主要病变在法氏囊，但可在肾脏见有不明显的散发病变。

（3）产蛋下降综合征：当鸡只感染了引起产蛋下降综合征的腺病毒时，可见到轻微的肾脏变化。

（4）传染性肾炎：可形成典型的肾脏病变。

另外，马立克病、球虫病、白冠病、螺旋体病等都可引起肾脏病变。其他疾病引起的，主要是鸡白痢、副伤寒、伤寒、鸡法氏囊病等，以上疾病所引起的肾脏疾病因某地区所发的疾病不同而不同，发病日龄、发病率也不同。肾脏病变只是其中一个症状，不是致死的原因，诊断时根据微生物和流行病等情况而定，占病鸡的 30%～50%。

2. 非传染性的原因

（1）长期饲喂高蛋白质饲料。饲料中蛋白质含量长期过高引起的疾病（也称痛风）。肉用仔鸡在生长过程中如果蛋白质含量过高，造成代谢中尿酸增多，生成的尿酸盐也就多，不能及时排泄出去则沉积于肾脏、尿道、肠管等处，导致鸡死亡。发病鸡在 14 日龄左右，死亡率为 20%～30%。对于蛋鸡，从现在市售的配合饲料成分来看，不易引起发病。然而，投给高蛋白质饲料在生理上给肾脏以巨大的负担，容易成为诱因。投给高蛋白质饲料引起发病情况，也有品种上的差异。由于肉用仔鸡本身的生理及选育上的特点，高蛋白饲料极易造成肾损伤。

（2）饲料中钙或镁的含量过高或饲料中钙、磷比例失调，饲料中矿物质比例不当，钙盐、磷比例不当，钠盐、钾盐太多而引起发病。多数发病鸡食欲下降，饮水增多，排白色稀粪，并伴有骨骼发育不良，导致站立不起、消化障碍消瘦，直至死亡，占病鸡的2%~5%。

就现在市售配合饲料成分来看，很难说有钙含量低的，大多是钙的含量相当高，高含量的钙或镁极易在机体内形成钙盐或镁盐，从而对鸡肾造成一系列损伤。

（3）长期维生素A缺乏或维生素A和维生素D长期过量。维生素A不足引起的病鸡表现为肾苍白肿大，肾小管内沉积大量尿酸盐，冠和髯变为灰白色。眼睑内蓄积干酪样物质，生长停滞，共济失调，甚至肝、脾、心包和心脏有尿酸盐沉积，多数鸡在7日龄以后表现症状，占病鸡的5%~10%。

维生素A缺乏时，食道、气管、眼睑和尿管及细尿管等黏膜角化、脱落，引起尿路障碍，发生肾炎。当前的配合饲料发生维生素A缺乏的顾虑不大，但由于饲料保管不妥，使维生素A的效价降低，由此也可引起发生。另外，用缺乏维生素A的饲料饲养的种鸡所孵化的雏鸡，幼雏时常发生肾脏疾病。

任何物质的应用都有一个度的限制，不可能无限制地添加，维生素的应用也不例外，如果维生素A和维生素D长期过量，同样会造成肾损伤。

（4）多种中毒性疾病。如磺胺药物中毒、霉菌毒素中毒、慢性铅中毒等。滥用药物或长期使用磺胺类药物破坏了肾小球滤过而引起体内尿酸增多，引起尿酸盐在体内增多，表现为肾脏肿大，并出现一定腹水，输尿管、心包膜、肠系膜可见有灰白色尿酸盐。发病时间因用药的多少或时间而不同，此种情况占总发病率的20%~35%。

上述药物主要经肾脏排泄，肾小管内的药物浓度高。作用于肾小管表面的排泄物，一些药物从肾小球滤过后，又在肾小管内返回被重新吸收，因而容易导致肾损害。再有就是肾小管的代谢率也很高，在分泌和重吸收过程中，药物常集中于肾小管表面，易产生肾损害。

（5）饲养管理：

1）冷热应激。所谓应激，是外来的超负荷的各种原因，超过了机体所能承受的能力。肾上腺皮质为了应付突然到来的刺激，紧急地调整肾上腺皮质激素的分泌等。我们曾做了诱发试验，结果表明，温度过高或过低都可使血中尿酸盐浓度上升，而且明确了可引起尿酸盐沉积症。

2）饮水不足。处于脱水状态时，使尿浓缩，输尿管内尿酸盐沉积。

3）密度过大，运动不足，环境阴暗潮湿。最近本病多发原因之一是笼养蛋鸡及棚养肉仔鸡，控制光照致使运动不足。在以上情况下，再喂给高蛋白高能饲料时，使血液胶体发生变化，降低尿酸溶解性，使尿酸容易以尿酸盐形式沉积

下来。

（6）家禽的遗传缺陷。

（三）发生机制

总的来说，肾脏疾病的发病机制可从两方面来阐述。

1. *自身免疫反应性的*　当病原体（如细菌、病毒、寄生虫、药物等）侵入机体后，体内的防御系统就产生抵抗这些病原体的物质，称之为抗体。在抗体抵抗抗原的过程中，抗体战胜了入侵的病原体，使疾病得以痊愈。然而在抗体抵抗抗原的过程中，同时也破坏自身组织，从而引起疾病。另外，抗原抗体在竞争的过程中形成抗原抗体复合物，这些已形成的复合物可在肾脏内沉积，造成肾损伤及炎症。

2. *慢性代谢紊乱性的*　本型的主要特点是体内尿酸产生过多或肾脏排泄尿酸减少，从而引起血中尿酸升高，造成肾损害及尿酸盐沉积。

由于家禽的生理特点，肝内没有精氨酸酶，所以食入的蛋白质饲料最终只能在肝脏合成尿酸进入血液。另外，机体细胞内蛋白质分解代谢，产生的核酸和其他嘌呤类化合物，经一些酶的作用而生成尿酸，尿酸不能进一步分解而成为终末产物，它对禽体没有丝毫利用价值，可视为禽体内垃圾。由于这种垃圾产生过多，超过了肾脏的消除能力，或者产生不多但消除能力下降，那么就会在肾脏及其他组织器官内沉积，造成充血、出血、水肿及尿酸盐沉积。

（四）临床表现

患鸡饲料转化率低下，精神较差，贫血，冠苍白，脱毛。周期性体温升高，心跳加快，神经症状，不自主地排泄白色尿酸盐尿，生产性能降低。对于肉仔鸡，有的造成腹水，降低商品等级。

继发于细菌、病毒、寄生虫、药物中毒等疾病的肾脏疾病除有上述症状外，还兼有相应各病的具体症状如打呼噜、排绿色粪便、血便、产蛋率下降等。

（五）病理变化

肾脏出血，肿大，有的因尿酸盐沉积而形成花斑肾，输尿管梗阻而变成白色，严重者可见心脏、肝、脾、关节处有尿酸盐沉积，如果是继发于其他疾病的尚有呼吸道病变及生殖系统病变。

（六）防治措施

针对以上可能导致肾脏疾病的原因可采取一套防治措施。

（1）控制好饲料中蛋白质含量，应保持在该品种鸡饲养标准范围内，适时更换饲料，对蛋白含量比较高的饲料喂时间不宜过长，一般根据其生长速度饲喂至18~24日龄为止。

(2) 调整好饲料中食盐和钙磷的量。尤其食盐的含量不能过高，在饲料分析中食盐含量不能超过0.8%，而实际生产中食盐含量超过0.55%，就已表现出明显的肾脏疾病。

(3) 在育雏期间增加一些维生素A，尤其饲料不应存放时间过长。

(4) 在药物防治其他疾病时，应注意其副作用。特别是对肾脏损坏大的药品使用时慎用。使用药品时注意一种药不宜使用过长，一般3~5天即可，或在使用其他药物时应配用一些利尿药，当发现有肾脏疾病时投喂肾肿解毒药物。

(5) 加强饲养管理，经常对舍内外环境进行消毒，严把防疫消毒关，尽力减少疾病发生的概率。加强饲养管理，保证饲料质量和营养全价，尤其不能缺乏维生素A。

(6) 肾型传染性支气管炎、传染性法氏囊病等疾病对肾脏有一定的损害，因此应做好这类疾病的防治。

(7) 不要长期或过量使用对肾脏有损害的药物及消毒剂。如磺胺类药物、庆大霉素、卡那霉素、链霉素等。

(8) 对发病鸡群的治疗：降低饲料中蛋白质的水平，增加维生素的含量，给予充足的饮水，停止使用对肾脏有损害的药物和消毒剂。饲料或饮水中添加肝肾速康、速效肾通、肾肿解毒药等，连用3~5天，可缓解病情，加速康复。

• 热应激

鸡的热应激也叫鸡的中暑症，是由于外界环境因素影响，导致机体内温度急剧升高而发生生理功能紊乱的一种症状。鸡没有汗腺，有比较高的深部体温，其全身被覆羽毛，能产生非常好的隔热效果，主要是靠呼吸系统散热和调节体温。如果外界环境温、湿度过高，饮水不足，特别是通风不良或风速不够的情况下，机体散热困难，就很容易发生热应激，导致机体内新陈代谢和生理功能紊乱，进而影响鸡的健康，甚至造成衰竭死亡，给养鸡生产带来一定的经济损失。

(一) 热应激对鸡的危害

热应激对鸡的生理功能产生重大影响，如呼吸频率加快而发生呼吸性碱中毒；对维生素的需要量大幅度增加，易导致维生素缺乏症；导致机体内分泌功能失调，抑制鸡的新陈代谢功能；免疫力下降，发病率增高等影响鸡的生产性能。如肉仔鸡生长增重减慢或停止生长。增加鸡群的死淘率，增加经济损失。如热应激反应过重或高温持续不退，机体会发生过热衰竭或窒息死亡，从而使鸡群的死淘率增加。

(二) 主要症状

病鸡呈现呼吸急促，张口喘气，两翅张开，饮水量剧增，采食量减少，重者

不能站立，虚脱惊厥死亡，且多为肥胖大鸡，嗉囊内有大量的积液。

（三）防治

在高温季节来临后，除做好鸡舍喷雾、通风及调整饲料、改变饲喂方式外，还应将饮水中的碳酸氢钠（小苏打）和饲料中的杆菌肽锌用量加倍，即小苏打用量为0.2%～0.6%，杆菌肽锌用量为0.08%～0.1%，多维用量为平时用量的2.5～3倍。在特别高热期间或一天中最热的时候（通常为11：00～16：00），可在饮水中轮换添加使用小苏打和氯化铵，可明显减轻因呼吸过快而发生的呼吸性碱中毒；饲料中可再添加维生素C、维生素E、延胡索酸等热应激缓解剂，都可起到较好的抗热应激效果。此外，还可使用一些中草药方剂来缓解或治疗热应激，如消暑散，由藿香、金银花、板蓝根、苍术、龙胆草等混合碾末，按1%比例添加到饲料中；白香散，由白扁豆、香薷、藿香、滑石、甘草等混合磨粉，拌料饲喂。以上方剂均具有清热解暑、解毒化湿等作用，且副作用很小，尤为盛夏季节鸡群的抗热应激良药。

据有关资料显示，当外界温度达到27℃时，成鸡便开始喘息；当温度达到33℃时，鸡处于热应激状态；当温度达到35℃时，持续长时间就会有鸡死亡，死亡时间多集中在15时到19时，夜间如果通风不畅也可引起大量的死亡，所以晚上应安排专人值班，严密监视鸡舍的通风情况。对于已发生中暑的鸡只，可将其浸于凉水中，或凉水浸后用电风扇吹，靠水的蒸发带走热量，降低体温。或是将其转移到阴凉通风处，并在鸡冠、翅部位扎针放血，同时给鸡滴喂十滴水1～2滴，或喂给仁丹4～5粒。

• 肠毒综合征

鸡肠毒综合征是商品鸡饲养发达地区商品鸡群中普遍存在的一种以腹泻、粪便中含有没消化好的饲料、采食量明显下降、生长缓慢或体重减轻、脱水和饲料报酬下降为特征的疾病。该病虽然死亡率不高，但造成的隐性经济损失巨大，而且往往被鸡饲养户错误地认为是一般的消化不良，或被兽医临床工作者认为是单一的小肠球虫感染。其实，此病绝不是单一的小肠球虫感染、细菌性肠炎，也不是一般的消化不良，它是由多种病因导致的一种综合征，有资料称鸡肠毒综合征为烂肠症、肠毒血病。

（一）流行特点

（1）地面平养的鸡发病早一些，网上平养的鸡发病晚一些。

（2）密度过大，湿度过大，通风不良，卫生条件差的鸡群多发，症状也较严重，治疗效果较差。

（3）饲喂含优质蛋白质、能量、维生素等营养全面的优质饲料，发生此病的机会就越大，症状也较严重。

（二）发病原因

1. 病原　本病主要是由魏氏梭菌、厌氧菌、艾美耳球虫的一种病原或多种病原共同作用致病。由于各地环境、饲养管理和药物预防水平不同是造成球虫感染的原发性原因，特别是小肠球虫感染时，小肠球虫在肠黏膜上大量生长繁殖，导致肠黏膜增厚、严重脱落及出血等病变，使饲料不能完全消化吸收；同时，对水分的吸收也明显减少，尽管鸡大量饮水，也会引起脱水现象。这是引起鸡粪便变稀，粪中带有没消化的饲料的原因之一。

2. 肠道内环境的变化　大量的实验资料表明：在小肠球虫感染的过程中，小肠球虫在肠黏膜细胞里快速裂殖生殖，因球虫的大量增殖需要消耗宿主细胞的大量氧，导致小肠黏膜组织产生大量乳酸，使得鸡肠腔内pH值严重降低。由于肠道pH值的改变，肠道菌群发生改变，有益菌减少，有害菌大量繁殖，特别是大肠杆菌、沙门杆菌、产气夹膜杆菌等趁机大量繁殖，球虫与有害菌相互协同，加强了致病性。肠道内容物pH值的下降，会使各种消化酶的消化能力下降，饲料消化不良。另外，pH值的下降，会刺激肠道黏膜，使肠的蠕动加快加强。消化液排出增多，饲料通过消化道的时间缩短，消化时间减少，导致饲料消化不良。由于肠的蠕动加快加强，胆囊分泌的胆汁迅速从肠道排出，与没消化的饲料混合在一起，形成该病的特征性粪便——略带浅黄色的粪便。

3. 饲料中维生素、能量和蛋白质的影响　在调查中发现，饲料营养越丰富，发病率越高，症状也越严重，品质较低的饲料相对发病率较低。这是因为在球虫与细菌的混合感染中，大量的能量、蛋白质和部分维生素促进二者大量繁殖，加重症状。

4. 电解质大量丢失　在该病发生的过程中，球虫和细菌大量快速生长繁殖，导致消化不良，肠道吸收障碍，电解质的吸收减少。同时，由于大量的肠黏膜细胞迅速破坏，使电解质大量丢失，出现生理生化障碍，特别是钾离子的大量丢失，会导致心脏的兴奋性过度增强，是鸡猝死症的发病率明显增多的原因之一。

5. 自体中毒　在发病的过程中，大量的肠上皮细胞破裂脱落，在细菌的作用下，发生腐败分解，以及虫体死亡、崩解等产生大量有毒物质，被机体吸收后发生自体中毒，从而在临床上出现先兴奋不安，后瘫软昏迷衰竭死亡的情况。

（三）主要症状

本病多发于20~40日龄的肉仔鸡，蛋鸡、雏鸡对本病的发病也有上升的趋势。最早可在10日龄左右发病，且发病鸡群多集中于30日龄左右。发病率和死

亡率与饲养管理水平的高低有密切的关系，管理好的和治疗及时的死亡率可控制在2%～5%，否则死亡率高达15%～20%。

发病初期，鸡群一般没有明显的症状，精神正常，食欲正常，死亡率也在正常范围内，仅表现个别鸡粪便变稀、不成形，粪中含有没消化的饲料。随着病程的延长，整个鸡群的大部分鸡开始腹泻，有的鸡群发生水泻，粪便变得更稀薄，不成形、不成堆，比正常的鸡粪所占面积大，粪便中有较多没消化的饲料，粪便的颜色变浅，略显浅黄色或浅黄绿色。当鸡群中多数鸡出现此种粪便之后2～3天，鸡群的采食量开始明显下降，一般下降10%～20%，有的鸡群采食量可下降30%以上。在此病的中、后期，个别鸡会出现神经兴奋、疯跑，之后瘫软死亡。

（四）主要病理变化

通过对多群病鸡解剖观察，其主要病理变化为：在发病的早期，十二指肠段空肠的卵黄蒂之前的部分黏膜增厚，颜色变浅，呈现灰白色，像一层厚厚的麸皮，极易剥离；肠黏膜增厚的同时，肠壁也增厚。肠腔空虚，内容物较少，有的肠腔内没有内容物，有的内容物为尚未消化的饲料。

此病发展到中后期，肠壁变薄，黏膜脱落，肠内容物呈蛋清样、黏脓样，个别鸡群表现得特别严重，肠黏膜几乎完全脱落崩解，肠壁菲薄，肠内容物呈血色蛋清样或黏脓样、烂柿子样。其他脏器未见明显病理变化。

或初期肠腔内没有内容物或内容物稀薄，呈白面粥或胡萝卜样，与小肠球虫混合感染时，肠内容物呈西红柿样或棕黑色，肠黏膜上有针尖大小或小米粒大小的出血点，肠道内有少量未消化的饲料，个别鸡只心冠脂肪有点状出血。

（五）综合防治

鸡肠毒综合征虽由多种因素引起，但发生球虫病是该病发生的主要原因，所以在鸡生产中应特别注意预防球虫病的发生。在临床上一般多采用抗球虫、抗菌、调节肠道内环境、补充部分电解质和部分维生素综合治疗措施。

治疗方法：如磺胺氯比嗪钠+强力维他饮水，黏杆菌素拌料，连用3～5天，或用抗球虫药拌料也行，用复方青霉素钠+氨基维他饮水，连用3～5天。症状严重的须加葡萄糖和维生素C排毒解毒。使用微生态制剂缓解肠道菌群。

（1）本病一般单独发生较少，多数和球虫病并发，或由球虫继发引起。鸡群感染了小肠球虫后，破坏了肠黏膜及黏膜、淋巴滤泡正常的生理结构，改变了肠道的微生物生存环境，为肠道病毒的繁殖、侵害提供了条件，由于小肠球虫在肠黏膜上大量繁殖，导致肠黏膜增厚及出血性病变，使饲料不能消化吸收，这是引起鸡粪便变稀及粪便中有未消化饲料的主要原因。

（2）微生态作用不错，有效控制肠道菌群，进而控制临床症状。

（3）使用特有的黏膜修复因子的药物，能有效地修复病菌感染引起的黏膜损伤，恢复肠道正常的修复功能，抑制肠道痉挛，从而使神经症状消失的较快。

（4）本病很容易造成复发，所以康复后注意加强饲养管理以及饲料的质量。

（5）低血糖也是造成肠毒综合征的诱因，治疗时可以在以上叙述的方法基础上，补充1%~2%葡萄糖拌料，效果更好。

• 疾病的诊治思路

根据市场信息反馈和部分市场调查，针对目前在鸡生产过程中鸡的疾病流行特点，总结出下面几点。

（一）目前鸡疾病流行特点

（1）早期（3~5日龄）病鸡常出现呼吸道症状，临床表现轻微甩鼻，咳嗽，新城疫首免后（10日龄）由于免疫反应和疫苗对呼吸道的刺激加重体内支原体的大量繁殖，促使呼吸道症状加重，临床表现：甩鼻，咳嗽，呼噜，部分鸡有流泪现象，但是死亡率不高，用常规大环内酯类药物治疗3天，效果一般不能完全康复，部分鸡还是出现呼吸道症状，造成呼吸道上皮细胞的损伤。

（2）2周龄法氏囊首免后，更加刺激了呼吸道和肠道，免疫过后免疫反应造成呼吸道症状加重，有腹泻现象，养殖户在这期间使用大量的抗肠道和呼吸道药物效果表现得也不一样，这个期间死亡率比较高。

（3）由于两次免疫接种的反应，在养殖户心理上产生了惧怕，鸡群本身呼吸道症状和肠道症状没有消失，以至于在养户有惧怕免疫接种的心理，把加强免疫的时间不断推迟，有的干脆就不免，不断地用药，主要就是采用抗生素+抗病毒西药，治疗和预防，把免疫放弃心理寄托在抗病毒西药上。

（4）4~5周龄后鸡群表现为呼吸道症状加重，出现了排有黄白绿色稀便，死亡率加重，剖检表现为气管环状出血，气管内有黏液，气囊混浊；胸腔气囊和腹气囊覆盖有多量的黄色干酪物；肺出血、变性；心包炎心包膜变厚，有纤维膜包裹，心脏脂肪点状出血；肝周炎肝脏表面覆盖有厚厚的黄色纤维膜；脾脏点状出血；胆囊肿大，胆汁过多；腺胃有脓性分泌物，部分稍微肿胀；个别发生乳头出血、十二指肠升降部出血，个别呈弥漫性出血；肠道淋巴滤泡肿胀，隆起严重出血；法氏囊潮红，个别有出血，白色分泌物增多；直肠大部分是条状出血，用上西药抗病毒药物+治疗大肠杆菌和支原体的药物治疗效果不理想，死亡率为每日1%。

（二）疾病预防和治疗的思路

1. 呼吸道病的治疗　要是由鸡胚垂直传播来的支原体，治疗效果不好。一

般要有针对性地选择药物，治疗效果稍佳。一般都在治疗呼吸道疾病时采用与治疗大肠杆菌的药物配伍。了解一下鸡的生理结构就可以发现，禽类的特点是没有胸隔膜，胸腔和腹腔相通，还有就是气囊面积大，一般有呼吸道感染的同时可以经过腹腔气囊感染给肠道。同样，在肠道感染的致病菌也可以感染给腹腔气囊和胸腔气囊到肺部。而在治疗时由于药物到达气囊时的浓度很低所以在治疗病程长的气囊炎最好采用气雾给药，因为气雾给药药物通过呼吸道可以直接到达和作用于气囊表面，或是个体肌内注射血液药物浓度迅速升高，很快经过血液到达于气囊，效果理想、确切。大群一般采用中西结合的治疗方法：中药采用止咳化痰、平喘解表和提高免疫力的药物，并应用浓鱼肝油来修复呼吸道的上皮细胞，因为维生素 A 对呼吸道黏膜的作用，因此可以采用鱼肝油作为辅助治疗呼吸道疾病的药物。这点在治疗过程中不可轻视。

2. *病毒病+细菌病原虫病混合感染*　这个问题常常出现在临诊时，要做到全面的认真仔细的检查，不要看见了大肠杆菌和支原体病就忽略了病毒性疾病潜在感染，而真正的原发病也就是这些病毒性的疾病。若不能及时地发现原发病而单纯的治疗继发感染就使死亡率很难降低，鸡的精神状态也难以改变，会给养殖户造成药物产品质量不好的误导，在鸡生产发生的混合感染，一般是呼肠孤病毒、冠状病毒、IBDV、副黏病毒等，所以在临诊时我们必须重视在混合感染时的原发病和继发病治疗时要双管齐下，分清主次的治疗观念。在细菌病的药物选择上掌握药物的敏感性和吸收的途径与排泄的途径。例如，一般治疗肠道感染应该选择丁胺卡那、黏菌素、硫酸新霉素等，一般肠道感染多在辅助治疗上应用鱼肝油来修复被损伤的肠道黏膜；在胸腔感染时，采用在血液吸收浓度较高的药物一般是氟苯尼考、左旋氧氟、头孢、磷霉素（有的已成为违禁品），配合维生素 C（不同时混饮）对治疗有辅助作用。

3. *降低免疫反应，提高抗体效价*　在免疫接种方面来讲，在疫苗的选择上应该首先选择 SPF 蛋生产的疫苗，选择弱毒疫苗，再根据本地疾病流行特点来选择联苗还是单苗，采用何种接种方式及免疫剂量。再有就是重视免疫空白期的药物添补，不仅可以起到在免疫空白期的防治病毒入侵的功能，还可以起到调节免疫力增加抗体效价和降低免疫反应的功能，一般采用黄芪多糖+双黄连+左旋咪唑，二免应该采用适量免疫增强剂的方法来提高免疫效价和免疫期。

4. *环境消毒的重要性*　传染病的传播需要三个条件，也就是传染源、传播途径、易感鸡群。目前的环境带鸡消毒制度就是切断传播途径，避免传染病的发生，也就是说在鸡的环境中病毒和细菌的含量达到了致病数量才可以致使发病，掌握了这个特点，就可以用环境带鸡消毒制度来不断地降低舍内有害致病菌，保证鸡群安全。一般采用2天一次（免疫前后3天禁用），不同成分的药物更换使用，可以大大降低鸡群感染率。

• 腺胃炎

目前在市场上鸡的腺胃炎病例频频发生，治疗困难，给养殖业带来了不小的损失，几乎所有发生腺胃炎的鸡群中都能分离出病毒，某些地区将腺胃炎又称为腺胃型传染性支气管炎。

（一）流行情况

本病一年四季均可发生，但是以季节更替时发病率高，全国各地都有该病发生的报道，在我国北方地区表现更为明显。发病日龄不定，最早在3日龄的雏鸡中就可以表现。但发病日龄多集中在10～30日龄。腺胃炎可发生于不同品种的蛋鸡和肉鸡，以蛋雏鸡、肉雏鸡和青年鸡多发，其次为肉用公鸡和杂交鸡。

（二）致病因子

1. 非传染性因素

（1）饲料营养不良、硫酸铜过量、日粮的氨基酸不平衡、日粮中的生物胺。

（2）饲养密度过大，雏鸡早期育雏不良，雏鸡运输时间长，脱水等是此病发生的诱因。

（3）霉菌毒素等。

（4）热应激因素出现。

2. 传染性因素

（1）鸡痘尤其是眼型鸡痘（以瞎眼为特征），是腺胃炎发病的重要原因。

（2）不明原因的眼炎：如传染性支气管炎、传染性喉气管炎、各种细菌病、维生素A缺乏症或通风不良引起的眼炎，都会导致腺胃炎的发病。

（3）一些垂直传播的未知病原或被特殊病原污染了的马立克病疫苗，很可能是该病发生的主要病原，如鸡网状内皮增生症（REV）、鸡贫血因子（CAV）等。

（4）上皮细胞的腺病毒包涵体、呼肠孤病毒感染是组胺发病机制中的因素之一。

（5）厌氧菌，如梭状芽孢杆菌有时也是溃疡性肠炎和坏死性肝炎的继发感染因素。

（三）临床症状

（1）发病的初期鸡群兴奋狂奔，采食量下降，在网上找鸡粪吃。

（2）紧接着病鸡表现为呆立，缩颈，精神不振，采食量严重降低鸡只生长

迟缓或停滞导致大群整齐度严重不均匀，严重的鸡网架的中央部分就没有鸡活动，大群都在鸡舍的两边挤成一堆一堆的呈取暖样。

（3）羽毛松乱，冠髯苍白、萎缩，可视黏膜苍白，腿部皮肤发干、触摸发凉。

（4）大群粪便呈黄色细软条状；鸡体消瘦，腹泻，个别排棕红色至黑色稀便，粪中有时出现血液。

（5）发病速度很快，最开始只有个别的打蔫，3 天的时间就能发展到大群的 80%以上。重症者昏迷，直至衰竭死亡。

（四）剖检变化及诊断

（1）肠道肿胀，内容物呈黑褐色水样，十二指肠、盲肠出现卡他性和出血性炎症，肝脏、心脏肿大，质地柔软，有的病死鸡出现肾肿大，尿酸盐沉积。

（2）腺胃壁肿胀呈梭状或者说呈橄榄样，严重的呈球状，轻轻施压可挤出乳状液体；腺胃乳头水肿，严重者角质膜溃疡、肌胃内膜出血；后期乳头溃疡、凹陷、消失，甚至腺胃穿孔。

（3）病鸡呈现消瘦，肌肉苍白，胸腺、法氏囊萎缩，嗉囊扩张，内有黑褐色米汤样物；胆囊扩张为暗绿色，胆汁外溢。

（4）临床中腺胃炎常并发其他症状，如肝肾综合征、法氏囊损伤，甚至球虫感染等。如果错过治疗时机就会继发大肠杆菌等疾病。

（五）综合防治

1. 预防措施　针对主要病原进行相应的免疫接种，有助于将该病发病率控制在最低。同时要控制日粮中各种霉菌、真菌及其毒素对鸡群造成的各种危害，此外日粮中的生物源性氨基酸，包括组胺、组氨酸等的控制也是降低鸡腺胃炎发生的有效措施。

（1）每次加料时，一定要让鸡吃完料再加。

（2）8 日龄后每天关灯前 3 小时让鸡把料吃净。

（3）延长使用小料桶的时间，确保雏鸡采食方便。

（4）尽量增加加料次数：0~4 日龄每天加料不少于 8 次，5~10 日龄每天加料不少于 6 次，11 日龄后每天加料不少于 4 次。

2. 合理用药

（1）修复腺胃的溃疡灶，恢复分泌功能。使用西咪替丁能够明显抑制胃酸分泌，具有较强的黏膜修复作用，对于多种原因引起的腺胃溃疡和上消化道出血等有很好的疗效。

（2）抗病毒，提升免疫力。使用黄芪多糖可提升免疫力、抗病毒、可显著增强非特异性免疫功能和体液免疫功能，通过快速提升体液免疫和细胞免疫功能，达到抗病毒的作用。

（3）消炎杀菌，控制继发感染。头孢噻呋、头孢曲松等是专用于动物的第 3 代头孢菌素类抗生素，对革兰氏阳性菌及革兰氏阴性菌均具有超广谱强效抗菌作用，可预防细菌病的发生。

（4）同时再配合微生态制剂饮水，恢复肠道的有益菌群，能迅速提高精神和采食量，提早恢复健康，把养殖户的损失降低到最小。

（5）对鸡出现的过料现象，即鸡出现的粪便不成形，含有未消化的饲料，一般是由于球虫病，肠道需氧菌、厌氧菌、病毒、肠道菌群失调，自体中毒，营养方面多种因素造成的，要找出致病因素，根据发病原因彻底的解决，不要见到此现象就采用抗生素治疗。

（6）出现腺胃炎的具体防治方法：首先对鸡群进行管理上调理。净料桶后控食 4 小时，以保证嗉囊、腺胃和肌胃彻底排空。其次是使用青霉素消炎，喂料后使用。最后是使用健脾胃药品，如使用酸制剂和微生态制剂调节肠胃功能。其中以使用中草药制剂提高机体自身免疫力才是最重要的。

• 心包积液综合征（安卡拉病或腺病毒感染）

从 2014 年到 2015 年上半年在我国大部分区域中发生了一种区域性、散发流行一种新疾病，症状以禽心包积液综合征为主，它的发病死亡率非常高，以大肉鸡为主，发病率为 20%～80%，典型过程是在 3 周龄时出现死亡，在 4～5 周龄有 4～8 天死亡高峰，在种鸡和产蛋鸡群中死亡率较低，但在青年鸡育雏育成中死淘率也特别高，也就是说在鸡的青年期发病死亡率就很高。腺病毒可能是该病的病原，但可能还有其他病毒参与；临床传染性贫血（CIAV）和霉菌毒素等免疫抑制因素的协同作用才能致病。腺病毒在我国禽群中发病率非常高，全国相当一部分地区出现了疑似病例，且呈逐年上升趋势，近期有暴发趋势，问题非常突出。在禽腺病毒感染中对鸡危害严重的有禽心包积液、禽包涵体肝炎、产蛋下降综合征，尤其是禽心包积液，致死率可达 20%～80%，造成的危害可能是毁灭性的。该病原可在鸡群中水平传播，也可以垂直传播。由于可能伴发传染性贫血（CIAV），可能表现出法氏囊内有渗出物、出血，胸腿肌出血，易误诊为法氏囊病。同时可见大腿骨骨髓变色，造血功能下降。腺病毒分为Ⅰ、Ⅱ、Ⅲ亚型，Ⅰ亚型不见，Ⅱ亚型（火鸡出血性肠炎和相关病毒）、Ⅲ亚型就是指产蛋下降综合征、包涵体肝炎及心包积水综合征（因其最早暴发于巴基斯坦的安卡拉地区，故又叫安卡拉疾病）。

（一）病理变化

心包腔中有淡黄色清亮的积液，肺水肿，肝脏肿胀和变色，肾脏肿大伴有肾小管扩张。心脏和肝脏出现多发性局灶坏死，伴有单核细胞浸润。在肝细胞中有嗜碱性包涵体，可能有胰腺坏死和肌胃糜烂等病变。

（二）临床症状

1. 包涵体肝炎　特征是病鸡3~4天后突然出现死亡高峰，一般第5天停止，病鸡呈蜷曲姿势，死亡率达10%~30%。正常情况下，包涵体肝炎多见于3~7周龄肉鸡。病理变化：肝脏苍白，质脆肿胀，肝和骨骼肌有出血点和出血斑，有时会出现法氏囊和胸腺萎缩，骨骼再生障碍和肝炎，因包涵体嗜酸性，故大部分鸡呈肠腹泻状态，且形状不规则，周围有明显的苍白晕。

2. 心包积水综合征（安卡拉病）　安卡拉病也叫心包积水-肝炎症，是由腺病毒引起，主要引起产蛋下降综合征、包涵体肝炎，还有安卡拉疾病心包积液综合征。最早发生于1987年，死亡率为20%~80%，发病率低，典型的过程是在3周龄时突然出现死亡，在4~5周龄有4~8天的死亡高峰，然后下降。病理变化：心包囊中有淡黄色清亮液体，肺水肿，肝肿胀变色，肾肿大，有尿酸盐沉积。

（三）防治

（1）免疫接种：用感染禽的肝脏匀浆制备的灭活疫苗，口服比皮下效果好；本病暂无正规疫苗使用。

（2）在发病区、发病季节，注意养殖密度；注意通风，供给鸡只充足的新鲜空气；密闭式鸡舍，注意负压不要过大；做好禽舍环境卫生消毒工作，防止病毒的扩散和传播。

（四）治疗

（1）抗病毒：使用抗病毒的药品进行治疗或抑制病毒复制。

（2）保肝护肾利尿：由于本病会出现肝肾肿大、心包积液等炎症变化，故用葡萄糖、五苓散。

（3）同时使用健脾胃药品来抗瘟祛邪，扶正解毒，提高鸡体抵抗力。

（4）加强管理：减小密度，增强通风，及时清理鸡舍并经常轮换消毒。

• 胚胎病

大量实践证明，由于各种胚胎病所引起的孵化率低下，雏鸡生长发育迟缓和死亡率增加，经济上的损失是巨大的。

从“预防为主”的原则出发，应注意搞好蛋鸡群的饲养管理工作，使种蛋

能有完全的营养成分。保证蛋鸡群的健康，不使有蛋源性传染病的存在。否则，不但由于种蛋死胚而影响孵化率，而且所孵出的雏鸡常常是养鸡场传染来源之一。此外，还要做好种蛋保管工作和健全孵化制度，避免发生由于种蛋储存不当和孵化方法不善而带来的胚胎病。

（一）诊断方法

1. 照蛋　在现代化大规模的饲养和孵化条件下，由于种蛋的受精率和孵化率高，一般已不主张对孵化过程中落盘前的种蛋进行照蛋。但作为诊断胚胎病的一种方法，在种蛋孵化过程中，于一定期限内通过照蛋能够了解胚胎的发育情况，以确定孵化措施是否正确。同时，测定受精率以尽快地掌握种蛋的受精情况。

（1）孵化第5天照蛋，蛋黄的投影已伸向蛋的尖端，且不能自由移动。伸达整个卵黄表面的血管十分明显，已形成一个丰富的血管网，色泽暗红。胎儿的投影像一只居于蜘蛛网中心的蜘蛛，可见黑色的眼点。如胚胎位置靠近蛋的外壳边缘，血管网不见发育，或模糊不清、其色淡白，均为胚胎。

（2）孵化第11天照蛋，胚胎背面的血管加粗，颜色加深。发育正常的胚胎，能清晰地看到尿囊，它包围了整个蛋白部分，并在蛋的尖端呈密闭状态。凡是尿囊没有闭合，或者尿囊没有包围住蛋白，均为胚胎发育缓慢的现象。

（3）孵化第17天照蛋，胚胎背面的黑影完全遮盖了蛋的尖端。由于胎儿下沉，气室下缘尿囊又被照见。每个胚胎的黑影都随着活动而变化。凡是胚胎尖端未被黑影完全遮盖，可以认为胚胎发育迟缓。

此外，由于胚胎发育的进行，蛋的重量可有规律地发生减重现象。在孵化第1~19天大约可失去其原有重量的11%。在胚胎发育异常时，蛋重的变化则显然不同。因此，这些变化也是胚胎病的症候之一。

2. 胚胎剖检　即利用病理解剖学的方法，对胚胎进行剖检，能更清楚地发现胚胎的肉眼可见的或是显微的病理形态变化，从而确定其疾病性质和特点。

3. 微生物学检测　能准确地确定传染性胚胎病的种类。

以上各种方法是诊断不可缺少的手段，可根据实际情况和工作需要进行。

（二）防治方法

加强对蛋鸡的饲养管理及供给合理的饲料。种蛋在孵化前的储存保管与制订正确的孵化措施，是预防胚胎性疾病的基本措施。

在孵化过程中，对活胚胎的观察以及对死胚胎的剖检时，如大部分病例确诊为营养性胚胎病，必须引起高度重视，及时改善蛋鸡饲料与饲养管理。根据胚胎剖检时发现的病理特征，常常能够准确地确定蛋鸡饲料中某些营养物质的不足。

在孵化过程中，一旦发现大批胚胎营养不良性疾病时，应维持稍高的孵化温度和迅速减低湿度，有时有助于雏鸡的孵出。

鉴于传染性胚胎病的传染来源是多方面的，故预防措施应注意以下方面。

（1）禁止以发生急性疾病愈复不久或患有慢性传染病的蛋鸡所产的蛋用作孵化。许多试验表明，此类家禽外表虽属健康，但可能有病原体侵入卵巢组织内。此外，大多数急性细菌性或病毒性疾病患禽，通常在 1~2 周，其血液中可能出现病原体。因此，这就可能产生带菌或带毒的蛋。

（2）严格孵化种蛋入孵前的消毒措施。蛋自泄殖腔产出时，被病原体所污染是十分常见的，有些病原体能透过蛋壳而进入蛋内。而且，被粪便污染也是很常见的。故在鸡场拾蛋时，就应该对种蛋进行初步分拣，剔除脏蛋、碎蛋及软壳蛋等，并尽快对种蛋进行消毒。

（3）某些真菌（主要是曲霉菌类）常通过蛋托、孵化盘、车辆等媒体侵入蛋内造成感染。所以，必须注意消除这些传染因素，特别要注意孵化厅的卫生措施。

（4）蛋的消毒。目前国内最好的方法还是用甲醛蒸气烟熏，一般用三个浓度（3X）烟熏 20 分钟，然后，排出甲醛气体。

（5）至于胚胎病的治疗，按现有的条件，很难得到较好的效果。有报道对传染性胚胎病的治疗，通过在孵化过程中透过气室注入药物的方法或于入孵前用药液浸泡的方法，能消灭种蛋内或胚体内的病原体。

（6）有报道介绍，孵化前杀灭种蛋中霉形体的方法，即热处理方法。首先，将种蛋放入约 22℃的室内，直至种蛋也达到同一温度为止。然后，将种蛋移到温度达到 46℃、相对湿度 70%的孵化器内，在此条件下放置 10~14 小时，使蛋内的中心温度必须达 46℃，但不得高于此温。蛋温达到规定温度时，供热仍需继续 2 小时，然后令种蛋开始正常孵化。切不可试图在 10 小时以内将蛋加热到所需温度，因这样做不能杀灭霉形体。

上述孵化前热处理，会使入孵种蛋的平均孵化率下降 2%~5%，种蛋放置时间越长，蛋的孵化率下降就越大。

• 痛风病

家禽痛风是一种蛋白质代谢障碍引起的高尿酸血症，本病主要见于鸡、火鸡、水禽，鸽偶可见。当饲料中蛋白质含量过高特别是动物内脏、肉屑、鱼粉、大豆和豌豆等富含核蛋白和嘌呤碱的原料过多时，可导致严重的痛风。饲料中镁和钙过多或日粮中长期缺乏维生素 A 等均可诱发痛风。

（一）临诊症状

病鸡群精神大体正常，饮水量大，粪稀，个别精神萎靡，冠髯苍白，消瘦，病鸡精神不振，体温正常，采食量明显减少，蹲伏，下痢，泄殖腔黏附有腥臭石灰样稀粪，关节肿大，为正常的 1~1.5 倍，触摸关节柔软，轻压躲闪、挣扎、哀鸣痛叫，运动迟缓、站立不稳、跛行。严重脱水，爪部皮肤干燥无光，病鸡衰竭，陆续死亡。

（二）剖检变化

病死鸡皮下组织、关节面、关节囊、胸腔、腹腔浆膜、心包膜、内脏器官（如心、肝、脾、肺、肾、肠系膜等）表面有灰白样尿酸盐沉积。肾脏肿大、苍白，肾脏肿大 3~4 倍。肾小管内被沉积的灰白色尿酸盐扩张，单侧或两侧输尿管扩张变粗，输尿管中有石灰样物流出，有的形成棒状痛风石而阻塞输尿管。

（三）确诊

本病根据养殖户介绍的情况和临床症状，可确诊为鸡痛风病。

（四）诊疗

（1）立即停喂原来的饲料，重新核定配方配料饲喂。改用全价饲料或将自配料的蛋白质降低，以减轻肾脏负担，并适当控制饲料中钙、磷比例。

（2）在饲料中添加泻痢康，按饲料的 0.5%添加，每天 1 次，既对肠炎有效，又行水消肿，调节水和电解质平衡，促进尿酸盐代谢。同时，在饲料中加入 0.2%的小苏打，连用 4 天，停 3 天后，再用一个疗程。

（3）在方法（2）中停药时用 5%葡萄糖溶液、维生素 C 溶液饮水，并在饮水中添加速溶 21-金维他，料中添加维生素 E、维生素 K 和鱼肝油拌料。以补充长期腹泻而流失的维生素，增加抵抗力，促进机体恢复，3 天为一个疗程。

上述方法用药 7 天后，大群恢复正常，饮食及粪便正常，不再出现瘫痪、死鸡现象。

（五）体会

鸡痛风病是由于机体内蛋白质代谢发生障碍，使大量的尿酸盐蓄积，沉积于内脏或关节，临床上以消瘦、关节肿大、运动障碍、消瘦和衰弱等症状为特征的一种营养代谢病。在鸡群中常呈群发性，危害较大。造成该病的因素主要是由于自配饲料中蛋白质过高以及钙、磷比例不当所致。广大养殖户，配料时注意营养平衡，对于发病鸡只要针对调查出的具体病因采取切实可行的措施。

•脂肪肝综合征

（一）病因

长期饲喂过量饲料，导致能量摄入过多、饲料中真菌毒素和油菜粕中的芥酸

等均可导致本病。而某些高产品种因雌激素含量高，刺激肝脏合成脂肪、笼养状态下活动不足、B族维生素缺乏及高温应激等也可诱发本病。

（二）临床特征

发病死亡的鸡都是母鸡，且大多过度肥胖，发病率为50%左右，致死率在6%以上；产蛋量显著下降，降幅可达40%，往往突然暴发。病鸡喜卧，腹部膨大下垂。鸡冠肉髯褪色，呈淡红色乃至苍白色。

（三）剖检变化

病死鸡全身肌肉苍白，腹部沉积有大量的脂肪。胸肌苍白，透过腹膜，可见腹腔内有血凝块。腺胃周围有大量的脂肪包围。肝脏肿大，边缘钝圆，呈黄色油腻状。肝脏局限性出血和坏死灶。肝脏弥漫性出血，质脆易碎。肝脏黄染、出血，质脆易碎。肝周和腹腔内有大量血凝块。肝脏土黄色，表面有出血斑，心包积液，腹腔内有血凝块及血性腹水。肝脏脂肪变性、表面凹凸不平，可见破裂处、附近有血凝块。腹腔内可见卵泡破裂后流出的卵黄。

（四）防治要点

（1）合理配制饲料，控制饲料中能量水平，适当限制饲料的喂量，使体重适当；产蛋高峰前限量要小，高峰后限量应大，一般限喂8%~12%。

（2）已发病鸡群在每千克饲料中添加22~110毫克胆碱，也可配合使用维生素B_{12}、维生素E、肌醇等，有一定疗效。

（3）合理分群扩大饲养面积，让鸡群加大活动量。

• 肌胃糜烂

鸡肌胃糜烂又称肌胃溃疡，是由于多种病因引起的鸡的一种消化道病，主要发生于肉种鸡，其次为蛋鸡和鸭。发病年龄多在2~3月龄。死亡率为10%~30%。

（一）病因

本病病因是一种称为肌胃糜烂素的物质，主要存在于变质鱼粉中，多数学者认为，日粮中鱼粉的比例超过15%就可能发生肌胃糜烂。维生素B_{12}缺乏也可导致肌胃糜烂。

（二）临床特征

病鸡表现为厌食，羽毛松乱，闭目缩颈喜蹲伏；消瘦贫血，生长发育停滞，用手挤压嗉囊或倒提病鸡，从口中流出黑褐色黏液，故又称黑色呕吐病。病鸡的喙和腿部黄色素消失，排稀便或黑褐色软便。发病率为10%~20%，多突然死亡，死亡率为2.3%~3.3%。多数病例伴发营养缺乏病、代谢病、传染病和寄生虫病。本病的发病特点是鸡群饲喂一批新饲料后5~10天发病，而在更换饲料

2~5天后，发病率停止上升。

（三）剖检病变

食道和嗉囊扩张，充满黑色液体，腺胃体积增大，胃壁松弛，黏膜溃疡、溶解。腺胃扩张、肌胃萎缩，壁变薄。肌胃壁变薄，腺胃黏膜有多量灰白色分泌物，两胃交界处有溃疡病变。两胃交界处出血或溃疡。角质层增生呈树皮样。发病后期，在肌胃的皱襞深部有小出血点或出血斑。肌胃的皱襞有出血斑，以后出血斑点增多，逐渐演变为糜烂和溃疡。角质下层糜烂和溃疡。十二指肠出现黏液性、卡他性出血性炎症，有泡沫样内容物。

（四）防治要点

本病应以预防为主。日粮中鱼粉的含量应控制在8%以下，严禁使用变质鱼粉生产饲料，加工干燥鱼粉时高温可产生肌胃糜烂素，如加工时同时加入赖氨酸或抗坏血酸，能有效地抑制肌胃糜烂素的形成。在饲料中加入0.5克/千克的西咪替丁，可以有效抑制肌胃糜烂病的发生。

同时应加强饲养管理，减少应激。

鸡群一旦发病，应立即更换饲料。发病初期，在饮水和饲料中投入0.2%~0.4%的碳酸氢钠，连用2天；同时每只病鸡注射维生素K 1~30.5毫克或止血敏50~100毫克，同时每千克体重注射青霉素5万单位，均有良好的疗效。

• 脱肛

蛋鸡脱肛在开产时就会发生，并能延续整个产蛋期，造成鸡群产蛋下降和死淘率上升。由于大多数养殖户弄不清脱肛的原因，使问题得不到及时解决，给养鸡生产带来较大经济损失。下面介绍蛋鸡脱肛的几种原因和防治措施，供养鸡户参考。

（一）脱肛的原因及预防措施

（1）开产前光照时间过长，性成熟过早，提前开产。育成鸡每天光照时间应控制在9小时以内，开产后延长光照时间至14~16小时，而有些养鸡户在蛋鸡开产前就采用产蛋鸡的光照时间，导致蛋鸡体成熟尚未达到而性成熟已经完成，使蛋鸡提前开产。提前开产的鸡，畸形蛋（尤其是大蛋及双黄蛋）增多。

（2）后备母鸡日粮营养水平过高，造成鸡过于肥胖。一般母鸡在产蛋时输卵管都有正常的外翻动作，蛋产出后能立即复位，过肥的母鸡因肛门周围组织弹性降低，阻碍了外翻的输卵管正常复位。另外，由于腹内脂肪压迫，使输卵管紧缩而使卵通过时发生困难，产蛋过程中因强力努责而脱垂。生产中可采取降低日粮营养水平，防止鸡体过肥的办法来解决。

（3）产蛋鸡日粮中维生素 A 和维生素 E 不足，使输卵管和泄殖腔黏膜上皮角质化失去弹性，防卫能力降低，发生炎症，造成输卵管狭窄，引起脱肛。生产中，可通过在日粮中添加一定量的抗生素和足量的维生素 A、维生素 E 来解决。

（4）腹泻脱水导致输卵管黏膜润滑作用降低。长时间的腹泻使蛋鸡机体水分消耗过大，甚至达到脱水程度，致使输卵管黏膜不能有效地分泌润滑液，生殖道干涩，鸡产蛋时强烈努责造成脱肛。生产中，应找出腹泻原因，标本兼治，以恢复各器官的正常生理功能。

（5）鸡群拥挤，卫生条件差，舍内氨气浓度较高。鸡群时刻处于应激状态，也是导致脱肛的一个重要原因。生产中，控制饲养密度，一般产蛋母鸡以每平方米饲养 5~6 只为宜。注意卫生，勤换垫料，加强通风换气，并搞好早期断喙工作，一旦发生脱肛，也不至于互相追啄，减少病鸡死亡。

（6）鸡群整齐度差，过大过小造成鸡群采食不均。大鸡采食过多而肥胖，致使肛门周围组织的弹性降低和腹部脂肪过多而使产蛋时外翻的输卵管难以复位而脱肛，小鸡因营养不良导致瘦弱，体成熟较差，也易引起脱肛。生产中可通过大小分群饲养，根据肥胖程度合理配制日粮来解决。

（7）意外惊吓等应激因素。处于产蛋状态的鸡，因应激而使外翻的输卵管不能正常复位。生产中应尽量减少应激因素，严防鼠、猫等令蛋鸡受惊吓的动物进入鸡舍。

（二）脱肛的治疗

养鸡生产中勤观察鸡群，发现脱肛的鸡应立即提出隔离，防止其他鸡啄肛。对脱出的泄殖腔先用温水洗净，再用 0.1%高锰酸钾溶液清洗片刻，使黏膜收敛，然后擦干，涂以人用的红霉素眼药膏，轻轻送入肛门内，肛门周围做荷包状缝合（泄殖腔内如有蛋必须在缝合前取出，以防发生蛋黄性腹膜炎），并留出排粪孔，经几天后母鸡不再努责时便可拆线。

• 气囊炎症候群

引起气囊炎的主要病原有大肠杆菌、支原体、禽鼻气管鸟杆菌、绿脓杆菌和霉菌感染。

很多人都在分析禽流感、传染性支气管炎这些病毒性因素，但是这两种病毒均不会造成气囊炎症状。而在病理学中有这样一段话：大肠杆菌不容易感染气囊，除非那些气囊以前被 MG 单独入侵，或同传染性支气管炎或新城疫病毒联合入侵过。也就是说，是大肠杆菌造成的气囊炎，必须有 MG 或传染性支气管炎或新城疫的帮助才可以发病，显然 MG 是真正的元凶。

再就是鸟杆菌，目前的症状与这一病菌在某些地方是很相似的，比如说刚开始的单侧的气囊炎，肝脏的肿胀，心包腔内的液体，但是对这一病菌还是处于一种研究状态。还有绿脓杆菌会造成气囊的混浊、增厚，主要是发生在雏鸡，而且是孵化因素造成的。

这里一直没有提到禽流感，禽病学里也找不到沾边的事。但是在现实的情况是，我们都归结为流感，因为从病鸡中的确也分离到了流感病毒，从血清学检测来看，流感的抗体水平也让人看到是流感的问题。而且还有一种声音是H9N1。当然这些都是从实验室里传出来的，本人没有实验室里的真正的证据，只做过抗体检测。

笔者在市场从事禽的养殖工作20多年中，尤其长年在蛋鸡和蛋鸡饲养中，见此病的机会非常多，现在我们国家的蛋鸡养殖区主要还是一些散养户，经济能力有限，所以还是一些简易的大棚养殖占多数。虽然正在向标准化规模化过渡，但规模养殖场又多数管理跟不上，蛋鸡的用药很多，但鸡病还是不断发生的养殖现状。这种现状就造成了蛋鸡的疾病不断出现并难以治愈、易反复、死亡率高等特点。蛋鸡场管理人员用药不规范化是主要原因。

最近几年，给蛋鸡养殖成败带来致命性损失的主要有气囊炎、腺胃炎、肌胃炎、禽流感、强毒新城疫等。当然还有很多像传染性法氏囊炎、球虫肠炎、大肠杆菌病等，虽然也是这样的常见而且难缠的疾病，但是我们职业兽医师都能轻车熟路的治愈。我认为最难治愈的就是气囊炎，而且一旦贻误治疗时机，这一茬的投入付之东流甚至会连老本都搭上，成为蛋鸡养殖失败的罪魁祸首之一。

近年山东、河南等地蛋鸡的“气囊炎”很多，说起此病，“气囊炎”是代表了这样一类病理变化的症状群，但也就是这个症状令众多的兽医工作者、养殖户以及相关行业的人头疼，稍微疏忽，一旦鸡群暴发本病，死淘率很高，提早出栏，给养鸡业造成巨大的损失。蛋鸡的气囊炎在全国蛋鸡养殖密集地都是呈流行趋势。

（一）什么是气囊

气囊是属于鸡的呼吸系统。鸡的呼吸系统是由“上呼吸道-肺脏-气囊-骨骼”相互连通的，解剖结构较特殊，除肺外还具有气囊；气囊共9个，蛋鸡的气囊壁很薄，而且血管很少，与肺相通；气囊广泛地分布在鸡的胸腔和腹腔，因没有横膈膜相隔而相互联通。

（二）病原复杂

嗜肺、气囊炎型大肠杆菌感染后继发败血支原体感染造成本病，受支原体影响中后期继发感染新城疫、禽流感、传染性支气管炎占发病的一多半，继发感染

往往可迅速引起鸡只死亡。而那些非高致病力毒株临床症状不明显，不易被发现，但其会破坏呼吸道和消化道黏膜屏障系统的完整性，从而为其他病原菌的入侵开辟了门户，最后因大量细菌感染造成机体自体中毒或因体质虚弱而造成强毒感染都能使鸡只大批死亡。这是养殖失败的最主要原因。

（三）病因复杂

1. 温度、湿度、通风不合理　是本病理变化的一个主要的诱发因素。

饲养管理中的通风和温、湿度控制不当，笔者认为是气囊炎的主要诱发因素。在蛋鸡市场上有这样一类养殖户，他们在秋冬季节总是怕鸡舍温度上不来，而又不舍得烧太多的燃料如木头、煤等。为了保温而经常不通风，鸡群代谢旺盛，呼出的气体特别多，所以鸡舍特别潮湿。棚内的塑料布上、棚顶上的哈气和雾滴特别多，加上鸡的粪便使地面极潮湿，造成舍内有烟雾。笔者就督促养殖户加强通风改善环境，加强通风后，告知这样的环境很容易暴发球虫病和呼吸道病。情况改善后，鸡就没有问题了，获取利润可观。有一些养殖户鸡舍温度很高，通风也很好，鸡舍空气很好，但是，粉尘特别大，影响鸡的呼吸道，而且治疗起来很费劲，时间一长，气囊炎就重了，即使没有影响鸡，出栏时体重也不大。因此，通风是很关键的，但同时鸡舍也要有足够的湿度，才是鸡最佳的生长环境。若空气干燥，鸡感觉不适，出现咳嗽，呼吸道黏膜受损，病原微生物容易繁殖，存在于呼吸道内的支原体感染，从而引发气囊炎，继发大肠杆菌等。有的养殖户不注重调节养殖环境，蛋鸡饲养密度过大，消毒隔离期不足，消毒不够彻底，大肠杆菌大量存在，很容易成为污染源，导致下一批蛋鸡大批发病。不重视通风，鸡舍内积聚过多的有害气体，氨气浓度过高，会损伤呼吸道纤毛，使黏液分泌减少，导致肺脏发生疾病；而尘埃过多，既可损伤气囊结构，使鸡毒支原体的发病率上升，也容易携带大肠杆菌，使得大肠杆菌病大量发生，而这两种情况都会导致气囊炎的出现。

2. 蛋鸡呼吸系统结构原因　这种“上呼吸道-肺脏-气囊-骨骼”相互连通的结构特点，使鸡体形成一个半开放的系统，空气中病原微生物，很容易通过上呼吸道造成全身感染，也是气囊炎高发的重要原因。因此，鸡呼吸系统的这种结构成了大肠杆菌感染的便利的通道，大肠杆菌一旦突破呼吸系统的黏膜屏障，会迅速通过气囊进入胸腔和腹腔，感染内部器官，常在临床上表现为气囊炎。

3. 综合因素　鸡只在健康情况下，气管中的纤毛结构具有机械性清除异物，保护呼吸道黏膜完整性的功能，是机体防御体系的第一道屏障。气管黏膜下相关的淋巴组织和腺体，具有抵抗外来病原入侵，接收疫苗免疫信息，呈现快速应答的特点。当鸡感染病原微生物，发生综合疾病（原发大肠杆菌病占 78.5%，同时与败血支原体混合感染占21.5%）时，气管纤毛结构和呼吸道黏膜损伤，此时大肠杆菌、支原体或真菌进入呼吸系统，就会继发引起气囊炎。

4. *做第二免疫后应激* 在21日龄左右再次饮水免疫后，鸡群出现咳嗽、甩鼻、呼噜的，如不能及时采取措施就很快便引起气囊炎。

（四）临床症状

一般做完21日龄疫苗后，25~30日龄出现疫苗反应诱发慢性呼吸道疾病的发生，本病传播快，前期症状较轻，不易发现，中后期多为混合感染，大批死亡。病程较长，治疗不及时或延误病情者死淘率较高，且治疗不彻底，在继发心包炎、肝周炎后死亡率更高，主要表现为呼吸困难，张口伸颈、流泪、眼睛有双眼皮，咳嗽甩鼻，病程长者冠肉髯呈黑紫色，怪叫，发出“呼噜”声，并伴有精神沉郁、体温升高、无食欲、聚堆或呆立一侧、排白色便或黄绿色稀便、生长不良、采食下降，有的重症趴在地上口微张喘气。有的外观精神良好但突然死亡，这样的情况一般是肺已经被黄色的干酪物糊住了。

（五）剖检症状

喉头有针尖状的出血点，气管充血、出血、有黏液；胸气囊混浊、增厚，有黄色或黄白色块状干酪样物附着；腹气囊也会出现混浊、增厚，腹腔常有大量小气泡（前期为白色黏液状）。发病严重鸡群或发病的中后期，剖检主要症状为气囊炎、肺炎、腹膜炎等，十二指肠弥漫性出血，盲肠扁桃体肿大，出血、法氏囊肿胀或萎缩有脓性渗出物、胸腺出血萎缩。

（六）预防措施

（1）控制舍内湿度，降级舍内粉尘或者降低舍内氨气浓度。

（2）在育雏时控制好支原体与大肠杆菌病，做完疫苗后第2~3天预防大肠杆菌与支原体病，中后期控制好病毒病。

（3）发现鸡群发生呼吸道疾病，及时全面治疗，边治疗边调理，将呼吸道疾病控制在萌芽阶段是关键。

（七）治疗措施

结合这些年对气囊炎的治疗过程，摸索出了一套有效的治疗方案。

（1）气囊炎一定要及时诊断，一旦发现及时治疗，否则难以治愈，眼看着提前出栏而无能为力。所以，当鸡群出现呼噜、咳嗽时，一定要剖检10只以上的鸡，分析找到发病根本原因。一旦确诊，根据发病势头、轻重程度采取合理的治疗方案：病情严重的要给3~6天药；病情一般的，死亡率、采食量下降都不多的，就直接饮水给药4天以上，根据治疗效果再用中草药制剂4~6天。遇到此病一定不惜成本，一定要选择敏感的药物，给足疗程，以提高采食量为目的。

下面提供几种给药方案。治疗方案以治疗原发病为主，结合治疗本病理症候群，增进食欲是本病的辅助疗法。治疗方案：

（1）头孢+泰乐菌素+中草药制剂。

（2）阿奇霉素+强力霉素+地塞米松+中草药制剂。

（3）20%恩诺沙星+泰妙菌素+中草药制剂。

详细做法：可以分次用药，每天使用两次，每次用药时间不低于6小时。

• 几种与饲养管理有关的，其病原还没有完全定性的疫病

下面介绍与饲养管理有关的疾病，并且是病原还没有完全定性的疫病，它们主要是：腺胃炎、低血糖尖峰死亡综合征、心包积水肝炎综合征和鸡的肿头综合征。这些疾病的发生均排除不了舍内管理方面和营养方面的问题。这类疾病只要加强舍内管理杜绝应激因素的出现，给鸡群创造一个良好的生长和生产环境，就能杜绝或减少本类疾病的发生。管理重点是舍内小气候的控制。舍内小气候的管理是调节温度、湿度和通风的关系，严格按要求做好舍内管理工作，以确保鸡群安全。

（一）蛋鸡和蛋鸡低血糖尖峰死亡综合征

本病是发生在华北地区的新型高致死性蛋鸡疾病。发病主要集中在8~18日龄，11~16日龄出现死亡尖峰。病鸡的血糖（89.8毫克/分升±7.9毫克/分升）极显著低于正常鸡（220.3毫克/分升±8.7毫克/分升）（$P<0.01$）。日死亡率高达4%~8%。典型症状表现为发病突然、头部震颤、运动失调、瘫痪、昏迷死亡。剖检可见肝脏弥漫性坏死，胰腺萎缩，十二指肠出血，胸腺、法氏囊、脾脏和盲肠扁桃体等免疫器官萎缩。泄殖腔聚集大量白色米汤样稀便。显微观察可见肝细胞坏死、淋巴滤泡排空、淋巴细胞坏死。依据国际诊断蛋鸡低血糖尖峰死亡综合征（HSMS）的标准，在国内首次确定我国有HSMS发生，且在华北地区分布广泛，死亡率远高于国外报道的大于0.5%而是高达4%~8%，已经成为危害肉仔鸡的重要疾病。采用控制光照和饮水中添加葡萄糖及多维等措施对HSMS具有一定缓解作用。

蛋鸡低血糖尖峰死亡综合征（Hypoglycemia-Spiking Mortality Syndrome of Broiler Chickens，HSMS）是一种主要侵害肉仔鸡的疾病。10~18日龄为发病高峰期，但也有报道称42日龄的商品代蛋鸡也发生本病。临床表现为突然出现的高死亡率（>0.5%）至少持续3~5天，同时伴有低血糖症。病鸡头部震颤、运动失调、昏迷、失明、死亡。HSMS最早报道是1986年发生在美国半岛地区，1991年报道了41个自然发病鸡群和3个实验感染鸡群。之后，该病向美国东南部地

区发展。目前在加拿大、欧洲、马来西亚和南非均有本病发生。自1998年以来，华北地区多次发生蛋鸡突发性高致死性疾病，与目前国内已知的蛋鸡疾病明显不同，造成巨大经济损失，但未能确诊。受华北某蛋鸡公司委托，我们对津冀地区所发生的新型蛋鸡疾病进行了调查和初步研究，首次证明我国有HSMS发生。现报告如下。

1. 流行情况　发育良好的公鸡发病率高，相同饲养条件下蛋鸡公雏发病率约为母雏的3倍。发病日龄和死亡率：8日龄开始发病，死亡高峰在12~16日龄，4%~8%的死亡率持续2~3天，之后死亡率逐渐下降，呈典型的尖峰死亡曲线。发病后期易继发其他疾病：21日龄后继发ND，出现ND的典型症状及病理变化。

2. 临床症状　病鸡食欲减退。一般发病后3~5小时死亡，病程长的约在26小时内死亡。

(1) 神经症状：发育良好的鸡突然发病，表现为严重的神经症状，出现共济失调（站立不稳、侧卧、走路姿势异常）、尖叫、头部震颤、瘫痪、昏迷。

(2) 白色下痢：早期下痢明显，晚期常因排粪不畅使米汤样粪便滞留于泄殖腔。部分病鸡未出现明显的苍白色的下痢，但解剖时可见泄殖腔内潴留大量米汤样粪便。

3. 病理剖检变化　主要病理变化如下。

(1) 消化系统出血和坏死：肝脏稍肿大，弥散有针尖大白色坏死点（出现率为92%）；胰腺萎缩苍白有散在坏死点（70%）；泄殖腔积有大量米汤状白色液体（95%）；十二指肠黏膜出血（55%）。

(2) 免疫系统萎缩和坏死：法氏囊萎缩（50%），法氏囊出血并存在散在坏死点（75%）；胸腺萎缩有出血点（40%），肠道淋巴集结萎缩（50%）；脾脏萎缩（60%）。

(3) 泌尿系统：肾脏肿大，呈花斑状（50%），输尿管有尿酸盐沉积。

(4) 血浆色泽改变：患病鸡血浆呈苍白色，而健康鸡血浆为金黄色。

典型症状表现为发病突然、头部震颤、运动失调、瘫痪、昏迷死亡。剖检可见肝脏弥漫性坏死，胰腺萎缩，十二指肠出血，胸腺、法氏囊、脾脏和盲肠扁桃体等免疫器官萎缩。泄殖腔聚集大量白色米汤样稀便。

4. 发病的特点　依据国际诊断标准可以确诊本次发生疾病为HSMS。我国HSMS的发病情况尚有如下特点：

(1) 与国外相比死亡率高。据国外报道HSMS发病高峰时死亡率稍高于0.5%；而本次发病4%~8%的死亡率持续3~4天。因此本病在我国可能是高死

亡的疾病。这种现象是否与我国养殖水平较低有关尚待进一步探讨。

（2）似乎与孵化、出雏过程有关。只有同一天出雏的鸡发病，且分布在相距很远的不同的4个县，说明本次发病与出雏以后的饲料、病原感染等无关；同时也非蛋鸡因素所致（若是蛋鸡原因，不可能是一个孵化日龄雏鸡发病）。故只能与孵化和出雏过程有关，这与国外的报道不尽相同。该批次孵化与出雏的特殊性有待于深入调查研究。

（3）发病后期继发ND。本次发病存在严重的免疫器官萎缩和坏死，因而有可能导致免疫抑制，抵抗力下降可能是发病后期继发ND的主要原因。

（4）是否存在感染因素。目前国内外尚未确定本病的原因，但与某些病毒有关是肯定的，如发病鸡曾分离出沙粒病毒样粒子，用发病鸡有关组织制成的不含细胞的滤过液可试验性诱发本病。本次发病为典型的群发性，是否与某些病毒感染有关需进一步研究。本实验室目前正在进行此方面的研究。

（5）控制光照，防治HSMS的机制。控制光照可减缓HSMS的发生发展。其机制可能是生理条件下，黑暗可促进鸡释放褪黑激素，使糖原生成转变为糖原异生从而有效抑制血糖的恶性下降。由于HSMS的一系列症状都是对低血糖的反应，因此，一旦控制了血糖水平就能够阻断HSMS的发生发展，从而降低HSMS的发病率和死亡率。

5. 发病机制与流行病学

病鸡的临诊症状包括恶寒、震颤、失明、大声唧叫、食欲减退、共济失调、蹲地、肢外伸和错迷，饲养管理条件好的快速生长的公鸡最常受侵害。病鸡并非一定表现腹泻，但常见橘黄色黏性粪便。在急性临诊症状消失后常出现跛行。

该病无特异性肉眼病变，但肝脏偶见出血和坏死，胸腺明显萎缩，其他淋巴器官不同程度的受损，常见脱水和输尿管内尿酸盐沉积，轻微肠炎，直肠和盲肠内积液。本病也无特征性显微病变，但与肉眼病变相一致，肝脏出现肉眼病变的病鸡见肝细胞坏死，肝动脉纤维样坏死，但在肠道和内脏相关性淋巴样组织中罕见类血管病变。病鸡还表现生长不良和法氏囊严重坏死或淋巴样结节，但最近报道的病鸡却未出现这些病变。

在突然感染时，潜伏期可能为10~12天，病鸡排出含未消化饲料的湿性粪便和聚堆。若实验感染鸡未停料或受应激，则表现消化障碍及其引起的短小（生长不良）后遗症，幸存鸡常转变成僵鸡。僵鸡或低血糖症病鸡血浆常变色或呈黄白色，而未感染健康鸡血浆呈深黄色。此外，病鸡类胰岛素生长因子-1（IGF-1）和生长相关激素明显减少。野外和实验感染急性低血糖症病鸡胰腺高血糖素水平明显下降，但这些鸡的胰脏组织学正常，无细胞坏死的病变。

应激和强制停料可促进糖原分解成葡萄糖以维持血中葡萄糖水平。倘若鸡缺乏高血糖素和（或）糖原，则很快变为低血糖，HSMS病鸡既缺乏高血糖素，又缺乏糖原，因此在受应激或（和）强制停料时极易形成低血糖症。

6. 诊断　根据在7～14日龄出现死亡高峰的特点仅可怀疑但不能诊断为HSMS，发病率高低不一，其他一些疾病也可引起尖峰死亡。可根据病鸡的临诊症状和低血糖症进行诊断。血浆和全血可用于测定葡萄糖，应用化学分析仪测定血浆含量是最准确的方法，感染严重的病鸡血或血浆中葡萄糖水平介于20～80毫克/分升。仅进行停料处理的未感染鸡不出现低血糖症，血糖水平高达150毫克/分升。

7. 治疗、预防和控制　目前本病尚无特异性疗法，但由于过热、过冷、氨气过多、通风不良、噪声或断料和（或）停水等都是重要的应激因素，因此尽可能减少应激对本病有辅助治疗作用。发生本病的鸡应单独饲养，尽可能保证良好的环境和持续供料、供水。补充多种维生素电解质可有效减少死亡。

对野外和突然感染鸡，限制光照均可预防本病的发生，其生理学依据是在黑暗条件下的鸡可释放褪黑激素，糖原生成转变为糖原异化。在防止该病从某一鸡群传播到另一群时，控制拟步甲虫是非常重要的以离心成带的类病毒粒子（命名为“栎木因子”）第4代毒接种SPF鸡胚实验室制备的福尔马林灭活的自家疫苗免疫肉用种母鸡，其仔鸡不能抵抗实验攻击。目前尚未以活疫苗进行实验性尝试。

综合治疗方法：

（1）控制光照强度及时间对本病有一定的防治作用。

（2）大群饮用5%的葡萄糖水和多维电解质可有效减少死亡。

（3）使用黄芪多糖或核能等药物调节机体的免疫力，减轻免疫抑制给鸡群带来的损害。

（4）使用林可霉素或阿莫西林等药物控制继发感染。

（5）由于饲养管理不当（如鸡舍过冷、过热、氨气过多、通风不良、噪声或断料、停水等造成的应激）可引发本病，因此应尽量减少应激，保证持续供水、供料。对于病鸡应单独饲养。

总之，蛋鸡低血糖尖峰死亡综合征所死亡的鸡既缺乏高血糖素，又缺乏糖原，在过冷过热、氨气过多、通风不良、噪声、停水等应激或强制停料时极易形成低血糖。预防该病时应遵循“防重于治”的原则。治疗该病时应中西药合用，以增强其抗病力。蛋鸡低血糖尖峰死亡综合征至今仍是养禽业大敌之一。发现病情要尽早诊断，治疗不可盲目用药，以免延误治疗时机，给养殖户带来更大

损失。

（二）鸡肿头综合征

本病病因尚未确定，病例中可分离出大肠杆菌、冠状病毒、新城疫病毒、传染性法氏囊病毒及腺病毒，提示本病可能是多种病原联合作用的结果。当头部皮下注射传染性鼻炎等油乳剂疫苗时，注射部位若太靠近头部，可导致部分鸡发生本病。饲养密度高、通风不良、舍内氨气味过大、粪便处理不及时、卫生条件差等是本病发生的诱因。

1. 临床特征　发病率不高，多零星发生，最初可见病鸡脸、眼睑和头部肿胀，精神沉郁。约 72 小时后出现典型症状，头、脸、眼睑及肉髯严重肿胀。病鸡头面部严重肿胀，下颌和颈上部水肿。结膜发炎，因泪腺肿大，眼内角呈卵圆形突出。严重者，眼裂变小或完全闭合。眼睑肿胀，被分泌物粘连，病鸡常因无法采食而死亡。

2. 剖检病变　鼻黏膜可见细小的瘀血斑点。严重病例，鼻黏膜呈紫红色，颌部皮下和肉髯高度肿胀或干酪样坏死。颈部皮下灰白色干酪样坏死。有时可见肉芽肿（头部）。颌下肉芽肿。

3. 防治要点　目前尚无有效的治疗方法。发病鸡群用高效广谱抗菌药物治疗，配合使用抗病毒药物，可控制病情的发展。针对发病诱因加强饲养管理，搞好卫生消毒可有效防止本病的发生。

●啄癖

啄癖发生的症状主要有啄肛、啄羽、啄趾、啄蛋等，本病在任何年龄的鸡群中都可发生。

（一）发生原因

（1）日粮配合不当，质量低劣。日粮中的赖氨酸、蛋氨酸、亮氨酸和色氨酸、胱氨酸中的一种或几种含量不足或过高，造成日粮中氨基酸不平衡，均可导致啄癖发生。

（2）日粮供应不足。由于日粮供应不足，使鸡处于饥饿状态，为觅食而发生啄食癖。喂料时间间隔太长，鸡感到饥饿，易发生啄羽癖。

（3）日粮中缺乏矿物质和微量元素。如钙、磷、锰、硫、钠等缺乏，易导致啄趾、啄肛、啄羽等。

（4）维生素的缺乏。当日粮中缺乏维生素 B_2、维生素 B_3 时，可造成机体内氧化还原酶的缺乏，肝内合成尿酸的氧化酶活性下降，因而摄取氨基酸合成蛋白的功能下降，机体得不到所需的氨基酸和蛋白质。如色氨酸缺乏时，可使机体神经紊乱，产生幻觉，信息传递发生障碍，识别力较差，从而易产生啄癖。

(5) 寄生虫。如脚突变、膝螨、鸡羽虱等，可使鸡啄食自身脚上的皮肤鳞片和痂皮，自啄出血而引起互啄。

(6) 应激因素。刚开产机体内雌激素和孕酮含量高，易引起啄羽和互啄。

(7) 不良的环境条件，如通风不良、光线太强、温度和湿度不适宜、密度太大和互相拥挤等条件都可引起啄癖。

(二) 防治措施

(1) 合理配合饲料。日粮中氨基酸与维生素的比例为：蛋氨酸>0.7%，色氨酸>0.2%，赖氨酸>1.0%，亮氨酸>1.4%，胱氨酸>0.35%；每千克饲料中维生素 B_2 2.6毫克，维生素 B_6 3.05毫克，维生素A 1 200国际单位，维生素 D_3 110国际单位等，这样可防止由于营养性因素诱发的啄癖。

(2) 日粮要定时饲喂，最好以颗粒料代替粉状料，以免供食不足和产生浪费。

(3) 鸡的啄癖与饲料中硫的含量有关，料中添加1%硫酸钠或0.5%~3%天然石膏粉，使料中的钙含量同时达到0.8%~1%，以Ca∶P=1.2∶1为宜。

(4) 矿物质缺乏，要在料中加入适量的氯化钠。如果发生啄癖，可用1%氯化钠饮水2~3天，一般氯化钠占精料的3%左右，如鱼粉中氯化钠含量高时，可适当减少用量。

(5) 断喙。雏鸡在6~9日龄时要进行断喙，同时料中添加维生素C和维生素K防止发生应激，这样可有效防止啄癖的发生。

(6) 定时驱虫，以免发生啄癖后难以治疗。

(7) 鸡舍的环境要通风良好，密度适中，不能拥挤，天气热时要降温，光线不能太强，最好将门窗玻璃和灯泡上涂上红色，可有效防止啄癖的发生。

(8) 发生啄癖时，立即将被啄的鸡隔开饲养，伤口上涂上与羽色一致或有异味的药液，防止再次发生而引起互啄。

• 多重感染与免疫抑制性疾病

(一) 鸡群中免疫抑制性病毒感染的多样性和普遍性

有许多种病毒感染可能在鸡群中引起免疫抑制，如传染性法氏囊病病毒(IBDV)、鸡传染性贫血病毒（CIAV)、禽网状内皮增生病病毒（REV)、禽呼肠孤病毒（REoV)、马立克病病毒（MDV）等。虽然它们分别能引起特定的临床症状和病理变化，但其中有些病毒感染则以诱发鸡群的免疫抑制状态为其主要病理作用，仅在特定的条件下才表现出特异性症状和病变，如REV、RooV和

CIAV；有些病毒的某些致病型株就只是引起免疫抑制，如IBDV的美国变异株及在市场上供应的某些毒力较强的商品疫苗株；有的病毒则在没有出现特异症状和病变前的感染早期就以免疫抑制为其主要致病作用，如MDV。虽然还没有引起明显的病理变化，但它们诱发的免疫抑制状态足以给鸡群带来显著不良影响，如导致不同的继发感染或二重及多重感染（如继发性大肠杆菌病），对鸡群疫苗免疫效果减弱（如对鸡新城疫疫苗免疫），使某些疾病表现得更为严重（如导致IBDV感染引起的死亡和ALV-J引起的肿瘤发生率呈显著增加）等。在大规模集约化饲养的鸡场，这类免疫抑制性病毒感染更是影响鸡场经济效益的重要因素。随着养鸡业的竞争越来越激烈，养鸡业的技术含量也越来越高。控制免疫抑制性病毒感染则是其中最重要的方面之一。

在可能引起鸡群免疫抑制的病毒中，能通过鸡蛋垂直感染的病毒更要引起注意，如REV、CIAV、REoV不仅能横向接触传染，还可通过鸡蛋造成垂直传染。由垂直传递引起的先天感染不仅发病严重，更会带来一些流行病学上的问题。如非SPF鸡胚来源的弱毒疫苗的污染问题和鸡群感染的控制问题。例如，由于REV污染的弱毒疫苗（如抗马立克病及鸡痘疫苗）接种一周龄以下雏鸡引起的REV感染相关的综合征，在国内外不断报道。我国目前有相当多的鸡群仍在应用非SPF鸡胚来源的疫苗，也导致该病毒感染在我国鸡群中感染的普遍性。

（二）我国鸡群中免疫抑制性病毒感染的严重性

虽然对免疫抑制性病毒感染在我国鸡群中的发生状况目前还缺乏系统的流行病学调查，但已有不少报道显示了它的普遍性。

1. *鸡贫血病毒流行状况*　根据对CIAV抗体的检测，崔现兰等（1994）证明有80%的随机鸡血清标本对该病毒呈阳性反应，而刘岳龙等（1996）用特异性核酸探针做斑点杂交表明，在被检测的52个鸡群中有36个正有CIAV感染。最近，有人在对从全国各地随机采集到的65个法氏囊样品中，有40%的样品中经CIAV特异性核酸探针检出该病毒的存在。

2. *马立克病病毒的感染率*　在我国，不论是鸡场还是禽病专业人员，对马立克病病毒的感染，似乎仅注意由病毒感染诱发的肿瘤直接引起的死亡，而常常忽视该病毒感染在诱发肿瘤前可能造成的免疫抑制。为了了解广西当地三黄鸡中MDV的感染状态，蒋玉雯等（1999）发现，在4~5月龄的三黄鸡中MDV的自然感染率可达23.1%~26.7%，此后显著下降。同样，在我们对从各地随机采集来的65份疑似传染性法氏囊病病鸡的法氏囊样品用核酸探针做斑点杂交时，有61.5%的样品对MDV呈阳性反应。有人在对江苏某商品蛋鸡群屠宰前随机采样，在100多份羽囊样品中，有31.3%样品显示感染了该病毒。

3. *禽网状内皮增生病病毒感染状态* 在20世纪80年代，REV感染在我国仅偶见报道（崔治中等，1987；何宏虎等，1988），但近来发现，在一些鸡群中对REV抗体阳性率已相当高。何勇群等（1998）所做的调查表明，在北京郊区7个有不同症状的鸡场，其对REV抗体阳性率可能高达21.4%~71.0%。其中，出现免疫抑制状态的鸡群对REV抗体阳性率要比正常鸡群高得多。在一个有所谓传染性腺胃病并发生生长迟缓的鸡群，杜元创等（1999）也分离到REV。最近，有人用对REVV的核酸探针做斑点杂交，从全国各地采集的65个随机法氏囊样品中检测出对这种病毒的感染率为23.1%。在江苏省某蛋鸡群采集的样品中，阳性率是19.6%。更值得注意的是，分别在江苏和山东两个表现出明显免疫抑制状态的父母代蛋鸡场的50日龄的后备蛋鸡群，均分离到REV，两个鸡群对REV的病毒血症分别是4/4和2/4。

（三）由免疫抑制性病毒多重感染引起的鸡群的免疫抑制

在我国，不仅不同种类的免疫抑制性病毒感染在鸡群中很普遍，而且由这些病毒造成的鸡群的二重感染及多重感染亦相当普遍。

有人在屠宰前后对一健康商品代蛋鸡群的检测表明，其羽囊中MDV的阳性率为25/80（31.3%），胸腺中CAV和REV的阳性率分别为9/46（19.6%）和17/80（21.3%），其中有5只鸡同时感染MDV和REV。

对来自江苏及其他8个省市的65只临床疑似传染性法氏囊病鸡法氏囊样品的检测表明，在法氏囊中大都能检出IBDV，此外还分别能检出MDV、CAV和REV中的一种或两种甚至同时检出所有四种病毒。在这65份样品中，17份样品感染了上述四种病毒中的两种，16份样品感染着三种病毒，还有5份样品感染了所有这四种具有免疫抑制作用的病毒。

近几年，我国各地都报道了以腺胃肿大为特征的所谓的传染性腺胃病。对其病因则众说不一，由腺胃型传染性支气管炎病毒、呼肠孤病毒、NDV和REV等引起的各种观点都有。以上的两个鸡群中亦有40%~50%的病鸡腺胃出现球状肿大的表现。但我们认为，腺胃肿大在鉴别诊断上只能看作为一种次要的非特异性病理变化。因此，考虑到在过去三四年中有关传染性腺胃病或腺胃型传染性支气管炎中，有不少文章都提到同时有法氏囊和胸腺萎缩的病理变化，其中必有一些病例与本文报道的鸡群的免疫抑制状态的病因相类似，只是也被忽视了而已。

（四）关于“条件致病性病毒”

条件致病性细菌已是传染病学中被广泛接受的概念，但是否也需要应用“条件致病性病毒”这一概念呢？提出这一问题作为此次的结尾。

对多种病毒病都提到相应病原在鸡群中的普遍存在。但是，由这些不同病毒

引起的病却并不是普遍发生和流行的。显然，其中相当多的病毒只是弱毒或需要有一定条件激发才会引起发病。本文前面已提到，在一些鸡可同时检出三种甚至四种不同的病毒，但它们对这一个体的感染显然不会是同时开始发生的。其中先发生感染的病毒并没有直接引起发病。对于高密度饲养的鸡群，应用条件致病性病毒这一概念，可能更有利于我们对疫病发生规律的理解。

（五）免疫失败原因及防制对策举例

1. *鸡马立克病*　鸡马立克病（MD）是由鸡疱疹病毒（MDV）引起的鸡最常见的淋巴组织增生，以外周神经、性腺、虹膜、各种内脏、肌肉和皮肤的淋巴样细胞浸润、增生和肿瘤形成为特征。本病具有传播迅速，施行面广，潜伏期长，病状病变复杂，患病鸡群被迫淘汰及死亡率达10%~80%不等，严重威胁着养鸡业的发展。20世纪70年代成功地应用火鸡疱疹病毒（HVT）疫苗预防本病以来，虽然发病率大为降低，但在许多国家和地区本病依然存在，并且造成较大经济损失。究其原因主要是由于接种疫苗免疫失败，这个问题已越来越引起人们的关注，现将国内外有关这方面的情况做一简介。

（1）毒株类型和致病径及免疫特点：MDV分为3类。第一类（MDV-Ⅰ）属血清Ⅰ型，包括强毒分离株和它们的致弱变异株，均具有不同程度的致病性，毒力低的如Cu2、CVI988，中等毒力的如HPRS-17、Conn-A，强毒（vMDV）如JM、GA、HPRS-16等毒株，超强毒（vvMDV）Md/5、RBTB、vMD11及ALa~8等毒株。第二类（MDV-Ⅱ）属血清Ⅱ型，都是天然无致病力的MDV，如HPRS-24，SB-1，HN-1等毒株。第三类（MDV-Ⅲ）包括所有火鸡疱疹病毒（HVT）和它的变异株，属血清Ⅲ型，均无致病性，如FC126，WTHV-Ⅰ、HPRS~26等毒株。这三种血清型虽然可用血清学试验来区分，但它们仍有许多共同抗原成分，因此可以交互免疫，例如以Ⅱ及Ⅲ型的无毒株免疫鸡群可以抵抗Ⅰ型毒株的感染。但另一方面抗一种血清型的抗体多能与同源抗原发生强的反应，表现在同源抗体的干扰现象上。研究还表明，本病的免疫是一种干扰现象，使用灭活疫苗无效，而MDV的Ⅰ、Ⅱ、Ⅲ型活疫苗的免疫力主要是针对病毒抗原，保护抵抗强毒在淋巴器官的复制和降低潜伏感染的水平。此外，试验还证明不同血清型之间还有协同作用，特别以Ⅱ型与Ⅲ型之间更明显。

（2）疫苗的类型和各自的特点：目前国内外使用的MD疫苗主要有两类，一是鸡马立克病细胞结合性疫苗，又称冰冻疫苗；二是脱离细胞的疫苗，又称冻干疫苗。按疫苗株的血清型大致分为四种。

现将常用的疫苗种类及其特点列于表10-8。

表 10-8 常用的疫苗种类及其特点

疫苗类型及代表株	特点						
	保存温度	母源抗体干扰	免疫力产生快慢	免疫效率大小	疫苗病毒在鸡群中的扩散	稀释后疫苗的稳定性	能抵抗强毒攻击的能力
血清Ⅰ型弱毒疫苗 CVI988	-198℃	+	5天	++++	强	1~24小时	MD超强毒
血清Ⅱ型自然弱毒株疫苗 SB-1、301B/1 及 Z4	-198℃	+	10~14天	+++	较低	1~2小时	MD强毒
血清Ⅲ型自然弱毒株疫苗 FC126	2~8℃	++	10~14天	+	无	1~2小时	MD强毒
不同血清型的多价疫苗 HVT+SB1，HVT+301B/1，HVT+CVI988	-198℃	+	7天以上	++++	不高	1~2小时	MD超强毒

上述疫苗不能用于紧急接种，仅用于预防注射，且以一日龄雏鸡为最佳，不得已时也可用于2~7日龄的雏鸡。至于接种途径可在颈部皮下或腿部肌内注射。此外，采用18日龄的鸡胚接种，据报道其免疫效果比一日龄时接种雏鸡更好。

（3）疫苗免疫失败的主要原因：

1）疫苗质量不佳。主要表现在：一是蚀斑数不足，未能达到按规定每只份在1 500个以上；二是所用原材料非SPF动物，可能混杂其他病原体；三是种毒传代次数过高。

2）疫苗运输保存不当。根据疫苗种类的特点，如HVT冻干疫苗需要低温保存，而细胞结合疫苗所谓冰冻疫苗，必须液氮储存，但在实践过程中往往达不到这些要求，从而影响了疫苗的蚀斑数。

3）疫苗稀释不妥。表现在两个方面：一是没有按疫苗专用稀释液使用说明进行稀释，有的添加某些抗生素或与某种疫苗混合；二是稀释后使用时间过长，据上海松江生物药品厂试验，疫苗稀释后在20℃左右室温中1小时，经测定其毒价损失40%以上。南京药厂亦做过类似试验，结果冻干疫苗稀释后放在28~30℃环境中1小时和2小时，病毒损失率分别为55%和65%。由此可见马立克病疫苗在高温环境易受到破坏，稀释的疫苗务必在低温存放，并于1小时内用完。

4）免疫剂量不足。除了上述三个因素影响免疫剂量外，在接种过程中，由

于工作不细致以致漏注或少注亦时有所闻，从而导致免疫失败。

5）母源抗体的干扰。在某些鸡场其祖代、父母代、商品代长期均使用同种疫苗即 HVT 疫苗，这就容易造成同源母源抗体干扰，从而影响了免疫力的产生。据报道，在有同源抗体存在时，可使 HVT 冻干疫苗的预防效力下降 30%以上。

6）鸡群存在野毒、甚至超强毒。疫苗接种后至少要在一周以后才能产生免疫力，此时亦正是雏鸡对此病最敏感的时期，如果环境污染，有的鸡只早已感染了疫病，加上注射疫苗时针头不注意更换或消毒，造成人为扩散病毒的恶果。此外，已有不少报道，某些鸡场存在超强毒株，致使接种过的 HVT 疫苗的鸡群其发病率高达 50%以上。

7）免疫抑制因素的影响。一些疾病常会引起鸡体免疫系统损害，如传染性法氏囊病，禽白血病、网状内皮组织增生症、传染性贫血、沙门杆菌病及球虫病等多种病原体，均能使雏鸡对 MDV 的免疫应答降低，不能产生足够的保护力。此外，饲养管理方面，如过度拥挤、寒冷及饥渴等不良应激因素的刺激，引起鸡体的免疫应答抑制，导致免疫效力下降。

（4）发病症状：人工感染引起马立克病的潜伏期已相当明确。接种 1 日龄雏鸡，在感染后 2 周开始排毒，在 3~5 周排毒量最大。感染后 3~6 天出现溶细胞性感染，随后（在感染后 6~8 天）淋巴器官出现病变。大约 2 周后可见神经和其他器官的单核细胞浸润。然而，一般要到第 3 周和第 4 周才出现临床症状和大体病变。在接种细胞性物质后 10~14 天产生肿瘤，可能是由于移植反应，但早在感染后 8~12 天可能发生“早期死亡综合征”而死亡。

很难确定野外条件下疾病的潜伏期。虽然有时 3~4 周龄的幼鸡暴发本病，但大多数严重病例都从 8 周或 9 周龄开始，且通常不可能确定暴发的时间和条件。

在发生急性马立克病时，综合征就更具暴发性，开始以大多数鸡的严重委顿为特征；几天后有些（但不是全部）鸡发生共济失调，随后出现单侧或双侧肢体瘫痪。另一些鸡则可能死亡而不表现明显的临床症状。许多病鸡陷于脱水、消瘦和昏迷状态。

本病侵害虹膜可导致失明。病眼逐渐失去其对光线强度的适应能力。临床检查也揭示了从虹膜同心环状或点状褪色，或弥散性青蓝性褪色到弥散性灰色混浊等变化，瞳孔起初变得不规律，后期只剩下一针尖大小的孔。也可能见到诸如体重下降、苍白、厌食和腹泻等非特异性症状，特别是病程长的病鸡更是如此。在商业性饲养条件下，病鸡可能由于吃不到食物和饮水而导致饥饿和脱水而死亡，或被同圈的鸡践踏而死。

（5）发病率和死亡率：马立克病的发生率变动很大，少数有临床症状的病鸡可复原。但总体上说，死亡率几乎与发病率相等。应用疫苗以前，估计感染鸡群的损失从少数到25%或30%不等，偶尔可高达60%。目前95%～100%的产蛋鸡都进行预防马立克病的免疫接种，这使大多数国家的马立克病损失小于5%。一些国家对肉用仔鸡群进行免疫，而另一些国家则不进行免疫，肉用仔鸡的实际损失为0.1%～0.5%，废弃率为0.2%或更高，而美国在1987年的废弃率仅为0.04%。

疾病发生后，病鸡逐渐死亡，且一般持续4～10周。疾病可在单个鸡群暴发，或偶尔在一个地区的几个鸡群，或在一个农场的多个鸡群连续暴发。

（6）病理变化：现已很好地总结并综述了马立克病的病理学变化。神经病变在鸡中最常见。脑中看不到肉眼变化，但通常可在一根或多个外周神经、脊神经根和根神经节上发现大体病变。自然病例和人工感染鸡的病变分布相似。

受损害的外周神经以横纹消失、灰色或黄色的褪色及有时出现水肿外观为特征。局限性或弥散性增大使受损害部位比正常情况大2～3倍，有些病例则更大。由于病变经常是单侧的，因此在病变轻微的情况下与对侧神经的比较特别有助于诊断。受损害神经的一部分与另一部分的病变程度不同，因此可能非常有必要仔细检查各个神经分支以发现大体病变。受侵害的脊神经节增大，略显半透明且微带淡黄色。增大很少是对称的，且病变经常扩展到相邻的脊髓组织中去。把脊柱的背部剥去后，即可暴露出神经节。

淋巴肿瘤可在一种或多种器官中发生。淋巴瘤性病变可在性腺（尤其是卵巢）、肺、心肌、肠系膜、肾、肝、脾、法氏囊、胸腺、肾上腺、胰腺、腺胃、肠、虹膜、骨骼肌和皮肤中见到，涉及所有器官。

（7）综合防治对策：疫苗免疫是防治MD最有效的措施，但不是唯一的措施，而且还受到上述许多因素的影响而导致免疫失败。因此必须以免疫为中心，全面搞好综合措施，才能有效地控制MD的发生。

1）保证疫苗质量。建议选购名牌或大厂的产品，同时了解制苗原材料最好为SPF动物，而使用的种毒又是低代次的，并且有着严格的监测制度。这样才能保证优质、高效的疫苗。

2）正确选择疫苗种类。对怀疑有被野毒污染的鸡场，首选产生免疫力快的CVI988，如证实有超强毒的存在则应选择二价疫苗或多价疫苗。

3）严格做好疫苗的运输和保存。根据冻干疫苗和冰冻疫苗的特点，必须在低温或液氮中保存。

4）合理选用免疫增强剂。苏威公司生产的免疫增强剂ACM1（乙酰甘露聚糖)，据其报道，HVT+ACM1 的效果与液氮保存的 HVT+SB1 双价苗的效果相近，但由于 ACM1 是冻干品，故免去了使用液氮的麻烦。这种增强剂曾在湖南和新疆等部分鸡场应用亦收到明显效果。我国辽宁省益康生物制品厂生产的免疫增强剂对促进鸡马立克疫苗早期免疫，提高免疫效果亦起了很好的作用。

5）克服同源母源抗体的干扰：综观国内外的情况，常采取五种方法。

A. 增加 2~3 个免疫剂量。

B. 在首次免疫后两周前后进行二次免疫。

C. 将 HVT 冻干疫苗与免疫增强剂合用。

D. 在鸡群的世代间交替使用不同血清型的疫苗。

E. 使用二价或多价疫苗。

6）严格遵守疫苗的使用方法。首先疫苗的稀释必须使用专用的稀释液，不能与其他疫苗混合或加入抗生素等物质，稀释后的疫苗应在 1 小时内用完；其次使用的器具需认真消毒，注射部位应在颈部皮下或腿部肌肉，其剂量应该准确。

7）认真隔离消毒、预防早期感染。种蛋、孵化器、孵化室以及育雏室等必须彻底消毒，以防野毒早期感染，免疫接种的雏鸡应隔离 3 周以上，而育雏鸡舍应与育成鸡舍隔开，并且做到全进全出制。

8）控制其他疫病，消除免疫抑制。上面已提及的多种病毒病、细菌病及寄生虫病等都会导致 MD 的免疫抑制，因而必须采取相应的防治措施，保持鸡群的健康水平，使得 MD 疫苗获得良好的免疫应答。

9）加强饲养管理，减少应激因素。加强饲养管理，提高机体抵抗力，这是搞好免疫的基础，因此育雏期间的光照、温度、湿度、密度应严格按规定执行，进行适当通风，以减少氨气、硫化氢等气体的刺激。同时要给予全价饲料和清洁饮水，此外还要尽量减少噪声等其他不良因素。

2. 鸡淋巴细胞性白血病　鸡淋巴细胞性白血病（LL）是近性成熟鸡或性成熟鸡的一种白血病病毒引起的肿瘤性疫病。以流行缓慢、病程长、死亡率低，肝脏、脾脏、肾脏及法氏囊出现肿瘤为特征。白血病是鸡的一类病型很复杂的慢性传染病，是由一群具有若干共同特性的病毒感染所引起，它的特征是造血组织发生恶性的、无限制的增生，在全身很多器官中产生肿瘤性病灶。本病的死亡率很高，对产蛋鸡群的危害性特别严重。白血病有各种病型，根据国际有关兽医组织的分类，把白血病分成四型，即淋巴细胞性白血病、成红细胞性白血病、成髓细胞性白血病和骨髓细胞瘤病。除此之外，现在也把一些由病毒引起的肉瘤和良性肿瘤包括在白血病之内，总称之为“白血病/肉瘤群”，包括鸡的纤维肉瘤、肾母细胞瘤、骨石化病、血管瘤，等等。白血病的病原是一群密切相关的黏液病毒，能够引起多种肿瘤性疾病，所以也是一种多瘤病毒。根据它们的抗原性不同，可以分成四个亚群，同一亚群的病毒能够互相干扰，并具有相同的血清中和能力。白血病病毒不耐高温，60℃温度下不到 1 分钟即失去活性，必须在-60℃的低温条件下，才能保存数年。各型白血病中以淋巴细胞性白血病最常见。除此之外，骨石化病、成髓细胞性白血病等，也较为多见，特别是在大群饲养的肉用仔鸡，有的宰后检出率很高，应该引起注意。这里重点谈一下淋巴细胞性白血病的问题。

在自然情况下，本病主要发生于鸡（鸭、鹅、鸽等偶有发病报道），母鸡的易感性比公鸡高，年龄愈小易感性也愈高，通常在 4~10 月龄的鸡发病率最高。本病的传染方法主要是同病鸡直接或间接接触以及通过鸡蛋传染。感染母鸡能通过鸡蛋排毒，此外，应用被病毒污染的鸡蛋制造的疫苗，也能够传播本病。鸡白血病病毒是反转录病毒科的 RNA 肿瘤病毒 C 属的白血病/肉瘤病毒群。本病毒不耐高温，50℃、8 分钟或 60℃、30 秒即可失去活性，但在-60℃低温条件下可保存数年。

（1）流行特点：自然条件下仅感染鸡，母鸡比公鸡易感。幼龄鸡对白血病毒易感性较高，但 4~10 月龄鸡发病最高。本病传播途径主要是经卵垂直传播，8 月龄感染母鸡产的卵含毒量最高。通过直接或间接接触也可感染，但由于必须有紧密接触条件且病毒具有不稳定性，所以认为鸡群间接触传染并不重要。很多降低机体抵抗力的环境刺激因素，都能促进白血病的发生和流行。淋巴细胞性白血病的潜伏期，人工接种 1~14 日龄雏鸡，到 14~30 日龄发病。在 14 周龄以下的幼鸡很少发现本病，自然发病的病鸡都在 14 周龄以上，到性成熟期的发病率最高。病鸡的症状并无特征性，只表现一般全身性症状。鸡冠和肉髯苍白、皱纹，偶尔变青紫色，食欲减退，全身衰弱，进行性消瘦，以致不能站立。病鸡也有泻痢。有的病鸡腹部增大，用手触压时，可以摸到肿大的肝脏，病鸡的腔上囊肿大，用手指伸入泄殖腔内触摸，有时可以摸到肿瘤结节。病鸡最后多因衰竭死亡。

（2）临床症状：病鸡的日龄通常在 4~10 月龄，病型可分四型：淋巴性白血病、成红细胞性白血病、成髓细胞性白血病和骨髓细胞瘤病。基本症状是进行性消瘦，其中以淋巴性白血病最普遍，这里只介绍淋巴细胞性白血病。自然发病的鸡，多发于 14 周龄以上，到性成熟期发病率最高。病鸡的病情达到一定程度时，食欲减退、全身衰弱，鸡冠及肉髯苍白、皱缩，偶呈青紫色，进行性消瘦，以致不能站立，产蛋停止，有时下痢，有的病鸡腹部膨大，可摸到肿大的肝，病鸡到最后因衰竭而死。

（3）剖检变化：明显病变常见于4月龄以上病鸡的肝脏、脾脏、肾脏及法氏囊等器官形成肿瘤，其中肝脏、脾脏发生率最高；其他器官如肺脏、心脏及卵巢也可发生肿瘤。肿瘤表面光滑有光泽，呈灰白色或灰黑色，质地柔软，切面不均匀，很少有坏死灶。本病的病理变化主要在肝、脾和腔上囊，剖检时往往可见这些器官中有肿瘤形成，肿瘤的在各个器官的肿瘤的外观柔软、平滑和有光泽，呈灰白色或淡灰黄色，切面均匀。根据肿瘤的形态和分布，可以分成粟粒型、结节型和弥漫型等形式，特别在肝和脾最明显。粟粒型的淋巴瘤多为直径不到2毫米的小结节，均匀地分布在整个器官的实质中。结节型肿瘤大小不一，大的可达鸡蛋大，单个存在或大量分布，结节一般呈球形，但也可能为扁平形。弥漫型的淋巴瘤使器官的体积显著增大，例如肝脏可比正常增大好几倍，色泽变灰白，质地变脆，整个肝脏的外观变成大理石样的色彩，肝脏的变化是淋巴细胞性白血病的一个重要特征，所以本病俗称为“大肝病”。脾的变化和肝相同，体积显著增大，呈灰棕色，表面和切面上也有许多灰白色的肿瘤病灶，偶然也有凸出在表面的结节。其他器官如腔上囊、肾、心、肺、肠壁等，在严重的病鸡也都有这种灰白色的肿瘤结节形成。白血病的临床诊断比较困难，主要依靠病理剖检，根据本病的特征性病理变化和肿瘤病灶，可以做出初步诊断。

（4）绿色防治措施：本病既无疫苗预防，又无药物治疗，应着重抓好预防工作。雏鸡对本病的易感性高，感染后长大时发病，雏鸡和成年鸡要分开饲养。鸡群中的病鸡和可疑鸡，需彻底淘汰。种蛋要从健康鸡中购买，入孵前要消毒，应着重抓好以下综合防治措施：

1）对鸡群（特别是蛋鸡），每隔1~3个月检查一次，发现病鸡及可疑病鸡应立即淘汰，以杜绝该病传染。

2）种蛋或蛋鸡应从无淋巴细胞性白血病鸡场购入，而且孵化前应对种蛋严格消毒。

3）成年鸡与雏鸡分群饲养管理，防止可能性的接触感染。

4）加强饲养管理，搞好鸡舍消毒及清洁卫生工作。

据了解，鸡白血病的传播途径有两种：一种是由母体垂直传播给后代，另一种是同类间的水平传播。实验室诊断可应用琼脂扩散试验和补体结合试验方法。患淋巴性白血病的病鸡没有治疗价值，应该着重做好疫病防制工作：①鸡群中的病鸡和可疑病鸡，必须经常检出淘汰。②白血病可以通过鸡蛋传染，孵化用的种蛋和留种用的蛋鸡，必须从无白血病鸡场引进。孵化用具要彻底消毒。蛋鸡群如发生淋巴细胞性白血病，鸡蛋不可再作种。③幼鸡对白血病的易感性最高，必须与成年鸡隔离饲养。④通过严格的隔离、检疫和消毒措施，逐步建立无白血病的蛋鸡群。

3. 网状内皮增生症

本病是由网状内皮增生症病毒引起的一种肿瘤性传染病，以贫血、生长缓慢、消瘦和多种内脏器官出现肿瘤、胸腺和法氏囊萎缩、腺胃炎为特征。本病还可侵害机体免疫系统，导致免疫功能下降或免疫抑制。近年来在我国日趋严重，危害不小。

（1）流行特点：本病可见于鸡、鸭、火鸡和其他鸟类，其中火鸡最易感。自然发病年龄为80日龄左右，发病率和死亡率不高，呈一过性流行，病程约10天；常因免疫功能下降而导致其他疾病继发感染，加重病情，造成严重损失。

（2）临床特征：急性病例无明显症状，病程较长时，可见嗜睡、消瘦、衰竭，鸡冠苍白。

（3）剖检病变：病尸消瘦，肝脏肿大，有弥漫性肿瘤结节。肝脏肿大，表面有大小不等的灰白色增生性病灶。有时可见肿瘤结节呈扣状。病鸡胸腺、法氏囊萎缩。肠壁肿瘤增生，呈串珠状。腺胃肿胀，乳头界限不清。腺胃黏膜出血。

（4）防治要点：本病为新疾病，目前尚无系统防制方法，加强饲养管理，严格执行兽医卫生措施，防止病原入侵，是唯一可行的方法。

4. 鸡传染性贫血

本病是由鸡贫血病毒引起的雏鸡再生障碍性贫血、全身淋巴组织萎缩、皮下和肌肉出血为特征的一种免疫抑制性疾病。又称出血性综合征或贫血性皮炎综合征。

（1）流行特点：本病呈全球性流行，我国也有本病的发生，业已分离出病毒，血清学检查表明，本病的感染较为普遍，且有愈演愈烈之势。自然情况下只感染鸡，2月龄以内的鸡多见，1~7日龄最易感，死亡率10%~50%，主要经卵垂直传播，也可水平传播。

（2）临床特征：感染鸡是否表现临床症状及严重程度，与鸡的年龄、毒株毒力及是否伴发或继发其他疾病有关。本病的临床特征是贫血。病鸡消瘦、鸡冠苍白。病鸡表现为精神沉郁。翅部皮肤因出血呈蓝色（蓝翅）。出血性皮炎可见于翅部。翅部皮肤出血、坏死或全身皮肤出血、坏死、破溃。血液稀薄，凝固不良，流出的血如兑入水一样。

（3）剖检病变：腿部肌肉苍白、出血，出血呈斑片状或条状。有时可见全身肌肉苍白，广泛性出血。法氏囊、胸腺严重萎缩。骨髓呈淡粉红色或黄白色。腺胃黏膜出血并有灰白色脓性分泌物。

（4）防治要点：传染性贫血无有效疗法，只能依靠综合防治，及时用血清

学方法检疫淘汰阳性鸡，可有效防止本病发生。用进口弱毒活疫苗，接种育成期蛋鸡可预防雏鸡发病。

• 鸡传染性鼻炎病

随着我国规模养殖的不断扩大，呼吸道疾病的发生率也越来越高，特别是秋冬季节，温度的突然降低，呼吸道的疾病更是成了许多肉鸡、蛋鸡饲养密集区挥之不去的顽固性疾病。而传染性鼻炎的发生率比较高，如果诊治不当，治疗不及时常与大肠杆菌病、支原体病混合感染，死亡率很高，不仅增加了养殖成本，而且造成疾病治疗的延误，给养殖造成重大损失。

由此可见，了解鸡传染性鼻炎的发病原因和如何正确诊断，在防治传染性鼻炎提高养殖经济效益上有着非常重要的意义。笔者就自己的临床经验对引起鸡传染性鼻炎的因素及其症状做一分析，供广大兽医工作者和养殖业主参考。

（一）病原及流行特点

传染性鼻炎是由副嗜血杆菌引起鸡的一种急性上呼吸道传染病。主要侵袭鸡的鼻腔、鼻窦黏膜和眼结膜，可蔓延到支气管和肺部。其特征为鼻腔、鼻窦黏膜发炎，流水样鼻涕，颜面水肿，流泪，以及呼吸道症状。任何年龄的鸡均可发病，一般秋末和冬季可发生流行，特别是到了冬季，为了保温造成通风不良导致本病在寒冷季节多发，具有来势猛、传播快、发病率高、降蛋快、死亡率低的特点。一般2~3周即可康复。

（二）临床症状

本病潜伏期短，为1~3天。病鸡精神沉郁，食欲减退，生长停止，蛋鸡开产期延迟，产蛋量下降10%~40%不等。该病的死亡率约为20%，如有并发症，则死亡率较高。病初鼻腔流出稀薄水样液体，眼结膜潮红，进而角膜混浊、失明；鼻液浓稠并有臭味，堵留鼻腔而出现甩头甩鼻，可闻到难闻的臭味；颜面、鼻窦肿胀，公鸡肉髯常见肿大；呼吸困难伴有啰音，鼻孔周围凝结成痂，常粘有饲料，由于鼻孔蓄脓，肿胀并蔓延到面部，重者头部肿大，如炎症蔓延至下呼吸道，则呼吸困难，病鸡常摇头欲将呼吸道内的黏液排出，并有啰音，咽喉积有分泌物的凝块，最后常窒息而死。

（三）病理变化

本病发病率虽高，但死亡率较低，尤其是在流行的早、中期鸡群很少有死鸡出现。但在鸡群恢复阶段，死淘率增加，但不见死亡高峰。这部分死淘鸡多属继发感染所致。病理剖检变化也复杂多样，有的死鸡具有一种疾病的主要病理变化；有的鸡则兼有2~3种疾病的病理变化特征。具体说在本病流行中由于继发病致死的鸡中常见鸡支原体病、鸡大肠杆菌病等。主要病变为鼻腔和窦黏膜呈急性卡他性炎，黏膜充血肿胀，表面覆有大量黏液，窦内有渗出物凝块；常见卡他性结膜炎，结膜充血肿胀；脸部及肉髯皮下水肿。蛋鸡见有卵黄性腹膜炎、软卵泡、血卵泡，公鸡睾丸萎缩。

严重病例的明显症状是鼻道和窦内有浆液性和黏液性分泌物，这种分泌物干燥后就在鼻孔周围凝结成淡黄色结痂，眼结膜发炎，眼睑粘连，一侧或两侧眼眶周围组织肿胀，脸部水肿，有时蔓延到肉髯。病鸡食欲减退或完全不食，羽毛松乱，蜷伏不动，有时出现下痢。幼鸡生长停滞，母鸡出现产蛋率下降。有时上呼吸道的炎症可蔓延到气管和肺部而发生呼吸困难；发出“咕噜咕噜”的呼吸音，有时还可见有伸颈发出怪叫声的病例。

总之，鸡传染性鼻炎是由嗜血杆菌引起的，以眼和鼻黏膜发炎为主要特征的青年鸡和产蛋鸡的急性上呼吸道疾病。全群鸡通常有一小半至一大半表现症状。轻病例仅见鼻腔流出稀薄的鼻液，重病例鼻液黏稠，有臭味，变干后成为淡黄色鼻痂，呼吸不畅，病鸡常摇头或以脚爪搔鼻部。眼结膜发炎、肿胀，甚至失明。

（四）鉴别诊断

1. 与传染性支气管炎鉴别诊断　本病雏鸡发病重，呼吸症状明显，流鼻液，无头部肿胀。肾型传染性支气管炎，肾肿大苍白，肾小管、输尿管有多量尿酸盐沉积，药物治疗无效，病死率高；患病成年鸡呼吸症状不明显，产蛋量急剧下降，软壳蛋、沙皮蛋较多，蛋清稀薄如水，浓蛋白层消失。蛋白稀薄如水，畸形蛋增多。

2. 与传染性喉气管炎鉴别诊断　多见于成年鸡，出血性炎症，呼吸困难，咯血（血性黏液），气管黏膜出血性坏死，久病鸡喉气管黏膜带一层干酪样假膜，无头部肿胀，磺胺类药物和抗生素治疗无效。

3. 与支原体病鉴别诊断　发病慢，呼吸道症状明显且时间较长，一般数周或数月，肿脸的鸡在鸡群中传播较慢，并且精神和采食变化不大，气囊发炎、混浊、增厚，囊腔内附豆腐渣样分泌物，而传染性鼻炎气囊无此病变。

4. 与维生素A缺乏症鉴别诊断　病鸡趾爪蜷缩，眼睛流出奶样分泌物，喙和小腿黄色变淡。剖检可见鼻腔、口腔、食道以致嗉囊的黏膜表面有大量白色小结节，严重时结节融合成一层灰白色的假膜覆盖于黏膜表面。

通过以上症状可对传染性鼻炎做出初步诊断，确诊需进行实验室诊断。可将取得的窦分泌物经窦内接种2~3只健康鸡，如果经1~2天发生鼻炎即可确诊，也可以通过细菌分离培养确诊。

（五）预防措施

对传染性鼻炎的预防，主要靠注射鼻炎灭活苗。传染性鼻炎二价或三价氢氧化铝胶灭活油苗，胸部或腿部肌内注射 0.5 毫升/只，6~8 周龄首免，10~15 天后产生免疫力，12~16 周龄或开产前二免，每只 1 毫升（可分 2 处接种），保护率达 90%以上，免疫期 6 个月。此外，还有传染性鼻炎-新城疫二联灭活油苗、传染性鼻炎-鸡毒支原体病二联灭活油苗、传染性鼻炎-新城疫-产蛋下降综合征三联灭活油苗等。

（六）治疗措施

（1）副鸡嗜血杆菌对磺胺类药物非常敏感，是治疗本病的首选药物。一般用复方新诺明或磺胺增效剂与其他磺胺类药物合用，或用 2~3 种磺胺类药物组成的复方制剂均能取得较明显效果。但养殖户是有所顾忌的，主要是担心影响鸡群产蛋。由于本病的传播速度相当快，即使不使用磺胺类药也必然会引起减蛋，如果在发病初期合理地用药，则能迅速控制病情，减少继发感染机会，同时可起到缩短病程，加快鸡群康复的作用。

（2）对于病鸡采食明显下降，拌料不能保证体内药物达到有效浓度时，使用抗生素采取肌内注射的办法同样可取得满意效果。可肌内注射青霉素+链霉素 5~10 单位/只、庆大霉素 100~200 毫克/只，连用 3~5 天，疗效显著。

（3）对于免疫过两次或两次以上疫苗，且发病数量较少的，应避免使用产蛋影响较大的磺胺类药物，可选用红霉素、强力霉素、恩诺沙星等药物治疗。磺胺二甲基嘧啶，按 0.2%比例拌入饲料中喂服，连用 3~4 天。土霉素，按 0.2%比例混入饲料内，连喂 3~4 天。

总之磺胺类药物和抗生素均可用于治疗，关键是给药方法能否保证每天摄入足够的药物剂量，这才是保证治疗效果的关键，是值得注意的问题。

（七）防治体会

（1）免疫接种、良好的饲养管理、完善的生物安全和卫生消毒措施的有机结合，才是防治鸡传染性鼻炎最为有效的措施。由于秋末冬初季节交替或寒冷的冬季，气温忽高忽低、乍热乍冷、昼夜温差大，冷空气致使呼吸道黏膜血管收缩，造成局部血液循环不畅、抵抗力下降是该病发生的主要诱因。所以改善鸡舍环境，注意通风和保温，是消除该病的关键。此外，对鸡舍应定期清粪，定期消毒，实施良好的生物安全和卫生消毒措施，制订科学严格的消毒和管理措施，是控制和切断该病的传染源和传播途径的有效方法；采用优质全价饲料，加强饮水及饮水用具清洗消毒，减少应激因素，是提高鸡群体质、提高机体自身抗病能力，加快疾病的转归的必要条件。

(2) 正确使用药物，注意用药的方式方法，有效控制病情。用磺胺类、抗生素类、喹诺酮类药物饮水或拌料，或肌内注射，均可以很好控制鼻炎，但如果使用不当或药量、疗程不足，会增加病情。另外，在冬季治疗鼻炎时，注意使用磺胺类、抗生素的同时，适当配合抗病毒药物，如在饲料中添加银翘散、扶正解毒散等中药方剂，才能有效控制疾病，产生明显的治疗效果。

(3) 注意和相类似疾病的区别，防止误诊，发生继发感染，增加治疗成本。慢性呼吸道病、传染性支气管炎、传染性喉气管炎、维生素A缺乏症等疾病与传染性鼻炎症状相似，如果不能及时准确判断，将导致传染性鼻炎病症加重或继发其他疾病，如大肠杆菌病、支原体病，使病程延长，增加治疗成本。病程由于鸡的日龄与环境不同而各异，一般在2周左右恢复，很少死亡。然而在病鸡中受到葡萄球菌及大肠杆菌继发感染时，病程可延长。

(4) 调整日粮配方。在炎热季节，肉种鸡的食欲减退，采食量降低，所以一般人认为夏季肉鸡应饲喂高蛋白饲料，以保证肉种鸡生长发育所需的营养需求，其实并非如此。这是因为肉种鸡迅速食入高蛋白饲料后，只可以暂时满足肉种鸡的营养需要，而随后肉种鸡就不太乐意采食甚至拒食，因而造成肉种鸡能量饲料摄入量不足，反而不利于肉鸡的生长发育。相反，如果提高肉鸡饲料的能量水平，降低肉鸡饲料中的蛋白质水平，肉种鸡为了满足蛋白质的需要量，不得不过多地进行采食，以满足肉种鸡对蛋白质的需求，这就使肉种鸡更多地摄取到能量饲料，从而使肉种鸡体重得到增加，其结果要比提高肉种鸡饲料中的蛋白质含量好得多。

(5) 调整饲喂次数。在环境温度过高时，可适当减少饲喂次数，一般做法是在一天最热的时候停喂一次，尽量利用清晨或夜间喂一次，以降低体温，提高饲料的利用率。

(6) 调节体内酸碱平衡。炎热的季节，机体呼吸加快以排出体内多余的热量，结果导致二氧化碳大量排出，体内酸碱平衡受到破坏，使血液pH值升高，严重时出现低血钾、呼吸性中毒不良现象。解决方法：可以向饮水中添加0.15%或0.3%的氯化钾，或者加0.25%的枸橼酸，也可向日粮中加0.5%~1%的氯化钙或0.25%的氯化钾。

(7) 提高维生素的水平。肉鸡热应激时，增加日粮维生素的水平，能有效地帮助肉鸡度过炎热。常用的抗热应激维生素是维生素C，每升饮水中可添加200毫克维生素C，或添加镇静剂和抗生素类药。

• 禽霍乱

禽霍乱（FC）是由禽杀性巴氏杆菌引起的一种急性、烈性、败血性、接触

性传染病，又名禽巴氏杆菌病、禽出败。本病常以败血症和剧烈下痢为特征，发病率和死亡率很高，慢性型发生肉垂水肿和关节炎，是严重危害家禽生产的主要疾病之一。

（一）病原

禽霍乱的病原为多杀性巴氏杆菌，是一种两端钝圆，不运动、有形成芽孢的短杆菌。革兰氏染色阴性。病料组织或体液涂片用瑞氏、姬姆萨氏或亚甲蓝染色镜检，见菌体呈卵圆形，两端着色深，中央部分着色较浅，所以又叫两极杆菌。本菌对物理和化学因素抵抗力比较低，普通消毒常用浓度都有良好的消毒力。常导致肉鸡下痢，不食，鸡冠及肉垂发绀，口流黏性液体，急性死亡为特征的传染病。

（二）流行病学

本病可侵害所有的家禽及野禽。其中以鸡、鸭最易感，鹅的易感性较差；成年禽发生居多，幼禽较有抵抗力。一般为散发或地方性流行，但在鸭群中的流行则很严重。表现为突然发病，在几天内大批死亡，造成重大损失。鸡群发病死亡不像鸭群这样严重。病禽及带菌禽是本病的主要传染源。病禽的排泄物和分泌物含有大量病菌，污染饲料、饮水、用具及场地等，从而散播疫病。本病发生无明显的季节性，但以夏末秋初发病较多，潮湿地区易于发生。健康带菌禽在饲料管理不良、内寄生虫病、营养缺乏、长途运输、天气突变、阴雨潮湿、禽舍通风不良等因素造成机体抵抗力降低时，则能诱发本病。疫病主要通过消化道及呼吸道感染，在自然情况下，鸡、鸭、鹅和鸽都可同时或相继发病，也有仅一种禽类患病。近年来，由于广泛使用全价料和药物预防，宁波等地本病发生呈下降趋势。

（三）临床症状

本病潜伏期一般为2~9天，有时在引进病鸡后48小时内也会突然发病，最短的仅几小时。根据病程可分为三型。

1. 最急性型　常见于流行初期，以产蛋高的鸡最常见。病鸡无前驱症状，晚间一切正常，吃得很饱，次日发现死在鸡舍内，有时见病鸡精神沉郁，倒地挣扎，拍翅抽搐，迅速死亡，病程短者数分钟，长者也不过数小时。

2. 急性型　此型最为常见，病鸡表现为精神不振、食欲减退，不愿走动，离群呆立，下痢，体温升高到43~44℃，呼吸困难，鸡冠、肉髯青紫色。产蛋鸡停止产蛋、最后发生衰竭、昏迷而死亡，病程短的约半天，长的1~3天。

3. 慢性型　由急性不死转变而来，以慢性肺炎、慢性呼吸道炎和肠胃炎较多见。病鸡消瘦，精神委顿，有些病鸡一侧或两侧肉髯显著肿大，随后可能有脓性干酪样物质，可坏死、脱落。有的病鸡有关节炎，表现为关节肿大、疼痛，脚趾麻痹而发生跛行，病程可拖至 1 个月以上，但生长发育和产蛋长期不能恢复。

鸭发生急性霍乱的症状与鸡基本相似，常以病程短促的急性为主，病鸭不愿下水，常落于鸭群的后面或独蹲一隅。呼吸困难，常常摇头，企图排出积在喉头的黏液，故有“摇头瘟”之称。有的病鸭两脚瘫痪，不能行走，一般于发病后 1~3 天死亡。病程长者可见局部关节肿胀，跛行或完全不能行走，羽毛松乱，两翅下垂，雏鸭甚至脚麻痹，瘦弱、发育迟缓。成年鹅的症状与鸭相似，仔鹅发病和死亡较成年鹅严重，常以急性为主，病程 1~2 天即归于死亡。病鸡精神委顿，两翅下垂，羽毛松乱，离群独处，食欲减退，腹泻，排黄色、灰白色或淡绿色稀粪，有时粪中混有血液，体温升高，呼吸急促，口鼻流出多量带血的分泌物。部分鸡只无任何临床症状就突然死亡。

（四）剖检变化

（1）最急性型死亡的病鸡无特殊病变，有时只能看见心外膜有少许出血点。

（2）急性病例病变有较具体的特征性，腹膜、皮下组织及腹部脂肪常见小点出血，心包变厚，内积不透明淡黄色液体，心外膜、心冠脂肪出血尤为明显。肝脏稍肿、质脆、呈棕色或黄棕色，表面散布有许多灰白色、针头大的坏死点。肌胃出血显著，肠道尤其十二指肠呈卡他性和出血性肠炎。肺有充血和出血点，脾脏一般不见明显变化。

（3）慢性型病变局限于某些器官，如关节、腱鞘、肉髯、鼻腔或卵巢等发炎和肿胀，局部有稠厚的酪样渗出物，呈黄灰色。鸭的病理变化与鸡基本相似。雏鸡呈多发性关节炎，关节囊增厚。心肌有坏死灶，肝硬化。

肉鸡解剖：皮下腹部脂肪、胸腹膜出现小点状出血；心冠状沟脂肪有明显针尖大小出血点；心外膜出血；肝脏肿大，质稍硬，在被膜下和肝实质中见有数量较多的弥漫性针尖大小坏死灶；小肠前段尤其是十二指肠呈急性卡他性炎症或急性出血性卡他性炎症。

（五）实验室检验

根据本病的疫苗接种情况、流行病学、临床症状等特征，可做出禽霍乱的初步诊断。为了进一步确诊，进行了实验室检验。涂片镜检和细菌分离培养：制作血片和无菌取肝、脾涂片，革兰氏染色，镜检，可见大量革兰氏阴性小杆菌；瑞氏染色，镜检，可见两极浓染的近似于椭圆形的球杆菌。另将肝、脾等病料接种于鲜血琼脂平板上，置于 37℃ 温箱培养 24 小时，可见在鲜血琼脂平板上有半透明、不溶血、光滑、边缘整齐、灰白色小菌落。将该菌落涂片，革兰氏染色，镜检，可见革兰氏阴性细小球杆菌。鉴定该菌为巴氏杆菌。

（六）诊断

根据禽群的发病情况，临床症状和病理变化，结合药物治疗，可以对本病做

出初步诊断，但应注意与鸡新城疫和鸭瘟相区别。鸡新城疫发病相对比禽霍乱慢、病程长，仅感染鸡，临床上出现剧烈下痢，后期伴有神经症状，剖检见腺胃黏膜乳头出血和小肠出血性坏死性炎症，抗生素和磺胺类药物治疗无效。鸭瘟发病流行期相对较长，仅感染鸭，病鸭眼睑封闭，两腿发软，口腔后部黏膜有假膜、溃疡，头颈肿大，药物治疗无效。剖检可见食道和泄殖腔黏膜有坏死痂或假膜。确诊本病仍有赖于细菌学检查，可采取肝、脾、肾、心血等做涂片或组织触片，用姬姆萨或亚甲蓝染色，镜检见有多量两极着色小杆菌，即可确诊。

（七）防治方法

确诊本病之后，应尽快全群投药。一般多用混料的方式投药，必要时可以肌内注射。常用的药物有青霉素、链霉素、氯霉素、土霉素、灭败灵、灭霍灵、喹乙醇等。

下面推荐几种治疗方案，供参考。

（1）土霉素。每千克饲料混入 2~3 克，连用 5~7 天。

（2）喹乙醇。每千克饲料混入 0.4 克，连用 3 天，之后每千克料混入 0.2 克，再用 5 天。

（3）灭败灵。肌内注射，每千克体重 2 毫升，每天 1 次，连用 2~3 天后换土霉素混料，每千克料混 2 克，连喂 5 天以上。

（4）慢呼净（949）。方法、剂量与鸡慢呼病相同，疗效显著。

（5）强力抗。每小瓶 15 毫升，加水 25~50 千克饮服治疗。用作预防，每瓶加水 50~100 千克，亦可肌内注射，治疗较好。

预防本病关键在于采取综合防治措施，尽可能做到自繁自养，严格杜绝传染源的侵入，要加强饲养管理，消除引起机体抵抗力降低的一切因素。如鸡场饲养密度不能太高，要通风良好，定期驱虫、消毒。平时还要进行药物和菌苗预防。菌苗预防目前普遍使用的为禽霍乱弱毒冻干苗和氢氧化铝灭能苗，但禽霍乱菌苗性能不够稳定，免疫期短，保护率较低，有一定的免疫反应，特别是蛋鸭产蛋期，反应更大。因此，一般应在开产前 4 周和 2 周时各接种 1 次，效果较好。药物预防一般可采用投药 3~4 天，停药 10 多天的方法周期性预防。环丙沙星或恩诺沙星按每千克体重 5~10 毫克的剂量拌料饲喂或肌内注射，每天 2 次，连用 3~4 天。

• 鸡绿脓杆菌病

本病是由绿脓杆菌感染引起的鸡的传染病，主要危害 10 日龄以内的雏鸡。近年来本病在我国时有发生，已成为威胁养鸡业发展的重要疾病之一。绿脓杆菌属于条件性致病菌，常常引起人和动物的发病。近几年来，雏鸡暴发此病增多，由于诊断用药失误，往往造成严重损失。

（一）临诊症状

本病四季均可发生，以春季多见，雏鸡最易感，随着年龄增加，抵抗力增强。育雏室温度过低、通风不良、注射马立克病疫苗、孵化环境污染等均可诱发本病。发病突然，病鸡表现为食欲减退和废绝，精神沉郁，羽毛蓬乱，两翅下垂，不爱活动或行走蹒跚，或缩颈蹲卧、嗜睡，少数呼吸困难，腹部扇动。败血型多发于1~6日龄雏鸡，死亡率为30%~60%，表现为精神不振，食欲废绝，排白色稀便。粪便呈白色黏液样。

（二）剖检变化

此种死鸡剖检时多无特征性病变，除羽毛蓬松污秽，消瘦外，皮下有少量黏性渗出物，肝略肿大、质脆，或色偏黄，偶有出血点；部分肺呈浅红色乃至深红色，鸡爪各关节背侧面的皮肤鳞片处有横向裂口，少者2~3处，多者2~30多处，初期有少量鲜血或血性渗出物，然后形成创痂。创痂坚固不易脱落，强行剥离后露出鲜红或带少许脓性分泌物创面。发生此种裂口状的鸡起初约占全群的9%，以后结痂的达90%。少数病例出现角膜或眼前房混浊，有时病鸡出现震颤，很快死亡。肝脏轻度肿大，有出血点和小坏死灶。肝脏肿大，有出血点和小坏死灶，胆囊扩张。

（三）临床症状

病鸡在发生上述症状的同时，还有约70%的鸡冠前端基部与喙交界处有丘疹样物突起，破溃结痂或有创面，此种创痂，需4~6周龄才可脱落。极少数鸡的断喙切面，形成很厚的黑灰色创痂，剥离后有少量脓性分泌物及渗血创面。约20%的鸡单独或合并发生一侧或少数两侧性眼炎，病初眼睑水肿，有浆液性分泌物，继而眼睑肿胀加重，眼裂闭合，结膜囊内积有脓性分泌物以至多量黄白色纤维素性物或凝块，致使眼睑高度肿胀。角膜初期为浅灰色，以后发展成为白色斑以致眼球萎缩下陷，造成并发症死亡或永久性失明而被淘汰。约20%的鸡一侧或两侧跗关节炎，关节肿大，有压痛，跛行或不行走。

（四）实验室诊断

细菌镜检及分离培养。用肝、脾触片及肿大的跗关节腔内液体涂片，革兰氏染色，镜检见散在的革兰氏阴性杆菌。用上述病料接种于普通肉汤，经37℃培养24小时，肉汤均匀混浊，并有灰白色薄菌膜，肉汤上层约2厘米处出现浅蓝绿色色素，并逐渐加深，但数天后颜色变浅。用相同病料接种于普通琼脂及鲜血琼脂培养基，长出大量一致的菌落，菌落为圆形、边缘不齐、表面光滑湿

润、中等大小，周围产生明显蓝绿色色素和明显溶血现象，培养物有特殊芳香味。镜检肉汤培养物，为革兰氏阴性、无荚膜、无芽孢、单个或2~3个短链细小杆菌。

（五）防治效果

为预防本病，应切实做好种蛋收集、储存、入孵、孵化中期和出雏中的消毒工作，接种疫苗时，应注意对器械严格消毒，尽量避免接种感染。也可在接种前后2~3天使用药物进行预防。对病鸡应及时淘汰，全群口服氯霉素、强力霉素、氧氟沙星、环丙沙星等，有一定疗效。

（1）用0.02%浓度的乳酸诺氟沙星加入饲料中拌服，2天后死亡明显减少，精神好转。使用诺氟沙星最敏感，故连续应用7天，进而控制本病的发生。用药的同时，饮水中加入电解多维，并适当提高舍温。

（2）对表现跗关节炎及眼炎或病弱鸡，注射乳酸诺氟沙星注射液2~3次，每天一次，对上述症状轻者效果较好，对症状较重或生长落后者最终被迫淘汰。

（3）舍内每日用百毒杀进行带鸡喷雾消毒；鸡舍周围及路面等处每天用5%福尔马林喷雾消毒。

• 鸡弧菌性肝炎

本病是由一种弯曲杆菌引起的鸡传染病，病理变化以肝脏肿大、质地脆弱易碎、表面形成星状坏死灶为特征。鸡弧菌性肝炎又称鸡弯曲杆菌病，是由空肠弯曲杆菌引起的细菌性传染病。以肝脏肿大、充血、坏死为特征，治宜消除病原。

本病的病原为一种弯曲杆菌，菌体呈“,”形或“S”形，革兰氏染色阴性，曾被怀疑是空肠弯曲杆菌。该病原大量存在于病鸡肝脏和胆汁中。将肝脏匀浆接种鸡胚卵黄囊，或将胆汁接种于血液琼脂（37℃微氧环境下），可以分离到本病原。用上述分离的菌株感染易感鸡，可以复制出典型的病例。该病原菌对土霉素等抗生素敏感。

（一）流行特点

本病见于雏鸡和成鸡，亦可见于山鸡等家禽。病鸡、带菌鸡是主要传染来源，常随粪便排出病原菌，污染垫料、饲料、饮水，使易感禽经口感染发病。未证实是否可以垂直传播。有证据认为本病的发生有较明显的条件性，与饲养环境恶劣因素有关。自然流行仅见于鸡，多见于开产前后的鸡，一般为散发。饲养管理不善、应激反应，鸡患球虫病、大肠杆菌病、霉形体病、鸡痘等是本病发生的诱因。

（二）临床特征

剖检病鸡，主要病理变化在肝脏。肝脏肿胀，色淡，或肝脏肿大，质地变脆

易碎，表面有灰白色至灰黄色、“雪花样”坏死灶，或有斑点状的出血灶。部分病例肝脏被膜破裂导致大量出血。病鸡表现精神委顿，冠髯萎缩，消瘦，下痢，急性死亡或慢性发病死亡，死亡率达到 15%左右。成年鸡还可能表现产蛋量下降，或产蛋率不能达到高峰值。本病无特征性症状。本病发病较慢，病程较长，病鸡精神不振，进行性消瘦，鸡冠萎缩苍白、干燥。

（三）病变特征

病鸡体瘦和发育不良，病死鸡血液凝固不全。大约 10%的病鸡肝脏有特征性的局灶性坏死：肝实质内散发黄色三角形、星形小坏死灶，或布满菜花状大坏死区。有时在肝被膜下还可见到大小、形态不一的出血区。

（四）实验室诊断

（1）取肝脏进行组织病理学诊断：肝细胞普遍发生变性、散在大小不一的坏死灶，见有大量淋巴细胞和异嗜性白细胞浸润。

（2）病原学检查：无菌取肝胆汁、肝脏或心包液制成 1∶10 悬液，加入杆菌肽锌（25 毫克/毫升），注入 6~8 日龄鸡胚卵黄囊内，继续孵化，3~5 天鸡胚死亡后，用卵黄液涂片、革兰氏染色镜检。

（五）防治方法

注意搞好环境卫生，防止粪便污染饲料、饮水，及时清除带菌的可疑病鸡。注意预防寄生虫病、支原体病等消耗性疾病和传染性法氏囊病、马立克病等免疫抑制性疾病，搞好饲养管理，提高机体抵抗力；发病时，可适当使用四环素或土霉素等混合饲料或饮水喂服做治疗。

治疗时可选用强力霉素、庆大霉素、环内沙星或恩诺沙星等药物，为防止复发，用药疗程可延至 8~10 天。可选处方：土霉素 20~80 克。用法：混饲。拌入 100 千克饲料中喂服，连喂 4~5 天。说明：也可用痢特灵，按每 100 千克饲料 10~40 克用药，连用 7 天。庆大霉素注射液 3 000~4 000 国际单位。用法：一次肌内注射，每天 2 次，连用 3~5 天。

• 禽结核杆菌

（一）病原学

禽结核杆菌属于抗酸菌类，普遍呈杆状，两端钝圆，也可见到棍棒样的、弯曲的和钩形的菌体，长约 13 微米，不形成芽孢和荚膜，无运动力。结核菌为专性需氧菌，对营养要求严格。最适生长温度为 39~45℃，最适 pH 值为 6. 8~7. 2。生长速度缓慢，一般需要 1~2 周才开始生长，3~4 周方能旺盛发育。病菌对外界环境的抵抗力很强，在干燥的分泌物中能够数个月不死。在土壤和粪便中的病菌能够生存7~12个月，有的试验报道甚至长达4年以上。本菌细胞壁中含有大量脂类，对外界因素的抵抗力强，特别对干燥的抵抗力尤为强大；对热、紫外线较敏感，60℃ 30min死亡；对化学消毒药物抵抗力较强，对低浓度的结晶紫和孔雀绿有抵抗力，因此分离本菌时可用2%~4%的氢氧化钠、3%的盐酸或6%硫酸处理病料，在培养基内加孔雀绿等染料以抑制杂菌生长。初次分离本菌，需特殊固体培养基，培养基内有无甘油均可适应其生长。但如果培养基中含有甘油则可形成较大的菌落。常用的培养基如Lowenstein Jensen氏浓蛋培养基或蛋黄琼脂培养基均可用于禽结核菌的分离培养。

（二）流行病学

所有的鸟类都可被分枝杆菌感染，家禽中以鸡最敏感，火鸡、鸭、鹅和鸽子也都可患结核病，但都不严重，其他鸟类如麻雀、乌鸦、孔雀和猫头鹰等也曾有结核病的报道，但是一般少见。各品种的不同年龄的家禽都可以感染，因为禽结核病的病程发展缓慢，早期无明显的临床症状，故老龄禽中，特别是淘汰、屠宰的禽中发现多。尽管老龄禽比幼龄者严重，但在幼龄鸡中也可见到严重的开放性的结核病，这种小鸡是传播强毒的重要来源。病鸡肺空洞形成，气管和肠道的溃疡性结核病变，可排出大量禽分枝杆菌，是结核病的第一传播来源。排泄物中的分枝杆菌污染周围环境，如土壤、垫草、用具、禽舍以及饲料、水，被健康鸡接触及摄食后，即可发生感染。卵巢和产道的结核病变，也可使鸡蛋带菌，因此，在本病传播上也有一定作用。其他环境条件，如鸡群的饲养管理、密闭式鸡舍、气候、运输工具等也可促进本病的发生和发展。结核病的传染途径主要是经呼吸道和消化道传染。前者由于病禽咳嗽、打喷嚏，将分泌物中的分枝杆菌散布于空气，或造成气溶胶，使分枝杆菌在空中飞散而造成空气感染或叫飞沫传染。后者则是病禽的分泌物、粪便污染饲料、水，被健康禽吃进而引起传染。污染受精蛋可使鸡胚传染。此外还可发生皮肤伤口传染。病禽与其他哺乳动物一起饲养，也可传给其他哺乳动物，如牛、猪、羊等。野禽患病后可把结核病传播给健康家禽。人也可机械地把分枝杆菌带到一个无病的鸡舍。

（三）临床症状

人工感染鸡出现可见临床症状，要在2~3周以后，自然感染的鸡，开始感染的时间不好确定，故结核病的潜伏期就不能确定，但多数人认为在两个月以上。本病的病情发展很慢，早期感染看不到明显的症状。待病情进一步发展，可见到病鸡不活泼，易疲劳，精神沉郁。虽然食欲正常，但病鸡出现明显的进行性的体重减轻。全身肌肉萎缩，胸肌最明显，胸骨突出，变形如刀，脂肪消失。病鸡羽毛粗糙，蓬松零乱，鸡冠、肉髯苍白，严重贫血。病鸡的体温正常或偏高。

若有肠结核或有肠道溃疡病变，可见到粪便稀，或明显的下痢，或时好时坏，长期消瘦，最后衰竭而死。患有关节炎或骨髓结核的病鸡，可见有跛行，一侧翅膀下垂。肝脏受到侵害时，可见有黄疸。脑膜结核可见有呕吐、兴奋、抑制等神经症状。淋巴结肿大，可用手触摸到。肺结核病时病禽咳嗽、呼吸粗、次数增加。

（四）病理变化

病变的主要特征是在内脏器官，如肺、脾、肝、肠上出现不规则的、浅灰黄色、从针尖大到1厘米大小的结核结节，将结核结节切开，可见结核外面包裹一层纤维组织性的包膜，内有黄白色干酪样坏死，通常不发生钙化。有的可见胫骨骨髓结核结节。多个发展程度不同的结节，融合成一个大结节，在外观上呈瘤样轮廓，其表面常有较小的结节，进一步发展，变为中心呈干酪样坏死，外有包膜。可取中心坏死与边缘组织交界处的材料，制成涂片，发现抗酸性染色的细菌，或经病原微生物分离和鉴定，即可确诊本病。结核病的组织学病变主要是形成结核结节。由于禽分枝杆菌对组织的原发性损害是轻微的变质性炎，之后，在损害处周围组织充血和浆液性、浆液性纤维蛋白渗出性病变，在变质、渗出的同时或之后，就产生网状内皮组织细胞的增生，形成淋巴样细胞、上皮样细胞和朗罕氏多核巨细胞。因此结节形成初期，中心有变质性炎症，其周围被渗出物浸润，而淋巴样细胞，上皮样细胞和巨细胞则在外围部分。疾病的进一步发展，中心产生干酪样坏死，再恶化则增生的细胞也发生干酪化，结核结节也就增大。大多数结核结节的切片可见到抗酸性染色的杆菌。

（五）诊断

剖检时，发现典型的结核病变，即可做出初步诊断，进一步确诊需进行实验室诊断。

（六）鉴别诊断

本病应注意与肿瘤、伤寒、霍乱相鉴别。结核病最重要的特征是在病变组织中可检出大量的抗酸杆菌，而在其他任何已知的禽病中都不出现抗酸杆菌。

（七）防治

1. 预防　禽结核杆菌对外界环境因素有很强的抵抗力，其在土壤中可生存并保持毒力达数年之久，一个感染结核病的鸡群即使是被全部淘汰，其场舍也可能成为一个长期的传染源。因此，消灭本病的最根本措施是建立无结核病鸡群。基本方法：

（1）淘汰感染鸡群，废弃老场舍、老设备，在无结核病的地区建立新鸡舍。

（2）引进无结核病的鸡群。对养禽场新引进的禽类，要重复检疫2~3次，并隔离饲养60天。

（3）检测小母鸡，净化新鸡群。对全部鸡群定期进行结核检疫（可用结核菌素试验及全血凝集试验等方法），以清除传染源。

（4）禁止使用有结核菌污染的饲料。淘汰其他患结核病的动物，消灭传染源。

（5）采取严格的管理和消毒措施，限制鸡群运动范围，防止外来感染源的侵入。此外，已有报道用疫苗预防接种来预防禽结核病，但目前还未做临床应用。

2. *治疗*　本病一旦发生，通常无治疗价值。但对价值高的珍禽类，可在严格隔离状态下进行药物治疗。可选择异烟肼（30 毫克/千克）、乙二胺二丁醇（30 毫克/毫升）、链霉素等进行联合治疗，可使病禽临床症状减轻。建议疗程为 18 个月，一般无毒副作用。

第十一章　817 肉杂鸡饲养管理总结

一、成本管理

为了提高管理水平、生产成绩以及不断稳定地发展生产，把饲养情况详细记录下来是非常重要的。长期认真地做好记录，就可以根据肉仔鸡生长情况的变化来采取适当的有效措施，最后无论成功与失败，都可以从中分析原因，总结出经验与教训。为了充分发挥记录数据的作用，要尽可能多地把原始数字都记录下来，数据要精确，其分析才能建立在科学的基础上，做出正确的判断，得出结论后提出处理方案。各种日常管理的记录表格，必须按要求来设计，本章仅列出日常饲养管理表，其他还有消毒日程表及育雏准备情况表，收支统计表，雏鸡、饲料、药品等价格及消耗表等。

817 肉杂鸡饲养管理中做好日报表是关键的，日报表应做两份，一份是电子报表，一份应是手写的。日报表上应具有生产日期、周龄、存栏数、日龄、死淘数、死淘率，日栋内耗料（千克）、日只耗料量（克）、周末体重，舍内当日最高和最低温度、日耗水量和光照时间等。根据日报表的内容做好每周的周报表（表 11-1）。

817 肉杂鸡生产管理中的一些计算方法：

1. 成活率　存栏数/入舍数×100%。

2. 死淘率　死淘率分为周死淘率和累计死淘率两种计算方式。周死淘率：周死淘数/周入舍数×100%；累计死淘数：全期累计死淘数/期入舍数×100%。累计死淘率不等于周死淘率相加，这一点要注意。

3. 饲料报酬　总饲料量/毛鸡总重量×100%。

4. 平均体重　称鸡重量/所称鸡只数。平均体重要每周称一次。

5. 只日耗料量　单日喂料量（千克）/鸡总数×1 000（克）。

6. 周内只日耗料量　一周累计料量（千克）/7/周入舍数×1 000（克）。

817 肉杂鸡周报见表 11-1。

表 11-1 817 肉杂鸡周报

日龄	周龄	存栏数	死数	淘数	总数	死淘率	累计死淘数	累计死淘率	耗料（千克）	累计料量（千克）	只日耗料（克）	体重（克）	周料肉比
7	1												
14	2												
21	3												
28	4												
35	5												
42	6												
49	7												
56	8												

817 肉杂鸡出栏后称重报表（表 11-2）也要做好。

表 11-2 817 肉杂鸡出栏后体重报表

车序号	筐数	只数	总重	平均体重	预收入	实收入	肉联场只数
1							
2							
3							
4							
5							
6							
7							
8							
9							
10							
合计							

分析利润情况。支出上应包括饲料费用、鸡苗成本、药品费用、工人工资和员工福利、煤电水费、设备维护费及其他不可预见费用（表 11-3）。

表 11-3　817 肉杂鸡出栏数据统计表

户名		进鸡时间		出栏日期	
联系电话		料肉比例		毛鸡均价(元/千克)	
进鸡数		出栏数		出售总重量(千克)	
总进料量(千克)		出栏率		只平均体重(克)	
支出总金额(元)			收入总金额(元)		
项目	总计(元)	只均(元/只)	项目	总计(元)	只均(元/只)
饲料总费用			出售毛鸡收入		
工资及生活费			日常死淘鸡收入		
煤电水费			鸡粪收入		
鸡苗费用			料袋收入		
药品费用			其他收入		
疫苗费用					
防疫费					
日常修理费用					
不可预见费					
抓鸡费					
总支出			总收入		
批鸡总利润(元)			出售单鸡利润(元/只)		

利润测算见表 11-4。

表 11-4　利润测算表

鸡苗价格(元)	2.5	进鸡时间	11 月 5 日	出栏日期	12 月 17 日
只药品费用(元)	0.7	只疫苗费用(元)	0.2	只期累计耗料(千克)	4.5
饲养天数(天)	42	料肉比例	1.750	均点鸡价(元/千克)	6.902
进鸡数(只)	17 600	出栏数	16 720	出售总重量(千克)	45 257.1
总进料量(千克)	79 200	出栏率	95.0%	只平均体重(千克)	2.707
饲料均价(元)	120.1	510 号(元/袋)	126	511 号(元/袋)	118
支出总金额(元)(元/只)(元/千克)			收入总金额(元/只)		

续表

项目	总计(元)	出售只均	项目	总计(元)	出售只均
饲料总费用	237 864	14.23	出售毛鸡收入	312 384	18.68
工资及生活费	7 000	0.42	日常死淘鸡收入		0.00
鸡苗费用	44 000	2.63	鸡粪收入	2 000	0.12
煤电水费	7 000	0.42	料袋收入	792	0.05
药品费用	12 320	0.74	其他收入		0.00
疫苗费用	3 520	0.21			0.00
修理费用	500	0.03			0.00
其他支出	500	0.03			0.00
防疫工费	800	0.05			0.00
抓鸡费用	1 672	0.10			0.00
总支出	315 176	18.9	毛鸡外总收入	2 792	0.2
出售价格	7.40	单只利润	1.35	栋总利润	22 519

二、人性化管理

817 肉杂鸡场的管理主要是人的管理和物的管理。人的管理做到人尽其才，物的管理做到物尽所用；也只有做到人尽其才，才能真正地做到物尽所用。

817 肉杂鸡场的管理应是人性化的管理，全力提高员工的主观能动性和工作积极性，真正做到人尽其才，就要做到以下几点：改善职工生活环境，创造良好的工作条件；注重人际关系，做好思想工作。由于 817 肉杂鸡场的封闭性，鸡舍员工极易产生烦躁和压抑感，情绪表现出消极、抵触等不良行为，应注意及时沟通、谈话、疏导，让其倾吐一下心中的不满，尽力解决他们的问题。

进行刚性管理，狠抓操作规程，按工作标准落实；严格操作程序，使每位员工熟练掌握，要建立健全各项操作规程和规章制度，完善管理督促机制，用严格的制度去管理，使职工在“有过必挨罚”心理驱使下，认真按操作程序管理，最大限度地避免工作过失。

建立良好的监督机制是 817 肉杂鸡场管理的重要环节，它起着上通下达、一线生产资料反馈的重要作用。为了避免 817 肉杂鸡场内管理漏洞出现，建立意见箱，坚持每周打开一次。建立完善的报表统计系统，建立系统的生产一线工作检查方案。循派住场工作人员，一个人在一个环境中时间长了就难发现身边的问题，也易产生安逸感。外请专家授课与工作检查，进行培训考试。

注重人员搭配，实施优化组合。人员搭配合理可以取长补短，有利于工作的开展，这就是1+1>2的道理。

实行生产承包责任制，进行目标管理。实行生产承包责任制，是817肉杂鸡场管理中的一项重要工作，关键在于承包是否合理。生产成本费用控制直接与工人利益挂钩。对817肉杂鸡场员工的考核分期进行，以满足员工的短期收益的心理。

合理分配工作量，提高劳动生产效率。原则上舍内员工要满负荷运载，做到人尽其才物尽所用，从根本上做到多劳多得。

加强饲养员的选拔、培训，提高技术水平。817肉杂鸡的饲养是一项风险产业，职工素质的高低与817肉杂鸡饲养的效益关系相当密切，只有提高员工素质水平，企业才能提高生存和发展的能力。要重视饲养员工的培训，提高员工的自身素质，建立待岗、上岗和淘汰机制，制定生产区员工培训方案，对生产成绩优秀员工提供出去学习的机会。

确保一定的基础工资，提高饲养员的薪水收入，薪水收入的高低直接影响员工的情绪。817肉杂鸡场饲养员工有相对不稳定性，要有均衡固定的生活收入，以维持员工的情绪。817肉杂鸡场员工大多数是临时工，打算长期从事这项工作的人较少，多数重视短期利益，要对员工进行培训使其觉得有发展前途。817肉杂鸡的分期管理更适应了员工的短期效益心理。817肉杂鸡场员工工资待遇应包括下列几种：基本工资、岗位工资、工龄工资和生产成绩奖金。

817肉杂鸡场员工工资待遇建议：

1. 薪酬目标设定　各场根据定员人数设定工资总额，超出的人员从工资总额中均摊。

2. 薪酬构成　工资总额=基本工资+考勤工资+工龄工资+绩效工资。

（1）基本工资：1 200~1 300元（原则栋长高于栋员100元），实习工资40元/天，规定60天，未满15天不发放工资。

（2）工龄工资：每淘汰一批鸡加20元工龄补助，最高不超过200元。这样可以有效稳定员工的流失率。

（3）考勤工资：批鸡时间为（进鸡到下批接鸡之间约为两个月）每人每批休班8天，加班一天30元，饲养期间满勤无外出外加60元防疫费，共300元/批鸡。

3. 绩效工资　分三部分核算：出栏率工资、料肉比工资、净利润工资。

（1）出栏率工资：出栏率定为93%，每高一个百分点奖100元。

（2）料肉比工资：料肉比定为1.75，每低0.01奖50元。

（3）利润工资：栋内净利润的 1%。

按 817 肉杂鸡场实际情况，制定 817 肉杂鸡场管理日工作安排，参考表 11-5，结合本场用药、免疫和日常工作安排去制定。

表 11-5 817 肉鸡场的“4053”健康高效饲喂模式的日操作规程

日龄	平均体重（克）	日耗料（克）	每日主要工作	注意事项
-1	0	0	①做好前 10 小时育雏栏准备工作，做好育雏栏。②凌晨 2～3 时调试舍内育雏温度，以确保舍内有个均衡温度。③开始准备开水，按 10 毫升/只去备水，提高舍内湿度	舍内放置消毒槽，人员进出需消毒，地面和墙壁洒水增加湿度
0	0	0	①接鸡前准备工作。②备好开水药物。③接鸡前 1 小时加好水，撒上湿拌的饲料。④接鸡前到接鸡后 1 小时，保持舍内温度在 27～29℃，湿度在 75%左右，可以使用禽无疫本草维健作为鸡群的保健用	车辆消毒备好，可以使用消毒设备加湿
1	38～46	8	①做好记录并称初生重。②2.5%～3%的白糖（前 10 小时用）、抗生素和电解质多维矿饮水 3 天。③温度要慢慢提上去，绝对不能忽高忽低，温度控制应从接鸡时 28℃，经过 3～4 小时提高到正常温度 31～33℃。④全价鸡用 510 料开食。⑤开照明灯，瓦数为 60 瓦。⑥前 10 小时喂料中拌入 12%微生态制剂，饲养密度为 70～80 只/米^2。⑦入舍 10 小时后水线也要过渡使用，调教雏鸡使用自动饮水器。湿拌料是刺激雏鸡食欲的一种良好方法。1～12 日龄使用禽无疫本草维健，连续使用	晚上 9～10 时应观察雏鸡表现，温度是否适宜，失群鸡及时放回热源，做好日报表记录。精确统计前 23 小时吃料量。注意水线与真空饮水器用同种药品
2		11	①1～4 日龄饮水中加抗菌药预防细菌性疾病。②每日加料 8～10 次使鸡只尽早开食，采食均匀。③观察保温温度是否适宜，调节适宜温度，温度在 31～33℃。④23 小时光照。⑤使用开食盘，并往料线中加料，确保料位充足	早、中、晚随时观察雏鸡的状况，注意温度是否适宜，配合人工向料线中加料，确保料位

续表

日龄	平均体重（克）	日耗料（克）	每日主要工作	注意事项
3		14	①每日更换饮水 3 次。②加垫料、防饮水器漏水。③饲喂多种维生素。3~10 日液体维生素 A、维生素 D_3、维生素 E 饮水，减少应激。④挑出弱小鸡只。温度在 30~32℃。料位充足是关键。⑤开始使用匀风窗自然通风：注意进风口风的走向	充足料位，应确保鸡只 24 小时没有抢料现象
4		16	①每日早上、下午、晚上更换饮水各一次，并洗净饮水器，过渡自动饮水器。②每日早、中、晚、夜加料各一次。料线中开始打料。③关好门窗，防止贼风。④观察雏鸡活动以确保保温正常，每天 22 小时连续光照，2 小时黑暗。⑤灯泡瓦数为 40 瓦。温度 29~31℃。⑥做好扩栏前的准备工作。准备扩拦。⑦采用自然通风	注意保温，观察温度是否适宜。开食后是否均匀采食，饲料质量有无问题
5		18	①增加饮水器与料槽。②观察鸡群状态与粪便是否正常。③观察温度，注意雏鸡状态，及时调节室内温度。④撤去一半真空饮水器，使用水线供水，要教会雏鸡用水线。温度 28~31℃。⑤做好扩栏的工作使密度在 25 只/米^2 左右。⑥料位是雏鸡均匀度的关键，也是确保雏鸡健康的关键	正常的鸡群表现：吃料的雏鸡、休息的雏鸡和活动饮水的鸡只各占 1/3
6		20	①早上检查是否缺料与缺水，及时增加料桶与饮水器。②再撤去部分小真空饮水器，全用水线供水。温度 28~30℃。注意使用横向风机定时间通风	温度适宜，通风适量：以定时通风为宜
7	140(以后均为标准重量)	23	①抽样称重一次，称重要有代表性。鸡的生长发育情况与标准体重对照，找出生长慢的原因。②全部更换全自动饮水器，大料桶温度 28~29℃。1 周末的体重很关键，它代表着鸡群的健康情况也决定了消化系统好坏。保证足够的料位与水位	正确地操作疫苗接种，同时注意疫苗的品种、质量、有效期、用量

续表

日龄	平均体重（克）	日耗料（克）	每日主要工作	注意事项
8		25	①总结增重快慢的原因，总结经验。②调整室内温度，温度 27~29℃。注意使用横向风机长时间通风。③8~32 日龄晚上关灯 4~6 小时。开始下午净料桶 2 小时左右。促使雏鸡活动起来。鸡群的活动量会增加肉鸡肺活量，有利于控制后期腹水症和心包积液的发生。确保料量准确。必须扩栏	8 日龄扩大围栏。17 只/米^2。下午开始控制喂料，净料桶时间 2 小时
9		27	①免疫后，观察鸡群健康状况。温度 27~29℃。②使用黄芪多糖提高自身免疫力。注意定时使用横向风机	注意预防疫苗反应
10		29	①了解室内温度，温度 26~28℃。②及时开风机通风，以舍内无异味为宜，也要确保供氧充足	保温基础上注意加强通风
11		31	①计算料桶及饮水器数量，不够则及时补充。②注意舍内外清洁卫生，减少肠道疾病发生。温度在 26~28℃。③注意粪便变化，及时防治球虫病	11 日龄后晚上确保温度不低于 7℃，白天加强通风
12		33	①观察粪便变化，预防球虫病的发生，12~13 日龄使用抗球虫药预防球虫病的发生（只适于地面平养）。②保持室内通风与干燥，百毒杀带鸡消毒。③温度在 25~27℃。使用横向风机，常开	饲料与饮水充足，采食稳定。可以考虑使用颗粒料，不用颗粒破碎料
13		36	①日常管理同上。②做好称鸡准备工作。③观察鸡群状态。④每日加料 4~6 次，温度 25~27℃。⑤确保通风良好，保证空气新鲜，舍内无异味。再次扩栏到 2/3	使用酸性水质净化剂冲洗水线，为防疫做准备
14	280	39	①室温 25~27℃。②抽样称重一次。③注意粪便变化。传染性法氏囊病饮水免疫（注意水温达到室温一样的水平）	注意天气变化，保证舍内温度。免疫传染性法氏囊病

续表

日龄	平均体重（克）	日耗料（克）	每日主要工作	注意事项
15		42	①观察鸡群状态，灯泡逐步换为15瓦。②定期检查饲料有无霉变，饲料贮存在通风、干燥的环境中，时间不超一周。温度24～26℃。控料只是净料桶的时间，不是限料	观察免疫后鸡状况。饮水免疫后千万注意疫苗反应。促进鸡多采食仍是管理重点
16		47	①用电解质多维一次，减少免疫后应激。②更换垫料或增加垫料。温度在24～26℃。③开始做饲料转化，比例为“510”75%，“511”25%。④第二次使用西药以预防杂病发生。16～19日龄用药预防慢性呼吸道病，配合用预防肠炎的药品4天	防球虫病的发生。免疫传染性法氏囊病后的疫苗反应，注意温差
17		51	①鸡群采食增加，每日加料3次，保证饮水充足，多吃料是管理关键；密度大则继续疏群。②温度在24～26℃。饲料转化比例为“510”50%，“511”50%。预防用药。常开育雏栏后端横向风机和大风机	严禁外人参观，注意消毒，防止新城疫的发生，重点预防上呼吸道疾病的发生
18		54	①对张口呼吸的雏鸡，要区别上呼吸道疾病与非典型新城疫，细心观察鸡群状态与粪便变化。②温度在23～25℃。③开始作饲料转化，比例为“510”25%，“511”75%。	应尽量减少应激
19		57	①通风，逐步降温，温度在23～25℃。做好脱温转群的准备工作。②做好转群新场的消毒工作，就地扩群则增加垫料。厚垫料饲养者19～20日龄使用抗球虫药预防球虫病。	防潮防湿
20		60	①发现鸡群中生长过快而引起死亡的鸡时，适当增加净料桶时间，增大鸡群活动量。②温度在22～24℃。③使用酸制剂冲泡水线，为免疫做好准备	

续表

日龄	平均体重(克)	日耗料(克)	每日主要工作	注意事项
21	580	66	①保温温度为 22～24℃，室温 23℃。②抽样称重一次。③做好免疫前的准备。免疫注意：免疫断水 3 小时，然后把疫苗分成 3 次稀释加入，第 1 次加 4 小时的饮水量的疫苗，第 2、3 次各加入 1 小时饮水量的疫苗，这样 6 小时饮水量中要均匀加入同比例的疫苗才行，以确保鸡只能均匀食到同等的疫苗量	降温使雏鸡逐步适应外界条件。饮水免疫新城疫
22		70	①不再控制喂料时间，但净料桶还是要的。②注意保温防寒，做好日常管理工作。温度 22～24℃。22 日龄后使用禽无疫本草维健每周用 4 天，对鸡群进行保健	注意观察鸡健康状况
23		73	①黄芪多糖及多维矿饮水，减少应激。②观察疫苗免疫后的反应。温度 22～24℃	注意非典型新城疫的发病。注意疫苗反应
24		76	①保持环境安静，减少应激。②全日供给饲料与饮水，定时搞好卫生工作。温度 22～24℃	每日巡栏 2～3 次，减少胸部疾病的发生
25		79	①观察粪便变化。②防止缺水缺料；防止垫料潮湿。③百毒杀带鸡消毒。温度 22～24℃。④第 3 次预防用药，抗生素预防肠道疾病，连用 4 天	注意气温变化，防止受寒
26		82	①解剖病鸡，了解病情，寻找病因。注意心、肝、脾、肺和肾的功能是否健全。②预防用药，温度 21～23℃	防潮防湿，更换垫料
27		84	①观察鸡群状态。②做好称重的准备工作。③预防用药。④27 日龄后不管任何时期要确保舍内一个大风机白天常开，晚上定时，以确保供氧充足。温度 21～23℃	注意大肠杆菌等肠道病的发生，观察用药效果
28	900	86	①保温温度 21～23℃。②抽样称重一次。③更换垫料或补充垫料。④预防用药	冬季注意降温后的保温和通风的关系

续表

日龄	平均体重(克)	日耗料(克)	每日主要工作	注意事项
29		88	①更换大料桶与饮水器。②注意卫生管理，做好免疫前准备，考虑是否免疫。温度21~23℃。513号后期料过渡。③开始做饲料转化，比例为“511”75%，“513”25%	注意用药后鸡的状况
30		90	①观察饮水器与料桶是否够用。②控制光照、保温的同时加强通风。③温度21~23℃。以后温度不再变化。④饲料转化比例为“511”50%，“513”50%	注意舍内空气中的有害气体。加强通风。确保新鲜空气供给
31		92	①及时调整饮水器高度和料桶的高度，防止溢水和浪费饲料。②定期喷洒消毒，搞好舍内舍外卫生。③不再使用西药治疗用药。④舍内死鸡增多，及时控制，找出病因。降低舍内温度在26~28℃。⑤饲料转化比例为“511”75%，“513”25%	细读鸡只的药物残留禁忌细则，防药物残留。尽量不用抗生素类药品
32		94	①定期巡查鸡群8~10次，减少胸部囊肿的发生，以增进食欲。②百毒杀带鸡消毒。③以后的工作重点，减少各种应激因素，预防因应激因素发生而增加死淘率。舍内温度20~22℃	定期每日巡栏和每周带鸡消毒一次，可减少疾病发生
33		96	①观察鸡群采食、饮水是否正常。②观察内脏病理变化以查用药效果。③采食量增加，须全日供料。舍内温度20~22℃	每日解剖死鸡，及时发现病因
34		97	①控制用药，如必须使用，则选用没有药物残留的药品，最好使用中草药制剂。②认真搞好饲养管理，防止疾病的发生。③做好称鸡前的准备工作。④使用健脾胃促进消化的药品，使肉鸡增加食欲，加大采食量。舍内温度20~22℃	加强卫生管理，防止疾病的发生。使用养胃健脾类中草药制剂
35	1 250	98	①舍内温度20~22℃。②抽样称重一次。③饲养管理同上。标准化817肉鸡舍35日龄以后大风机常开两台以上，以确保供氧量充足。使用黄橙素提高食欲	加强卫生管理，防止疾病的发生。使用养胃健脾类中草药制剂

续表

日龄	平均体重(克)	日耗料(克)	每日主要工作	注意事项
36		99	①防止垫料过潮结块。②饲料全日供应，饮水要充足。驱赶鸡群增进食欲。③每天启动 6 次以上料线，以增进食欲，促进肉鸡的采食量。舍内温度 20~22℃	每周定期至少 2 次清洗饮水器或水槽
37		100	①每日巡栏 8~10 次，减少胸部囊肿，增进食欲为主。②与标准体重比较，观察饲养效果。舍内温度 20~22℃	定期抽样检查，注意饲养效果
38		101	①增加垫料，防潮湿，减少胸病与软脚。②弱小鸡分为一群饲养。③弱鸡补充维生素。舍内温度 20~22℃	30 日龄的弱小鸡分群饲养，提高合格率
39		102	①调整饮水器及料桶高度，减少浪费。②更换饮水器下的湿垫料。③观察鸡只有无生长过快而死。④不养大鸡的注意出栏前准备工作。⑤体重已达 1.35~1.5 千克，可以考虑上市销售。⑥总结饲养效果。⑦42 日龄至销售的鸡应继续按常规饲养	如光照过强，易造成啄癖，要及时查找原因
40		103	①舍内环境条件差的死鸡增多，及时控制，找出病因。②早、中、晚细致观察鸡群状态与粪便变化。③开始更换鸡料，用法同上。舍内温度 19~20℃	快大鸡后期死亡较多，主要是生长过快，大肠杆菌与上呼吸道疾病
41		104	①加强弱病鸡的饲养管理。②饲养管理按常规。③做好称重鸡的准备。舍内温度 19~20℃	猝死综合征的分析
42	1 600	104	抽样称重一次。分析其饲养中存在的问题。舍内温度 19~20℃	地面干燥、室内能通风，料水供应充足才能及时上市
淘汰		106	①最后称重出售，总结成活率、重量、饲料消耗与转化率、其他开支、成本与利润。②全进全出。③售后清栏消毒。④空栏 2~3 周后才能进鸡。⑤出售前正常供水	小心捉鸡和装运，减少残次。移出舍内可移动设备

标准化 817 肉杂鸡场休整期与接鸡前准备工作见表 11-6。

表 11-6 标准化 817 肉杂鸡场休整期与接鸡前准备工作（共 20 天）

日龄	工作时限/小时	每日主要工作	注意事项
全期	20	①确保不把上批物品携带的病原体传给下批。②确保舍内外没有上批遗留下来的脏物和无用物品。③确保舍内物品和设备表面洁净。④对舍外进行有效清理，以不见上批遗留的痕迹。⑤消毒要彻底全面	
第 1~2 天	2	清理出所有易移出设备。舍外消毒剂浸泡。物品清点后放假。开始清理鸡粪。组织所有资源，2 天内完全清理鸡粪便，封闭车拉出。自己舍内员工打扫干净，以眼不见鸡粪和垫料为宜。开始冲洗鸡舍。浸泡水线。鸡舍冲洗干净前，水线一定也要浸泡冲洗干净	舍内物品淘鸡时开始清理
第 3~4 天	2	冲洗干净鸡舍，以存水不留痕迹为宜。冲洗程序：①应从舍外先把进出气设备（风机、水帘和匀风窗）冲洗干净。②舍内要先把顶棚和舍内固定物品与设备冲洗干净。③然后从鸡舍一头慢慢冲洗干净，同时浸泡水线。鸡舍冲洗干净前水线一定也要浸泡冲洗干净	鸡舍冲洗可以以承包方式进行。舍内如新鸡舍一样
第 7~11 天	7	清净鸡舍存水地方以便舍内干燥 7 天。消毒剂清理舍内固定设备，清理舍内沉淀池内积水，用消毒剂浸泡。采取舍内地面、进出风口（水帘、风机和匀风窗）和墙壁，进行细菌检测。员工放假 4 天	
第 12 天	1	鸡舍消毒，2%氢氧化钠溶液 300 毫升/米^2。晾干鸡舍。干燥鸡舍能提升消毒效果	消毒要全面，处处都要消毒到
第 13 天	1	舍内刷 20%石灰水，刷生石灰要均匀，全面。舍内干燥才能确保消毒效果	舍内均匀呈白色
第 14~15 天	2	①舍内全部设备安装与调整。②要求时间内封栋鸡舍，用农福消毒，消毒后第二天就检测。③工作服清理、清洗与消毒和标号，白水鞋洗刷与消毒宿舍。④后勤人员对仓库进行整理与熏蒸消毒（打扫清理私有物品）。⑤生活区整理（有用与无用物品分开）	清除上批遗留下来的无用物品

续表

日龄	工作时限/小时	每日主要工作	注意事项
第 16~17 天	2	进垫料与垫料消毒：150 千克消毒剂/吨垫料；按每立方米空间 100 毫升消毒剂进行全栋空气消毒。舍内地面、进出风口（水帘、风机和匀风窗）、墙壁和空气，都进行细菌检测	垫料消毒一定要均匀
第 18 天	1	熏蒸消毒 24 小时（提前查看各栋密封情况）。考虑到消毒成本，最好是提高舍内温度，用喷雾办法把甲醛均匀打到舍内每个地方。确保舍内温度不低于 25℃	确保熏蒸消毒时把舍内进风口完全封死
第 18 天	1	舍内净区清理消毒，撒生石灰。净区清理打平最好能撒生石灰（均匀不露地面，没有干石灰）	
第 19 天	1	加温通风前：打湿消毒水帘（确保风机开水帘用消毒剂泡湿）。通风，提高舍内温度到 33℃以上，可以有助于排净舍内甲醛气味	
第 19 天	1	①修理育雏栏：按每平方米育雏面积 35~40 只进行育雏栏固定（垫好砖、整理隔离网、整理好料袋）。清刷饮水器与开食盘（同时准备开水）。②高密度开食准备。把育雏栏的一半隔开作为高密度开食，每平方米饲养 70~80 只	有利于雏鸡学着开食开水
第 20 天	1	调试喷雾装置，舍内消毒并有助于提高舍内湿度，用以确保湿度的均衡（舍内按进鸡一样进行消毒）。舍内地面、进出风口（水帘、风机和匀风窗）和墙壁，都进行细菌检测	
20	1	员工育期培训：接雏鸡	

三、商品代 817 肉杂鸡的均匀度

有的农户经常抱怨：鸡群中 80%都达到 1.8 千克，而 20%才 1.4 千克。这样 1 000 只的鸡群就要损失 80 千克的活重。饲养商品代 817 肉杂鸡的目的就是以尽可能低的成本生产出长势好且均匀度高的鸡群。若要获取最高的经济回报，鸡群

均匀度则起着举足轻重的作用。

在正常的鸡群中大约 75%的公鸡和 78%的母鸡不低于或者不高于各自平均体重的 10%，才能称其为均匀度满意的鸡群。鉴于公鸡的体重较大，公鸡中体重差异也会大些。许多鸡群达不到这一均匀程度，当然也有比此还要好一些，见图 11-1。

图 11-1 均匀度良好的鸡群

雏鸡放入育雏舍几小时之内，均匀度的问题就会开始发生。现代化杂交选育的 817 肉杂鸡 6 周内体重可达 2 千克左右。为达到此目标，雏鸡最初的体重在育雏的第 1 周内通常可呈 4~5 倍的速度增长。以这样的生长速率，均匀度的问题会愈来愈突出。因此必须对此加以认识。

认真考虑导致均匀度差的因素有助于查明问题，采取措施改进鸡群均匀度，以下 10 个因素对鸡群均匀度影响较大。

1. *公母鸡的差异* 公鸡在 6~7 周龄时一般要比母鸡重 150~200 克，新出生的雏鸡大约是一半公鸡一半母鸡。

有时农户投诉说，他们收到的雏鸡母鸡比公鸡多，这一点必须要明白，除非刻意要求，孵化厅不会在商品代鸡出雏时做鉴别工作。在快速增长的 817 肉杂鸡群中，由于早期鸡冠生长速度很慢，有时很难识别公母鸡。

通过羽速鉴别的慢羽 817 肉杂鸡品种到场后进行分饲，自然地就会提高5%~8%的均匀度，在大群高密度饲养条件下这种方式更为有利。分饲的公鸡可在 5

周龄出栏，给 6 周龄的母鸡留出更多的生长空间。

2. 雏鸡到场时体重的均匀度　当订购大批雏鸡时，通常孵化厅难以从同一日龄的种鸡群提供所需量的雏鸡。蛋重的不同会导致雏鸡体重的不同，因此应将其分别饲养。将不同体重的一日龄雏鸡分别饲养是获得鸡群均匀度的第一步骤。

3. 早期脱水　如果雏鸡需经长途运输，特别是气候较炎热的地区，雏鸡容易脱水。雏鸡体重中 70%为水分，脱水可大大减少其体重。雏鸡必须在到场时应立即饮水（水中应有电解质和葡萄糖），这十分重要，雏鸡拖延饮水会导致早期生长受阻，日后会出现均匀度不良现象。为了保证所有雏鸡马上能饮到水，建议做到下列两点：在雏鸡放到育雏栏之前，先将每只雏鸡的嘴浸触到饮水器之内；最初 4~5 小时将饮水器的数量比平常增加 50%~100%，这段时间饮水的同时要喂上料。

4. 育雏温度不适　初生的雏鸡没有羽毛，无法控制自己的体温，因此要为其提供热量使其保持温度。第 1 周垫料高度处测量温度应为 32℃。该温度必须每周降低 2℃，直至 3 周龄。再者，鸡只上方热量分布必须均匀。倘若雏鸡受凉，雏鸡会发抖或拥挤在一起，不吃饲料，体重降低，就会导致早期均匀度较差。

为了达到合适的育雏温度，建议如下：每个育雏栏内要放入适当数量的雏鸡；最好使用燃气式育雏伞，为雏鸡提供适宜的条件，提高均匀度；育雏栏上应悬挂温度计，保证温度适宜；要保证不要温度过高，温度过高易使雏鸡脱水。

5. 通风不足　当雏鸡在一起育雏时，必须排出其释放的二氧化碳和氨气并引入新鲜氧气。要以适宜的方法进行适当的通风。雏鸡早期受氨气侵害会严重破坏其呼吸系统，从而影响鸡只的均匀度。鸡只生长最基本的要素是充足的新鲜空气。

6. 挑食　雏鸡出于本能会挑选饲料中较大的颗粒进食。有些地方采用碎玉米做开食料的方法并不可取，这样会使雏鸡养成挑食的习惯，其结果鸡只营养不平衡，导致均匀度差。鸡只应从 1 日龄开始采用 817 肉杂鸡开食料。

7. 饲养密度偏大　通常，饲养人员在有限的鸡舍内会希望饲养的鸡只数量越多越好。饲养密度过大属于目光短浅。密度大不仅使鸡只造成活动面积的竞争，也会造成饲喂和饮水方面的竞争，同样还会造成舍内新鲜空气不足。这些都会影响均匀度。较弱小的鸡只受害较大。密度大还会使鸡只应激大，使肠道中共存的大肠杆菌活跃，引发如慢性呼吸道病等方面的疾病，从而影响均匀度。在开放式鸡舍，要保证每只鸡在 4 周龄以前拥有 465 平方厘米的面积，4 周龄后要达到 930 平方厘米。

8. 饲喂和饮水面积不足　过去饲养人员每 100 只鸡用两个料桶，这在 10 年前对于那些长势较慢的817肉杂鸡足够了。现代的817肉杂鸡需要随时随地都要吃到料，而且所有的鸡只要同时从喂料器中采食。经验告知我们，每100只鸡使用8个料桶可使鸡只体重和均匀度都能达到满意的程度。最初增加的投资饲养几批鸡即可补偿。饮水也是最重要的环节，尤其是炎热季节。饮水面积不足会导致较弱小的鸡只脱水、均匀度较差。要保证所有鸡只任何时候都能得到干净、凉爽的饮水。

9. 饲料质量　一个人也许拥有世界上最好的饲料配方，倘若他不能设法获得高质量的各种原料，将其粉碎成正确的规格并能充分搅拌混合，再好的配方也等于没用。饲料生产是一门艺术，也是一门科学。最好由专业人员来生产。饲料出现质量问题都导致鸡只营养不均衡、挑食或导致疾病。这些因素严重影响着均匀度和生长速率。

10. 疾病　任何疾病都可能毁灭鸡群。也许鸡只离开孵化厅时是健康的，然而在运输开始，呼吸道疾病就会进犯侵害。饲养场内不同日龄的鸡群越多，引发疾病的机会就越多。有一点必须明白，如果鸡群中有20%患有明显的疾病，那么大多数的鸡只会处在被传染的危险中。疾病对不同的鸡只致病的程度也不同，会导致采食饮水量下降，增重停止或降低等。一旦疾病暴发，通常整个鸡群都不会再有利润可图。坚持全进全出，注重生物安全，采用适宜的营养和免疫程序可防止大多数疾病。必须制定98%成活率的目标，用实际饲养结果来检查疾病预防程序实施的效果。

第十二章　817肉杂鸡种鸡饲养与管理

一、种鸡的选养

817肉杂鸡种鸡饲养管理的目标是提供最多的优质817肉杂鸡鸡苗。817肉杂鸡种鸡是指817肉杂鸡肉用配套品系杂交生成的雏鸡，是用科宝和罗斯308父母代公鸡作为父本，海兰、罗曼和京红商品代蛋鸡作为母本，杂交而成的高品代肉杂鸡。817肉杂鸡鸡苗应定性为海817肉杂鸡、罗817肉杂鸡和京817肉杂鸡。所以，首先要养殖好作为母本的母鸡。严格按蛋种鸡的饲养要求去养殖作为817肉杂鸡种鸡的蛋鸡。免疫要严格按蛋种鸡的免疫程序去做。

空舍期要清理鸡舍外围杂草，保证鸡舍两边5米范围内无杂草。随着鸡群淘汰，及时整理可整理的饲养设备。根据观察预估老鼠数量，鸡舍周边均匀设定灭鼠点，投药灭鼠，至少持续7天以上。同样预估昆虫数量，合理喷洒杀虫剂。拆卸棚架，清理鸡粪。清完鸡粪后，及时洒水，并尽可能干净地清扫舍内灰尘及剩余鸡粪。冲洗鸡舍及设备，喷枪最低压力为1 700~2 000千帕，如果要拿产蛋箱出鸡舍，则在出舍前要冲洗干净。用3%氢氧化钠溶液消毒地面。维修鸡舍及设备。用福尔马林按1∶20的浓度喷洒消毒。安装棚架，安装时浸泡漏粪地板。鸡舍周围铺撒生石灰。进垫料并将垫料消毒（根据各自公司消毒程序操作）。安装准备育雏设备，各种设备必须先消毒后入舍。安装结束后，检查调试各种设备，确保正常运转。用福尔马林消毒整个鸡舍。摇上卷帘，关好门，封舍7~14天，如开启鸡舍到进鸡时间超过10天，空舍10天以上很关键。要用消毒药再次消毒。

淘汰完种鸡到进鸡时要有2个月间隔。35天内舍内完全冲洗干净。舍内干燥期不低于10天，任何病原体在绝对干燥情况下是不会存活太久的。舍内墙壁地面冲洗干净后，干净程度以流水不留痕迹为宜。空舍10天后，再把地面墙壁均匀地刷上20%石灰水。任何消毒（包括甲醛熏蒸消毒在内）都不能忽视屋顶。舍外也要如新场一样。污区清理干净，不许进人，最好撒生石灰，形成生石灰膜。净区严格清理，撒上生石灰，不要破坏生石灰形成的保护膜。

评价一个鸡群的好坏要从育雏开始进行，每期都有评价的重点，评选的标准也不外乎以下几点：育成与育雏期体形以健美为好，不能偏肥，胫骨长确保达标，不能贮积过量的脂肪；开产后要有一定的丰满度，要有一定的脂肪沉积为好；均衡的周增重是管理重点，每周的周增重应全在标准周增重±10%范围内；羽毛的发育、断裂和换羽情况；均匀度好坏，胫骨长度达标，并且胫骨长均匀度良好，全群均匀度不同时期也有所偏重；期累计死淘率高低也是鸡群优秀的关键评价。

1. *蛋鸡场管理*　目的是让蛋鸡品种发挥最大的生产潜能，使蛋鸡饲养管理能顺利达到600天全期产蛋量累计达到25千克以上的管理水平。要想达到上述生产水平需重视以下三点：

（1）首先要从接鸡前鸡舍整理工作开始做好准备工作。育雏前要做到鸡舍冲洗干净，因为干净才是最有效的消毒。冲净的鸡舍再空舍干燥7天以上（病原微生物都离不开水分，干燥是最廉价的消毒剂），然后再用20%石灰水处理地面及墙壁，干燥后在地面和墙壁上会形成一层具有较强吸潮功能熟石灰膜，这种熟石灰膜由于吸潮作用能有效地阻止病原体的繁殖，就减少了细菌病和球虫病的感染的机会。

两周内尽量少使用抗生素，因为此阶段鸡的各个器官没有完全发育，过度用药可能会加重肝肾负担，影响到肝肾的正常发育。一周内绝对不能在饲料和饮水中使用灭蝇药品，以防止灭蝇药品对早期的消化吸收系统带来影响，造成严重后果。

建议使用高营养优质的颗粒全价饲料，减少饲料带来杂病的发生，杜绝病从口入。做好接鸡前鸡舍的清理、冲洗和消毒工作。提高饲养管理水平给鸡提供良好的生存环境。干净的环境和良好的管理，使得三周内的雏鸡一般不会出现肠道问题和呼吸道的问题。

（2）采取遮光饲养的思路，确保蛋鸡准时开产，杜绝因推迟开产造成的损失。4周后推行遮光、减少光照时间的办法，确保开产前的光照刺激，以保证蛋鸡的准时开产。同时采取强光开水开食一周，促使一周体重和胫骨长超过标准。2周后开始弱光，以顺利吃料为准。

建议使用高营养优质饲料缩短采食时间，保证体重达标准和胫骨长超过标准。使4周前能顺利地把光照减少到8~10小时。这样就能确保16周光照刺激时蛋鸡准时开产。

（3）缩短采食时间是培育高产优质青年鸡的关键措施。缩短采食时间的前提条件是体重达标准和胫骨长超过标准。这样做的好处是不管在什么阶段都能保证关灯前有2~3小时空料的时间，这样保证了饲料的品质，就是进入炎热的夏天也能保证饲料的营养。这样才能保证蛋鸡饲养600天达到预定产蛋目标。

建议使用高营养优质的颗粒全价饲料缩短雏鸡的采食时间，养成快速采食的良好习惯。做好开水开食工作保证一周体重和胫骨长均超过标准。8日龄后适当限料，进行合理的遮光管理，杜绝腺胃炎的发生。减少抗生素药品的使用量以防伤肝和肾。

2. 种蛋鸡的饲养

（1）817肉杂鸡种鸡育雏期（0~6周）：

1）本阶段蛋鸡体形并不重要，重要的是体重达标，但是不能超过标准体重太多，胫骨长必须达标。5周内体重和胫骨长都要超过标准量。

2）主翼羽完好率不低于80%为优级种群。一个翅膀上超过5个裂痕的为应激反应严重，低于5个裂痕的为应激反应较轻的。没有裂痕者为优级蛋鸡群和种鸡群。

3）4周末均匀度不低于85%为优级种群。

4）4周末累计死淘率不高于0.75%为优级种群。

（2）817肉杂鸡种鸡育成期（7~18周）：

1）体形控制最为重要，16周后体形就应为丰满的“V”形。胫骨长显得更为重要，均匀度每周都要达到标准，它决定育成蛋鸡以后的生产性能的好坏。

2）均衡的周增重为本期管理重点，每周的实际周增重在标准周增重±5%的范围内为优级鸡群。

3）主翼羽完好率不低于85%为优级鸡群。16周末换羽均匀度不低于80%为优级鸡群。换羽均匀度是重要评价标准。

4）14~18周末均匀度不低于78%为优级鸡群。

5）5~18周累计死淘率不高于1.5%为优级鸡群。

（3）817肉杂鸡种鸡高峰上升期（18~22周）：

1）体形控制最为重要，20周体形为丰满的“V”形。

2）均衡的周增重为本期管理重点，每周的实际周增重在标准周增重±5%的范围内为优级鸡群。

3）主翼羽完好率不低于80%为优级鸡群。

4）加光后8~12天见蛋为优级鸡群；周均产蛋率达到95%以上为优级鸡群；周均双黄蛋比率不超1%。

5）18~22周累计死淘率不高于0.5%为优级鸡群。

（4）817 肉杂鸡种鸡高峰期（23~42 周）：

1）均衡的周增重为本期管理重点，每周的实际周增重在标准周增重±5%的范围内为优级鸡群。

2）主翼羽完好率不低于 80%为优级鸡群。

3）周均产蛋率 94%以上周数在 20 周以上，或者在本品种标准产蛋率以上者，每周的周均产蛋率下降值不超过 0.2%，为优级鸡群。

4）蛋用种鸡受精率不低于 94%为良好种鸡群，蛋鸡和蛋种鸡产蛋率应在标准产蛋率±2%以上者为优级鸡群。

5）33~42 周累计死淘率不高于 0.5%为优级鸡群。

（5）817 肉杂鸡种鸡高峰后期（43~52 周）：

1）均衡的周增重为本期管理重点，每周的实际周增重在标准周增重±10%的范围内为优级鸡群。

2）43~52 周累计死淘率不高于 0.72%为优级鸡群。

3）蛋用种鸡受精率不低于 92%为良好种鸡群，蛋鸡和蛋种鸡产蛋率应在标准产蛋率±2%以上者为优级鸡群。

（6）817 肉杂鸡种鸡产蛋后期（53~80 周）：

1）均衡的周增重为本期管理重点，每周的实际周增重在标准周增重±10%的范围内为优级鸡群。

2）53~80 周累计死淘率不高于 2.4%为优级鸡群。

3）蛋用种鸡受精率不低于 90%为良好种鸡群，蛋鸡和蛋种鸡产蛋率应在标准产蛋率±2%以上者为优级鸡群。

3. 817 肉杂鸡种鸡饲养前准备　空舍在 2 个月左右，冲洗干净后空舍干燥时间在 10 天以上，蛋种鸡应在 20 天以上为宜。雏鸡到达鸡舍之前，应做好下列准备工作：

（1）检查和维修所有设备，如加热器、饮水器、时钟、电扇、灯泡及各种用具等。

（2）保证垫料、育雏护围、饮水器、料秤、家禽秤、食槽及其他设施等各就各位。

（3）确保保姆伞和其他供热设备运转正常，在雏鸡到来前先开动，进行试温，看是否达到预期温度，接鸡前 3 小时到接鸡后 2 小时，即雏鸡完全喝上水前温度应控制在 27~29℃，以防止雏鸡长期运输过程后加重雏鸡脱水。低温接雏时要循序渐进地把温度提升上去，入舍 1 小时后把温度提高到 28~30℃，再过 1 小时再提高到 29~31℃，入舍 3 个小时以后提高舍温到正常温度 30~32℃，以维持

3 天为宜。雏鸡进入前 1 天，将育雏舍、保姆伞调至所推荐的温度，或略微高于育雏前期控制中的最高温度。

（4）饮水器提前 1 小时先装好 3%～5%的糖水和预防细菌病的开口药品，并在饮水器周围放上育雏纸或经过严格消毒的料袋，作雏鸡开食之用（这一点很关键，一定要做的）。开口药品的选择要考虑预防疫病的同时，也要防止耐药性的产生，尽量不要使用那些易产耐药性的药品，如头孢类药品、红霉素等。

（5）准备好玉米碎粒料或其他相应的开食饲料，现在以用微生态制剂拌开口料，就能起到使用玉米粒的效果，可以不用玉米粒。还要准备好各种药品、疫苗及添加剂，以便随时取用。蛋鸡饲养管理所需条件及准备设备。雏鸡到来之前几天，必须彻底清洁和消毒育雏室，工具及其他工作场所。标准化蛋鸡饲养周期长，且是大群密集饲养，病菌侵入后传播极其迅速，往往会使全部鸡群发病，即使没有那样严重，也因感染病菌而使蛋鸡的生长性能降低 15%～30%。所以，饲养肉用蛋鸡的鸡舍及一切用具必须做严格的消毒处理，这是唯一能减少用药，提高效益的办法。

4. 常用消毒方法

（1）机械消毒。彻底清理干净含有病原体的鸡粪、鸡毛和垃圾。

（2）火焰消毒。就是使用火焰消毒机去烘干和烧烤金属笼具、地面和墙壁。

（3）生石灰水消毒。

（4）化学药剂喷洒消毒。

（5）福尔马林熏蒸消毒，可视具体情况选用。

在每批鸡出售后，立即清除鸡粪、垫料等污物，并堆在鸡场外下风处发酵。用水洗刷鸡舍、墙壁、用具上的残存粪块，然后以动力喷雾器用水冲洗干净，如有残留污物则大大降低消毒药物的效果，同时清理排污水沟。

用两种不同的消毒药物分期进行喷洒消毒，最后把所有用具及备用物品全都密闭在鸡舍内或饲料间内用福尔马林、高锰酸钾做熏蒸消毒，用量为每立方米 42 毫升福尔马林、21 克高锰酸钾，加热蒸发。这样可基本杀灭细菌、病毒等，密封一天后打开门窗换气，消毒时，每次喷洒药物等干燥后再做下次消毒处理，否则影响药物效力。

培养出的蛋鸡苗要具有生长快速的特点，出现生长缓慢要分清是品种问题还是管理方面的问题。

育雏舍应有足够的取暖设备和良好的保温条件。1 日龄的雏鸡所处的温度应该达到 32℃，应控制在 31～33℃（取决于空气温度、通风情况）。当雏鸡所处的温度达不到这一要求，将会明显增加死淘率，并影响以后的发育和鸡群的健康。

鸡舍的环境温度如果达不到这一要求，就应准备育雏围栏及保温伞，或者采取局部育雏并随日龄的增加逐渐扩栏的方法，以保证雏鸡在适合的温度条件下快速生长发育，确保1周后的母鸡体重超过标准体重15克以上，这对以后较高的产蛋生产性能很关键。

雏鸡也需要一定的通风条件，这个通风的作用只是为雏鸡提供新鲜空气，新鲜的空气对雏鸡的健康有重要的意义。在保证温度的前提下，应尽量定时通风，通风的方式可以机械通风，也可以自然通风。使用机械通风应注意不要行成风速或风速不要太高，但增加通风供氧的次数，对鸡群的健康有重要意义。增加通风供氧的次数，比如每10分钟通风一次，对鸡群的健康有重要意义。机械定时通风通常频率较高，人工很难做到温度稳定和及时开关风机。推荐使用鸡舍环境控制器JL318，可以实现稳定的恒温定时通风。

雏鸡到达前，应使鸡舍内的温度升至要求的温度，在寒冷地区或季节要提前一天就要开始预温鸡舍，这样做是为了让舍内墙壁达到预期的温度，而不只是舍内空气温度达到标准，以保证在雏鸡到达时鸡舍内温度就已达到理想的温度，同时对鸡舍墙壁洒水，以确保舍内墙壁的湿度，这是育雏时提高湿度的一个好方法。应将清洗消毒好的饮水器、饲喂器及所有用具事先准备充分，并提前做好鸡舍及设备的维修工作。进鸡后，过多的噪声及物品、人员的频繁进出，会对鸡群的健康造成威胁。

雏鸡到达之前1~2小时，应将饮水器充水并放在舍内预温，建议至少第一次的饮水中应加入5%浓度的糖，并在第一周的饮水中加入一定量的维生素和矿物质，以保证雏鸡经长途运输到达鸡场后能健康生长。首次加水一定要加入开口药品防治脐炎和大肠杆菌病的发生，同时也要把料加湿后加到喂料器中，方便时最好使用旧料袋喂料，同时确保高密度育雏。

鸡舍内的饮水器和料盘应分布均匀，使鸡很容易在其附近就找到水和饲料，按高密度育雏的方法进行即可。

应将饮水器放到木块或砖块上，以免饮水器放置过低造成过多垫料带入水盘，并弄湿垫料，同时要注意高密度开食时，饮水器之间距离不得超过1米，这样才能保证雏鸡入舍时，达到低头吃料抬头饮水的效果。

雏鸡到达后，应将雏鸡迅速从运输车上移至舍内，并快速清点盒数，确认实际盒数与通知的起运盒数是否相同。

放到鸡舍内的雏鸡，要注意鸡盒的叠放高度不能超过两盒，此时鸡舍内温度较高，鸡盒内鸡的密度很大，极易造成雏鸡热死在盒内。发现温度太高，或雏鸡有张嘴喘气的现象时，应立即开窗或开启风扇通风。雏鸡入舍后立即打开雏鸡盒

盖子，让雏鸡自由活动。

将雏鸡尽快从鸡盒内拿出放在栏内并清点数量。进雏数量较多，人员有限时，此时最好不要逐只助饮以免雏鸡在鸡盒内滞留时间过长，造成意外伤害，但若人员充足每只助饮是最佳选择。

雏鸡全部放完后，应选择一定比例的鸡，把鸡的嘴浸入饮水器中引导饮水，使鸡尽快认识饮水器并学会饮水，以免脱水。个别鸡学会饮水后，其他的雏鸡会很快模仿学会，因而蛋鸡规范化饲养中100%雏鸡引导饮水不是必须的，但若能助饮一部分效果会很好的。可以采取助饮的方法，但要确保舍内不能高温（27~29℃），同时要确保一小时内全部雏鸡助饮完为好。选择优质高营养饲料是首选。例如，使用开封六和饲料公司的“育雏宝-320”效果会更佳。

雏鸡开食时，为避免雏鸡暂时营养性腹泻和有助于排出胎粪，可以喂给每只鸡1~2克小米或碎大米（够1小时采食完即可），采食完4小时后再喂给饲料可明显减少“糊屁股”的现象，但这一点不是必需的，几天后这种现象可自然消失。同样还有一种更好的办法：第一天的料量：按每只鸡10克去准备，用12%的微生态制剂拌料则可以预防上述“糊屁股”的现象。同时雏鸡在吃料前消化系统应是很洁净的，这时用微生态制剂，使有益菌群首先占据消化系统，这样也可以控制有害菌群繁殖过快。所以使用微生态制剂是明智的选择。

二、雏鸡的饲养

无论采用何种育雏方式，都必须满足鸡对水、温度、湿度、光照、空气、饲料营养、环境等基本要求。

饮水雏鸡能否及时饮到水是很关键的。由于初生雏从较高温度的孵化器出来，又在出雏室内停留，其体内丧失水分较多，故适时饮水可补充雏鸡生理上所需水分，有助于促进雏鸡的食欲，帮助饲料消化与吸收，促进粪的排出。初生雏体内含有75%~76%的水分，水在鸡的消化和代谢中起着重要作用，如体温的调节，呼吸、散热等都离不开水。鸡体产生的废物如尿酸等的排出也需要水的携带，生长发育的雏鸡，如果得不到充足的饮用水，则增重缓慢，生长发育受阻。初生雏初次饮水称为“开水”，现在管理要求蛋鸡饲养管理中开水与开食要同时进行，一旦开始饮水之后就不应再断水。

雏鸡出壳后不久即可饮水，雏鸡入舍后即可让其饮5%~8%的糖水。研究表明，雏鸡饮糖水15小时，头7天的死亡率可降低一半。雏鸡如经历长途运输，再加上种雏在孵化场内免疫和断指、剪冠产生一系列应激，此时饮用糖水效果会更加明显的。在15小时内要饮用温开水，饮水时可把预防性药物按规定浓度溶于饮水中，可有效地控制某些疾病的发生。15小时后饮凉水，水温应和室温一致。鸡的饮用水，必须清洁干净，饮水器必须充足，并均匀分布在室内，饮水器距地面的高度应随鸡日龄增长而调整，饮水器的边高应与鸡背高度水平相同，这样可以减少水的外溢。雏鸡的需水量与体重、环境温度成正比。环境温度越高，生长越快，其需水量愈多，雏鸡饮水量的突然下降，往往是发生问题的最初信号，要密切注意。通常雏鸡饮水量是采食量的2~2.4倍。

开食与饮水是生产上比较关键的两大问题。开食的早晚直接影响初生雏的食欲、消化、鸡只的健康和今后的生长发育。一般初生雏的消化器官在孵出后36小时才发育完全。雏鸡的消化器官容积小，消化能力差，越早开食有利于消化器官的发育，对以后的生长发育有利。由于雏鸡生长速度快，新陈代谢旺盛，过晚开食会消耗雏鸡的体力使之变得虚弱，影响以后的生长和成活，一般开食多在出壳后越早开食越好。

早开食有利于雏鸡的健康。早点开食，是为了让雏鸡尽快吃饱，有利于放慢蛋黄的吸收，使雏鸡在6日龄左右才完全吸收完蛋黄。饥饿会使雏鸡过分消耗体内蛋黄的营养，使腹腔内的蛋黄过早枯竭，蛋黄中携带的母源抗体也随之消退。尽早开食可以使雏鸡从饲料中获得营养，进而使母源抗体延期释放，这样雏鸡对疾病的抵抗力就会增加，这也是雏鸡前10天防病的根本，因为这时的雏鸡对疾病的抵抗力只能来源于蛋鸡母体中带来的蛋黄中的母源抗体。

雏鸡入舍后，在光照刺激情况下开始正常活动，而雏鸡在雏鸡盒内是在黑暗环境下，活动较少消耗也较少，所以入舍后就要尽快让雏鸡喝上水吃上料，以保证雏鸡的营养供应。作为公司管理人员，每批接雏前要制订一份详细的育雏管理计划，在生产中严格按管理计划去做。

三、种鸡分期饲养与管理

淘汰完蛋鸡到进鸡时要间隔45天以上。10天内舍内完全冲洗干净，舍内干燥期不低于10天，任何病原体在绝对干燥情况下是不会存活太久的。舍内墙壁地面冲洗干净，以流水不留痕迹为达标。空舍10天后，再把地面墙壁均匀地刷上20%生石灰，然后再干燥10天以上。任何消毒（包括甲醛熏蒸消毒在内）重点都不能忽略屋顶，舍外也要如新场一样。污区清理干净不进人活动，最好撒生石灰，形成生石灰膜；净区严格清理撒上生石灰，不要破坏生石灰形成的保护膜。

（一）817肉杂鸡种鸡、产蛋鸡育雏育成期饲养管理

1. 育雏期（1~6周）管理

（1）接鸡准备工作。主要包括饮水、饲料、温度、湿度、卫生防疫等准备

工作，主管必须检查落实好每项工作，使用进鸡准备工作检查表。鸡舍和饲养设备必须于 3 天前消毒过。进出鸡舍人员必须严格消毒。检查保温设备，根据季节不同提前 1~3 天预热，最少也要提前一天预温，这一点是为了让墙壁温度达标准，育雏笼中下层温度为 32℃左右。预温同时确保舍内墙壁湿透，以确保进鸡后舍内湿度达标准。分配各栏育雏笼内的设备，各栏必须有专门温度计。水质要干净达标，水温与舍温相同。初次给雏鸡喝水，最好要用 5%的葡萄糖水。准备称重设备、采血用品及报表等。该阶段不允许外来人员参观，围墙到鸡舍地面要定期消毒。进鸡前进行人员培训。

（2）鸡苗到场工作操作程序。确认鸡苗到场时间，以便更好地准备接鸡。不允许运输鸡苗车辆直接进场，要通过场内车转运，或者严格消毒后进入场内，司机不下车。接鸡前必须核实好箱数。按计划数量把鸡苗分放到各栏。每一栏应该尽量放置同一生产周龄的鸡苗。鸡苗都要抽样称重。打开鸡苗盒、点数，每次抓 5 只，放在饮水设备较近的地方。记录好每栏鸡数。记录运输中死亡及点数时淘汰的鸡苗数量，调整使各栏数量一致。鸡苗箱纸盒、垫纸送检，雏鸡采血送检。训练雏鸡饮水。进出鸡舍必须严格消毒，不允许有漏风，禁止昆虫、鸟及其他动物入舍。

（3）育雏期饲养管理。地面平养的重点：注意饲养设备的配置与使用，温度、湿度控制及其影响因素，关键时期体重要求，初饮及开食的方法，断喙，通风换气及光照管理等。饲养设备准备手提饮水器 50 只/个，乳头 15 只/个，围栏板 10 张/栏，料槽 5 厘米/只，开食盘 60 只/个，料盘 60 只/个。

1）温度、湿度控制及其影响因素：温度、湿度要适宜。鸡苗数量要合适。围栏扩大要及时。保温设备使用时间要合适。如何检查温度，以观察鸡群实际分布状况为准。

笼养育雏舍：除育雏笼全套设备外，还要准备消毒过的料袋，按高密度育雏面积去准备充足的料袋。每个育雏笼里准备一个小真空饮水器。在每层育雏笼都要挂温度计，监控舍内各层的温度。

另外，鸡舍里保证一定的湿度对于球虫免疫效果、环境控制有很大好处。

舍内小气候是指通过温度、湿度和通风的管理给鸡舍创造一个不受外界影响，适合蛋雏鸡生长的一个良好的小环境，这个小环境就是舍内小气候。舍内小气候控制是指控制好舍内温度、湿度和通风的关系。对于肉鸡饲养管理来说就是做好合适温度控制情况下，再协调好湿度和通风的关系即可。良好的做法是设定好全期每天温度曲线，以全期温度曲线为标准，再设定好每天最高温度值和最低温度值，以最高温度值和最低温度再做两条曲线，在最高温度和最低温度曲线内进行温度的控制，然后再设定最小通风量的管理办法。湿度控制曲线也应同时设定好。

温度控制方面杜绝高温育雏带来的危害。很多蛋鸡育雏前几天的温度都在36℃以上，加大雏鸡热应激的风险，也使育雏人员产生不适。鸡舍设定温度每高1℃，育雏期每平米鸡舍均增加0.1元燃煤投入。所以，育雏前几天的温度，31~33℃为宜。国外引进品种的育雏温度绝对不超过30℃。建议设定31~33℃是因为考虑我国国情及鸡舍的硬件设施，育雏过程中不是温度高了就好，是温差小了、温度稳定才有利。

2）温度的管理。每日下调温度应在上午8时进行，给雏鸡一白天的适应时间。绝对不能晚上下调温度。温度管理重点是全力做到舍内两端没有温差和昼夜没有温差。在标准化鸡舍内通过进风口大小的调节、供温设备对温度的调节、通风量的大小和风速的控制，是不难做到鸡舍内没有温差的。风速是调节鸡舍两端温差的一个重要环节，合理的风速很重要。这需要管理人员在舍内进行长期调试并设定标准值。对于供温设备的要求是要确保任何时期供温都能达到设定的温度范围。只有温度超过设定温度3℃以上的情况下才可以通过加大风速来控制舍内温度和提升鸡群的舒适感。控制温度偏高的问题要先从供温方面做起，然后才是通风的作用。绝对不能通过提高风速来降低舍内温度，因为风速会使鸡群体感温度下降而造成大的应激。昼夜温差的应激是后期死淘偏高的一个不可忽视的原因。温度偏低，或风速偏大的情况下，鸡群感觉不舒服，不愿意活动，会严重影响蛋雏鸡的食欲，进而引起采食量减少，增加死淘率。鸡舍内昼夜或两端温差越大，所分栏要越小，以防止栏内鸡只向温度舒适的地方移动，造成部分饲养区密度过大而影响到鸡只的采食。

育雏前一周高湿是预防前期呼吸道病发生的最有效做法：育雏前三天相对湿度要达到65%以上；一周内以60%以内为好。一周后相对湿度降下来，控制在50%以下为好。前一周提高湿度可以预防呼吸道疾病的发生，有利于雏鸡上呼吸道黏膜的良好发育，同时也预防脱水应激。提升湿度的方法有四种：地面洒水；暖风筒里喷雾加湿；雏鸡来之前用水打湿墙壁；接鸡前或提温后喷雾。鸡舍密封性是提高湿度的关键。

育雏一周后的相对湿度也以稳定为主，一般以45~50%为宜。

蛋雏鸡通风管理最重要的原则是以最小通风量维持整个饲养期，就是说通风的目的只有一个，供应充足氧气即可，同时尽量保证鸡舍内没有有害气体和灰尘的存在。这是通风管理中最好的状态，但在实际生产中往往是不太可能做到。通风的重要作用是控制温度和湿度，排出有害气体和灰尘，提供新鲜空气（供氧

气)。用最小的通风量发挥最大的作用是舍内小气候控制管理的重点，尤其是冬季协调好温度和通风的关系是管理的关键所在。通风是否要形成风速也是蛋雏鸡管理最重要的。在温度设定范围内通风是不能形成风速的。各阶段内蛋雏鸡舍中氧气含量要求：1~10日龄空气中氧气含量不低于19.5%；10~20日龄空气中氧气含量不低于19.8%；21~30日龄空气中氧气含量不低于20%；31日龄空气中氧气含量不低于20.3%。当然各阶段氧气含量越高越好。

冬季舍内小气候控制的管理重点是协调好温度和通风的关系。冬季通风的管理要点是最小通风量，就是让通风只提供新鲜空气为宜。其他的几项作用，要用其他方法去解决。控制温度的作用要用供温设备解决，控制湿度的作用要防止供水设备洒水，同时注意鸡群腹泻现象。控制好舍内湿度来解决有害气体和灰尘的问题。采取这些措施后最小通风量就能满足鸡群生长需要即可。

3）影响温度的其他因素。舍外温度的高低及变化。鸡舍有无漏风的地方。

4）控制温度要注意的重要事项。第一天温度必须达到30~33℃，温度测定点距地面高度与鸡头平。育雏控温时间一般为3周，每周下降2~3℃。前两周检查鸡群要格外认真仔细。检查温度是否合适的最佳方法，是观察鸡苗的分布状态及表现。温度适宜，鸡苗在围栏内散开均匀，感觉舒适，呼吸均匀良好，身体舒展良好，活泼。鸡苗集中某一角落，说明有贼风。发现鸡苗在围栏扎堆，说明温度太低。关键时期体重要求：少量鸡只架着翅膀，张口呼吸，说明温度偏高。或者表现为热源处鸡只较少。

第一个生命薄弱期是0~1周。种蛋入孵后开始发育，活体进入生长时期，生长所需营养全部通过尿囊供给，在雏鸡破壳后，由尿囊呼吸转成肺呼吸，一个真正意义上的生命出生。经过一系列操作后，雏鸡接转到育雏场内，雏鸡进入生长初期级段，开水开食后刺激胃肠道开始发育，也是心血管系统、免疫系统和体温调节功能快速发育期，同时也是其他系统的启蒙发育期。

接鸡时工作：掌握准确的接鸡时间，一定要随时联系送雏车辆，密切关注准确的入雏时间，以便合理安排进雏前的准备工作，如舍温的保持、饮水器的添加、饲料的湿拌，等等。

低温接雏：雏鸡经过长时间的路途运输，饥饿、口渴、身体条件较为虚弱。为了使雏鸡能够迅速适应新的环境，恢复正常的生理状态，我们可以在育雏温度的基础上稍微降低温度，这样，能够让雏鸡逐步适应新的环境，为以后生长的正常进行打下基础。精细的接鸡育雏温度控制为接鸡前2小时到雏鸡来后1小时温度应控制在27~29℃，鸡入舍1小时后上调1℃，以后每过1小时上调1℃，直到上调至31~33℃。这样鸡群就会有一个慢慢适应的过程。

开水开食是管理重点工作。接鸡第一天的密度很关键，一般按每平方米90~100只，也就是育雏前5天的饲养密度的2倍。高密度饲养的原理是，雏鸡的特性是学着抢着吃食的，就像老母鸡教雏鸡吃料一样，这是它们从祖代传下来的，所以在合适的大密度饲养过程中有利于所有雏鸡都学会吃料，而且能尽早吃饱料。做法是把所有的育雏面积都作为开食面积，铺上料袋或塑料布都行，使用拌湿的饲料开食。把料拌湿方法是，湿度为手握成团，松开手握一下即碎为好，含水量在35%左右。每半个小时撒一次料，少撒勤添，驱赶鸡群活动。把所有的饮水器也都放入。雏鸡越短时间内吃饱料者就越好。这样做的结果是在雏鸡入舍10小时饱食率达到96%以上，吃上料的比率达到100%，把吃不上料和喝不上水的鸡只全部挑出，单独饲养。一个好的做法就是把挑出的雏鸡每20~25只鸡，放入一个出雏盒内，每个盒内放入一个小饮水器，撒入料，并重点照顾它们。

2. 雏鸡接鸡时助饮　逐只将雏鸡从纸盒中拿出，将鸡嘴蘸入到提前加入葡萄糖与电解多维的饮水中，不但能够达到百分百的开水率，同时，为达到良好的开食率做好铺垫。

助饮方法分解：第一步抓鸡，拇指外的四指与手撑抓住雏鸡颈部上方，雏鸡头向拇指方向。第二步助饮，拇指与食指捏住鸡嘴用力按入水中一下，然后松开拇指与食指让其完全把水咽下去；再重复一次。第三步放鸡，第二次把鸡嘴按入水中，立即放手松鸡在饮水器边。该方法可总结为抓鸡、沾 嘴、松手指、沾嘴、放鸡。

开口饲料的湿拌：选择合适的颗粒破碎料，加湿并添加绿源生等药物，不但利于开口，同时可以发挥绿源生等药物的良好作用，帮助消化，有利于胎粪排出，减少了糊肛的概率；同时也增加了适口性，有利于饲料全价性摄入，杜绝雏鸡挑食。拌料时注意，松软度以用手握紧成团，而不出水。松开后，轻揉即散的状态为最佳。

待雏鸡入舍后，将事先拌好的湿料均匀撒在铺好的饲料袋上，诱导雏鸡啄食，建立食欲（使雏鸡抬头能喝水，低头能吃料）。每次拌适量的饲料，每半小时撒料一次（逗鸡开食）。开食6小时左右，即可将栏内的开食盘翻开并在内撒料，以后逐步将开食盘全部加入栏内，并不再向编织袋上撒料。10小时左右，将雏鸡的采食全部过渡到开食盘，并慢慢取走料袋。

测定饱食率：管理人员在8~10小时的时候，测定每栏的鸡群饱食率，将鸡群按照未吃料未饮水、饮水、吃料、吃饱料进行层次划分并计算饱食率。雏鸡开食情况检查分四个方面：吃饱料（嗉内有一团饲料）、吃上料（嗉内有饲料和水的混合物）、饮上水和料水没有。

依据管理人员测定情况，安排工人进行逐一摸鸡，将未饮水、没吃料的弱鸡、小鸡挑出放在残栏中单独饲养（注意残栏的特殊照顾，并且由于鸡群的群居性，不要将单个、少量的弱鸡单独饲养，避免其孤独，精神不振，记着它们是弱势群体，要特别关注）。

待雏鸡开水后，根据用药程序适时更换、添加水球内的水。注意不要一次添加过多的水，避免因长时间放置导致药物的失效。以少添勤换为原则。

育雏期防止水杯污染的一个好的做法：在水线下面铺上料袋，可以有效防止垫料进入水杯，污染饮水，同时也能最快发现水线洒水，减少垫料湿度，此法一周后据实际情况去掉取走。那时雏鸡能完全站直饮水了。

根据鸡群的分布状况进行赶鸡：如果鸡群分布均匀，开水、开食正常，可以每小时“驱赶”鸡群一次，让其自由活动，增强食欲。如果鸡群扎堆，则需随时赶鸡，保证鸡群不出现扎堆现象。

一日内育雏成败的重要性占蛋鸡饲养全期的 50%：增强雏鸡对疾病的抵抗力，提高雏鸡成活率；为育成期提高均匀度打下良好的基础；控制弱小鸡的发生，为育成期提高育成率打下良好的基础；有利于提高机体心血管系统和免疫系统的快速发育。温度控制不能过高或过低；开水前温度不超过 29℃，目的是防止雏鸡脱水和员工过于劳累；入舍助饮 1 小时后和自由饮水 2 小时后，温度控制在 31~33℃；高温与低温都会严重影响食欲的刺激；高温也会造成温度和湿度难以控制、员工过于劳累等；不要让雏鸡适应在高温处饲养。管理重点：让每只雏鸡在最短时间内吃饱料，不惜一切代价刺激食欲。

控制鸡舍内的湿度不低于 65%。提升湿度的方法有两种：地面洒水和提温后喷雾。

免疫：100%安全免疫（同时检出未采食到料的雏鸡）。

每 4 小时换水一次，保证饮水器与饮水干净。统计一天的采食量，制定下一天的预计喂料量，尽最大努力让鸡群多采食饲料（入舍后 23 小时统计）。

1~7 天自由采食，主要是第一周体重达到超过标准 15 克以上；4 周时要求达成标准体重以上，对以后产蛋有深远的影响。笼养要逐渐扩大，因为该阶段小鸡生长特别快。水、料设备分布必须均匀，保证所有鸡只在 2 米范围内找到水、料。

2 日龄管理，雏鸡已经逐步适应了新的环境，那么，以后的工作也要一步步开展起来，饲料的多次添加、饮水器的适时更换、按时诱鸡活动促进采食、弱鸡的精心照顾、舍内环境的控制都非常关键。充足的料位是关键。

定点进行喂料，定时驱赶雏鸡，每次定量加入料量，一般是 2 小时加一次料，1小时驱赶一次雏鸡，按前一天料量加2克饲喂，作为今天料量去分配。

继续拌湿料，分多次饲喂：第二天仍然需要把料拌湿（公鸡持续的时间更长一些，大约一周），预计并计算好总料量，然后根据每栏的鸡数将料分开，全部添加到开食盘中，注意撒料时要均匀，且不要太厚。全天每2小时撒一次料，将料按预计总数分开，每次大约1克，一定不要图省事减少加料次数，避免因料盘内饲料长时间过多剩余造成雏鸡食欲下降，影响采食。

按时驱赶鸡群，增加食欲：为了保证能够使鸡群吃足当天的料量，可以每小时“驱赶”，让其多活动，增加食欲。要根据具体情况赶鸡，鸡群采食后也要有一个休息、消化的过程，观察鸡群，如果分布均匀、无扎堆现象，即可每小时赶一次。如果有扎堆现象，则需不断地赶开，如果问题持续出现，就要仔细查找原因，看是否是因为温度偏低，鸡群因受凉而聚堆。

第二天的工作重点：及时清理因鸡群跑动、排泄而受到“污染”“不新鲜”的饲料，平养中料盘中的垫料和鸡粪，每天至少清理4次。每次清理可将多余的稻壳重新撒在栏内；清理完毕后的饲料可以拌入适量多维均匀地撒在每一栏的各个开食盘中，避免因一个开食盘中剩余旧料过多，雏鸡对此盘采食欲差而不去吃料现象的出现。一定要随时即喂，防止饲料因污染酸败。

平养的鸡舍在水线（饮水球）下方铺编织袋可以有效避免稻壳污染接水杯或饮水球的问题。制作带钩的长杆，换饮水器时使用，可以减少工人劳动量，并且对鸡群的应激较小。

挑出弱鸡单独饲养，尽快使其恢复健康状态。根据天气状况，3日龄可以开始通风，通风时水帘为唯一进风口，并加强水帘消毒工作，一天3次为好，通风前进行。

如果3日龄晚上11点前吃料情况良好可以再熄灯一小时，提前一小时，将料盘撤出，余料回收称量，填写报表。准备料桶，充分消毒后进入鸡舍；注意料位的重要性，自由采食阶段也注意料位充足，均衡雏鸡的斗志；防止弱鸡发生；可以打开水线，让鸡群慢慢适应。挑至残栏中的弱鸡，一定要照顾周到，及时更换水料。

3. 日常管理

（1）喂料管理：确保饲料新鲜、无污染，来场前要经过细菌学检查，特别是沙门菌和霉菌，并且留样250克。喂料设备数量充足，料盘分布、饲料分配要均匀。在1~3周，喂料要少量多次。第一次喂料必须保证每只鸡都吃到料。通过敲响料盘，或抓鸡到开食盘教鸡吃料。光照强度要大于30~40勒克斯，并且要均匀，以保证鸡苗看到饲料。检查料盘内饲料是否干净，定时清理，不允许有潮湿、霉变饲料。第3天准备用大鸡设备，第5天开始逐渐更换，第10天全部更换完毕。

（2）饮水管理：鸡苗到场后及时给水，给料。前几天，手提饮水器50只/个。引导鸡苗使用大鸡饮水设备，在3天时开始引导，在引导过程中仍然使用小饮水器，直到每只鸡都学会使用，5~7天开始逐步拿掉小饮水器，2个/天，10天前应该被换完。小饮水器均匀放置在围栏内，放置在砖头或木块上，防止垫料进入水中。鸡苗到场前4小时准备好水，放在围栏边，使水温接近舍温（水温27℃左右）。必须保证每只鸡苗都能饮到水。保持饮水器干净卫生。如果使用葡萄糖饮水，饮水时间不超过1小时，以保证水不受细菌污染。给小鸡饮的水必须干净，一般用（0.2~0.3）$\times10^{-6}$的氯消毒的水最好。

3. 断喙期管理　断喙的目的是减少饲料浪费，减少啄羽发生。

（1）断喙设备：断喙器用前检查，确保良好，断喙孔必须达到标准，断喙孔板要平整没变形，如有问题要换新的；断喙器必须消毒过，并清理干净，没有以前使用后的剩余物；断喙器必须保证用电安全，电线无破损，接触要良好；刀片要不钝，每只刀片断喙2 500只，接触不好，会使刀片发热，刀片温度应在700℃左右，刀片颜色为深红色（樱桃色）；经常用湿棉刷擦拭孔板热量，保证不太热；考虑断喙时排烟，减少对人的影响；保证刀片与孔板间隙合适，防止太大或太小。

（2）断喙技术：

1）断喙时间最好为7~8日龄，具体确定要根据鸡苗到场时大小。过早断喙可能影响鸡苗发育，过晚断喙，可能造成断喙困难，出血较多。

2）根据喙的大小及断喙标准选用10/64英寸（1英寸约为2.54厘米）、11/64英寸的孔、12/64英寸的孔，一般情况第5天断喙用11/64英寸的孔比较合适。

3）断喙长度不准超过喙长1/2。

4）断喙人姿势要端正、舒适，手臂要与孔板配合好，控制喙的手臂与身体成90°角，小臂与孔水平。手臂动作要灵活。机器要稳，牢靠。用一只手抓鸡，用另一只手大拇指压在鸡头部，用食指托住鸡下颌部，轻轻拉长鸡脖，使舌头回缩。把喙放入合适孔中，鸡喙与孔板成90°。踩下脚踏板时间不超过3秒要放开。拿鸡出来检查有无出血，如有，应灼烧，烫喙时间不能太长，否则会损坏生长点细胞，影响喙生长。轻轻将鸡苗放到围栏内。断喙人数每舍不超过3人，其中1人负责公鸡，另2人负责母鸡；每次断喙应分栏，使每栏板断喙效果一致，有利于以后饲养管理。每栋鸡舍断喙必须在当天完成。

5）断喙前后对鸡苗的管理要求：抓、握、放要轻柔。围栏板隔开时，要使鸡只能方便喝到加有维生素的水，装入断喙筐的鸡只不可太多，断完一筐抓一筐。要有人负责检查已断喙鸡苗，检查断喙质量，有无出血，如有要及时处理。断喙后鸡苗给料要厚一些，并用粉料或破碎料，防止鸡喙碰到料盘出血。断喙后2~3天，鸡苗应激大，饮水量少，供水供料设备要放低，并保证水料充足。保证温度合适，喂料、饮水设备在热源范围内。断喙时要加3~5天维生素于饮水中，以减小应激。光照程序见表12-1。

表12-1 光照程序

	光照时间（小时）	光照强度（勒克斯）	灯泡瓦数
1~3天	23	30~40	100
4~7天	每天减少1小时	30~40	100
8~14天	每天减少2小时，到8小时为止	5~10	25

通风换气：鸡舍要封闭好，防止昆虫及带病生物进入鸡舍，用排风扇通风。根据排风扇开启数量合理调整进风口大小，保证鸡舍负压符合标准。风扇开启数量应根据鸡龄、温度等确定，要经常观察鸡群冷、热、呼吸表现。

4~8周：蛋鸡体发育进入一个快速期，8周骨骼长度达到成年鸡骨骼长度的90%左右；这直接决定了蛋鸡体成熟的好坏，也就决定了蛋鸡一生的生产性能的高低。8周时的骨骼长度以达到成年骨骼长度的85%以上；这一时间的均匀度直接决定了体成熟均匀度的高低。体成熟均匀度的高低又直接决定了蛋鸡一生中的生产性能的高低，这一时期的管理也是至关重要，所以这个时期为第一个管理重点期。管理重点为控制增重的合理性。

育雏期影响均匀度的因素：

雏鸡的质量直接影响到蛋鸡均匀度的高低。舍内不同地点的温度不同，产生温差，使雏鸡采食不均，进而造成均匀度下降。

0~3日的湿度：前三天湿度偏低情况下易引起慢性呼吸道发生，同样也会引起雏鸡脱水，造成大小不均的表现。

首次饮水与开食的质量：开水开食不好的话会引起弱小鸡的发生和采食不均匀。

饲料质量：饲料的分布料量、料位、喂料速度、投料是否均匀。

断喙：固定专人进行断喙，断喙人员越少越好；防止断喙时间过长，以防烙死喙过多；减少部分料位，增加饲料厚度，减轻疼痛应激；补充微量营养素减缓

断喙应激；补充维生素K_3粉促进止血。

合理分群：7~8日龄断喙时认真挑鸡；12日龄左右按大、中、小进行分群；3、4、5周每周进行一次分群。6周时每栋只分两栏，均匀度低时可逐只称重分群。

育雏期体重控制：蛋鸡饲养中体重控制是非常重要的，育雏期更是如此，但各周控制方法不尽相同；1~2周促进采食使鸡群快速增重；1周末体重不低于标准体重，最好是超过标准体重15克以上。胫骨长必须超过标准。

4. *逆季开产蛋鸡舍的管理*　逆季开产蛋鸡是指在9~12月进入开产期的蛋鸡，也就是4~8月接的雏鸡。对于这几个月接的雏鸡，为了确保准时开产，要在4~16周采取8~10小时弱光照饲养，这样能确保蛋鸡到18周准时开产。

现在生产上，这几个月进入产蛋期的鸡群，往往都会出现推迟开产的情况，正常情况下产蛋鸡在18周达到5%产蛋率为宜，但这一时期的蛋鸡往往推迟到20周以后才会达到5%产蛋率。对于蛋鸡饲养者来说，推迟开产的损失是巨大的，每推迟一周，1 000只鸡浪费饲料700千克左右。

9~12月开产的蛋鸡推迟开产的原因分析：开放式鸡舍的光照强度和时间逐渐减弱和缩短，抑制蛋鸡的准时开产；由于种种原因，蛋鸡增重不足，贮积蛋白和能量不足。

9~12月开产的蛋鸡要采取下列措施才能保证蛋鸡准时开产：

（1）使用优质饲料确保每周周增重达到或超过标准。注意玉米的水分含量，不要影响到育成期蛋鸡的周增重。对于12周以后的鸡群要刺激蛋鸡吃料，确保以后每周的周增重。若增重不足要采取刺激食欲的办法增进蛋鸡的采食量，否则就要提高饲料中的营养浓度，甚至可以兑入少量育雏期优质饲料，或者使用预产料。

（2）确保育雏育成舍的温度合适，最低舍内温度不低于18℃，不要因为舍内温度逐渐下降造成蛋鸡增重不足。对蛋鸡采取保温措施，修补鸡舍漏洞防止贼风进入。提早供温确保舍内温度。

（3）蛋鸡育雏育成期的4~16周光照时间8~10小时，体重达标准时可以采取8小时的光照时间。否则可采取10小时光照时间，不要太长，否则会影响到后期的开产时间。为了确保蛋鸡育雏育成舍的光照时间，要对育雏育成舍进行遮光处理。光照强度方面：育雏育成期光照强度应控制在2勒克斯以内。没有测光仪的情况下：按灯泡距离2.5米计算，进行灯泡设置，使用日光灯灯泡时，5瓦的灯泡即可。17周初开始光照刺激，一次加光到12小时，光照强度提到15勒克斯以上，使用灯泡40瓦，并使用灯罩。

（4）周管理重点：

第一周：进鸡前1天做好前10小时高密度（90~100只/米²）育雏笼具的准备工作，笼内铺入料袋以供开食之用。凌晨2~3时调试舍内育雏笼上的温度，冬季提前2天预温为好，以确保舍内有个均衡温度。开始备开水，按10毫升/只去配水。育雏笼水线高度应当可调。

0日龄：接鸡前准备工作，车辆消毒备好。做好开水药物加入准备。接鸡前一小时加好水撒上湿拌的饲料。接鸡前到接鸡后1小时恒定舍内温度在27~29℃，然后每小时升高1℃，把温度提到31~33℃为宜。湿度在75%左右。可以使用消毒设备。

1日龄：2.5%~10%的白糖（前10小时用）和电解质多维矿饮水3天。保温温度31~33℃，温度要慢慢提上去，绝对不能忽高忽低。分群点数，做好记录，称重。全价鸡花料开食。开照明灯，瓦数为40瓦。前10小时喂料中拌入12%微生态制剂。前10小时饲养密度在90~100只/米²，过10小时后进行分笼到45~50只/米²。入舍10小时后水线也要过渡使用，调教雏鸡使用自动饮水器。晚上9~10时应观察小鸡表现，看温度是否适宜。

2日龄：1~5日龄饮水中加抗菌药预防细菌性疾病。每天加料8~10次使鸡只尽早开食，采食均匀。观察保温温度是否适宜，调节适宜温度，温度在31~32℃，23小时光照。使用开食盘和小料槽喂料，确保料位充足。自动饮水器要和小饮水器加同一样的药品。

3日龄：每天早上、下午、晚上更换饮水各一次，并洗净饮水器。过渡到自动饮水器。每日早、中、晚、夜加料各一次。关好门窗，防止贼风，但要考虑到舍内供氧充足。观察雏鸡活动以确保舍温正常，每天22小时连续光照，2小时黑暗。灯泡瓦数为20瓦。温度在29~31℃。做好转笼前的准备工作。

4日龄：增加饮水器与料槽。观察鸡群状态与粪便是否正常。观察温度注意雏鸡状态，及时调节室内温度。撤去一半真空饮水器，使用水线供水，要教会雏鸡用水线。温度在28~31℃。做好扩栏的工作，使密度在30只/米²左右。料位是雏鸡均匀度的关键。

5日龄：注意饮水器洒水的问题，防止舍内湿度偏大造成的危害。早上检查是否缺料与缺水，及时增加料槽与饮水器，再撤去部分小真空饮水器。舍内温度在28~30℃。

6日龄：注意喂料器的过渡，确保喂料充分。早上检查是否缺料与缺水，及时增加料槽与饮水器。再撤全部小真空饮水器，全用水线供水。舍内温度在28~30℃。

7日龄：晚上抽样称重和测量胫骨长一次，称重要有代表性。鸡的生长发育情况与标准体重对照，找出生长慢的原因。全部更换全自动饮水器和大料桶。舍内温度控制在28~29℃。一周末的体重很关键，确保体重达到要求的标准。它代表着鸡群的健康情况。

第2周：提高蛋鸡均匀度进行第一次分群管理。调整室内温度，温度在27~29℃。注意通风。清理舍内鸡粪。8~14日龄每天减少光照两小时。以体重大小考虑控制喂料的量：体重要超过标准体重。注意粪便变化，及时防治球虫病。对于蛋雏鸡来说，7、14、21、28日龄的雏鸡体重必须达标，因为育雏期是雏鸡骨骼发育、羽毛覆盖、心血管系统和免疫系统发育的关键时期。如果雏鸡体重在28日龄达标，鸡群均匀度则很理想。确保初期2周的均匀度不低于78%。7日龄免疫ND油苗和弱毒苗。

饲料中开始补入保健砂。补充保健砂按1克/只，加入饲料中供给，也可以用专用保健砂石盆供给，让鸡只自由采食补给也行。

本周免疫工作：14日龄免疫IBD弱毒苗。

第3周：确保蛋鸡的均匀度不低于78%，要有充足的料位和水位。喂料要保证同一时间内，相同条件下每只鸡都能吃到相同料量。过渡喂料器具要清楚撒料情况，及时补给；笼养殖的蛋鸡要注意群体密度的大小，每平方米雏鸡不超过20只。补充保健砂按2克/只，加入饲料中供给，也可以用专用保健砂石盆供给，让鸡只自由采食补给也行。

本周免疫：AI，H5+H9，同时ND弱毒苗点眼，并结合鸡痘刺种。

第4周：4~8周，骨骼快速发育期，8周时的骨骼长度以达到成年骨骼长度的90%以上；这一时间的均匀度直接决定了体成熟均匀度的高低。体成熟均匀度的高低又直接决定了蛋鸡一生中的生产性能的高低。这一时期的管理也是至关重要。这个时期为第一个管理重点期。加强育雏期管理确保蛋雏鸡4周末体重达到标准以上，拉大骨架。以体重是不是达标来决定是不是换二期料。

补充保健砂按每只鸡3克，加入饲料中供给，也可以用专用保健砂石盆供给，让鸡只自由采食补给也行。

这一周的管理重点就是为体成熟达到较好的基础。温度允许情况下缩小到最小饲养密度。这样有利于蛋鸡的体格发育。第4周要求实际体重达成目标体重。第4周体重如达不到目标体重可延长光照时间至12小时，到第5周一定达到目标体重，饲料从育雏料过渡换成育成料。

对于蛋种鸡的管理：4周后公鸡足够的活动量，饲养密度在3.5只/米^{2}以下；2周内扩栏到5只/米^2，促进肌腱发育和骨架发育。

第 5 周：蛋鸡在本周的体重和胫骨长必须达到标准。若不达标准可采取延长使用育雏料的办法。

蛋种鸡的公鸡的自由采食时料位也要适宜，若料位偏少会造成部分雏鸡怯场，失去斗志，对均匀度提升造成很大的影响；要每天观察吃料情况，计算料位。以第一次加料时让鸡只全部同时吃到料为准。一定要坚持三同原则：同一时间内、相同条件下每只雏鸡都能吃到同等质量的料量。

育雏期 5 周后公鸡的管理：按自由采食料量饲喂到 5 周后周末空腹称重，以 5 周末的体重去定新的体重曲线，控制体重生长；使 6 周末空腹体重不低于标准。5 周龄对公鸡进行选种。第一次选种，着重考虑体重，选种前不必限饲，严格淘汰腿和骨架等有缺陷、羽毛覆盖不良的鸡只。

补充保健砂按 3.5 克/只，加入饲料中供给，也可以用专用保健砂石盆供给，让鸡只自由采食补给也行。

本周免疫任务：Lasota+Ma+Con。

第 6 周：测量胫骨长度，对鸡群进行评价。计算撒料的量：棚架下铺上塑料布，测 10 个料桶喂料时撒料量，一次性补给。6 周末公鸡体重不低于标准就行；淘汰弱小鸡和残鸡，以确保种公鸡质量。本周管理重点是确保有一正常的增重。

做好育雏期的工作总结：前六周体重曲线是不是合理。均匀度是不是达标，若均匀度不达标准应找出原因，同时做出修改方案。对于种公鸡要采取第一次选种，淘汰体重偏小鸡只、弱鸡和残鸡。这一周由技术人员淘汰那些腿短的公鸡。这一周要对员工育雏期工作进行评价和肯定，通过对鸡群的健康评估，评选出优级的鸡群。

补充保健砂 4 克/只，加入饲料中供给，也可以用专用保健砂石盆供给，让鸡只自由采食补给也行。

做好蛋鸡的上笼和转群工作。

转群前的工作：

接鸡方：做好接鸡前的准备工作和转鸡的安全工作；所用用具的清洗消毒；水中倍量加入抗应激药物。

发鸡方：做好转鸡前分群工作，使转出的鸡只栋内均匀度不低于 90%。先在转出栋内以转出量建好隔栏，挑选合适的转出鸡；所建隔栏要方便出舍，但也不准违反消毒制度；确保转出鸡只均匀度不低于 90%。水中提前两天倍量加入抗应激药物。

转群中的工作：发鸡方做好转鸡的安全工作；清点好鸡数；防止鸡只外伤和逃跑；确保路途安全。接鸡方做好鸡群适应新环境工作。提前水中加入抗应激药

物和抗生素。计算当日喂料量，增加 20%~30% 预防应激。盘式料要确保运行一周为准。鸡只进入鸡舍前运行料线，到转完全栋鸡为准料线；中间可以暂停几次，但时间不能超过五分钟。放鸡人员必须把鸡全部放在料线圈内，并把鸡放在事先备好的垫料袋上，防止外伤。促使鸡只吃料喝水。

5. *转群后的管理* 发鸡方做好转鸡的安全工作，清点好舍内鸡数，均匀料位和水位。接鸡方做好鸡群适应新环境工作；水中加入抗应激药物和抗生素；每日喂料量增加 5 克预防应激；促使鸡只吃料喝水；勤查鸡舍，发现异常情况及时处理；混群后鸡只还要做好公母鸡分饲工作。

开产鸡群的训练：开产前鸡群的训练工作是非常重要的。训练不好鸡群，将会严重增加整个产蛋期的工作量，同时严重影响种蛋的质量，会降低生产指标，增加生产成本。

防止母鸡前期死淘率增加：前期母鸡死淘率高的原因多数是因为外伤引起的。引起外伤主要原因有笼具造成的外伤和其他机械外伤。这就要求员工在鸡舍内不停巡查及时发现体弱母鸡。这阶段员工值班很重要。

严格执行好卫生防疫消毒制度：该阶段是疾病高发期，如何确保鸡群健康是首要问题。要严格执行卫生防疫消毒制度，同时给鸡群创造良好的生存条件，包括温度、通风、饮水、喂料等。合理使用各种用具和设备。

（二）817 肉杂鸡种鸡产蛋鸡育成期管理（7~17 周）

1. *饲养设备及饲养面积* 包括清粪机一套。按需求配套自动上料设备；按每笼 90~96 只备好鸡笼，配套鸡笼上所有设备。

2. *饲养方法* 育成期饲养控制非常重要，通过饲料控制确保体重增长符合标准，均匀度良好，以保证开产整齐。

体重控制的目标是将鸡群所有鸡只饲养达到周目标体重，且具有良好的均匀度。目标体重是通过控制饲料供给量实现的。饲料耗用量的确定在育成期以体重和维持需要为依据，在产蛋期，除这两个因素外，还要考虑产蛋量和蛋重。

体重检测时，每周每栏称量 60~100 只鸡或取样 1%~2% 进行称量。7 日龄和 14 日龄称重时，可许多鸡放在一起称量或每 10 只鸡放在桶内称量。鸡群称重要在每周同一天同一时间进行。

用来进行称量体重的秤具要有 5 千克量程，精度要达到 10 克。秤要经常校准。建议使用带打印输出功能的电子秤。每栏圈大约 20 只鸡。每个抽样所围好鸡只必须全部称重，包括小鸡（淘汰鉴别错误的鸡）。每个鸡舍抽样点，抽样数量、抽样时间要固定。每舍选择抽样点至少 6 个。称重人员要固定，观察方法及记录要准确、真实。利用以下表格记录体重。计算所有称量过的鸡只的平均体重。决定后续饲料用量。育成期，饲料用量必须维持或增加，但永远不能降低。产蛋高峰过后，饲料用量通常要降低以控制体重，同时维持产蛋持久性及繁殖力。

本阶段每周补充保健砂按4克/只，加入饲料中供给，也可以用专用保健砂石盆供给，让鸡只自由采食补给也行。

鸡群均匀度，选淘鉴别错误鸡只：均匀度是反映鸡群中鸡只之间发育差异的指标，均匀度高说明最高、最低体重差别小，开产时，性成熟，体成熟发育整齐，高峰产蛋率良好。如何检查鸡只均匀度，可从体重及鸡骨架发育状况、换羽整齐程度、抗体是否均匀、性成熟是否均匀（加光时观察鸡冠颜色变化）等方面检查。

均匀度计算方法：称重抽样3%~5%，抽样鸡只要全部称重，在平均体重上下各10%的范围内的鸡数占所抽样总鸡数的百分比为该鸡群均匀度。若群体偏小的话，要加大称重鸡只的数量，称量鸡只不少于100只。

影响鸡群均匀度的因素：进鸡时存留甲醛气味；在1日龄不同周龄来源的雏鸡混养；断喙没有高标准要求；温度过高或过低；饲料分布不均；喂料量不正确；饲料粉率过高或颗粒过大，储存时间过长；供水不足；饲料能量过高或过低；喂料时光照强度不够；料线高度不正确；喂料时间不规律；鸡只数量不准确或隔栏串鸡；疾病或寄生虫影响。

抽样称重的方法：抽样称重是一项非常重要的工作，它关系到饲养者是否能合理准确确定饲料量。秤具必须经过检查，准确度高，最小分度20克。每舍选择抽样点至少6个。每次抽样所围好的鸡只必须全部称重。抽样点、抽样数量、抽样时间要固定。抽样数量3%~5%以上，每次抽样数不得少于100只。称重人员要固定，观察方法及记录要准确。称重结束后马上计算体重、均匀度，以便确定料量。12周选淘鉴别错误的鸡只，到17周应把鉴别错误的鸡只完全淘汰。

限水计划：限制光照同时限水。限料日定点供水，可以有效控制舍内湿度。

光照控制程序及鸡舍饲养管理：光照与母鸡产蛋有很大影响，光照通过刺激脑垂体，产生FSH、LH两种激素，促进卵巢发育和卵泡生成。

增加光照的方法：在封闭鸡舍，光照控制要从减到8小时开始，直到112天或114天，期间要做好遮光，以有效控制蛋鸡的体成熟和性成熟的同步发育。

遮黑饲养的目的：做好遮黑使每只鸡受到的光刺激一致，保证发育整齐，保证开产时间达到标准要求。提高饲养效率，减少饲料使用量。减少鸡只活动，减少应激因素，以有效控制蛋鸡的体成熟和性成熟的同步发育。

遮黑方法：从3周或4周开始缩短光照时间。光照时间为8小时/天。光照强度控制在 1~2 勒克斯。在控光过程中不要增加强度。

光照强度：在封闭鸡舍育成期光照强度 1~2 勒克斯，测定位置为鸡头部。光照强度要足够鸡只能看到水料。光照强度低可减少鸡只活动。育成期不能增加光照强度。

光照均匀：避免鸡舍内有太亮或太暗的地方。光照均匀度对鸡体重生长及性成熟整齐度有影响。

蛋鸡要取得高水平的生产性能，取决于在育成期几个相关管理技术的结合运用。在蛋鸡的一生中，日照时间和光照强度对生殖系统的发育起着关键性的作用。在建立有效的光照模式时，必须对两者综合考虑。正是在育成期和产蛋期对日照时间和光照强度的要求不同，从而控制和促进了卵巢和睾丸的发育。蛋鸡对日照时间和光照强度增加的反应好坏，主要取决于育成期是否达到了体重标准、鸡群的均匀度好坏和营养摄入是否适宜。蛋鸡使用不适宜的光照程序，将导致对蛋鸡刺激过度或刺激不足。

3. 817 肉杂鸡种鸡产蛋鸡的青年蛋鸡管理　一些育雏育成场利用专业育雏育成技术为蛋鸡场提供后备蛋鸡的一种做法的鸡场，称为青年鸡养殖场。

青年后备鸡应具有以下特点：具有完善手写记录，应包括采食量、死淘数、用药记录和免疫记录；每周实际体重与标准体重对比值；胫骨长的对比值；出售时体重和均匀度，有无疫病史；胸部丰满度也是青年蛋鸡的一个标准，以胸部肌肉呈清瘦“V”形为好，若胸部肌肉和胸骨呈“Y”型的比例超过 20%的情况下表示鸡群偏瘦，不利于以后产蛋。

每年 9 月到第二年 2 月开产的蛋鸡要注意以下问题：要注意 5~16 周的光照时间和光照强度；光照时间控制在 10 小时以内为好，适当遮蔽光照；光照强度不要超过 3 勒克斯；要注意 12~18 周周增重确保达标准以上。

蛋鸡青年鸡的饲养目的有以下几点：为了适应规模化蛋鸡养殖业的需要；使蛋鸡品种发挥出最大的生产潜能；减少了蛋鸡饲养场育雏期成本的投资，有利于设备利用最大化；降低青年鸡的育成成本，使青年鸡场和蛋鸡场达到双赢。

青年鸡场日常管理中应采取的几项措施：

（1）确保 1 周龄的体重超过标准，以确保消化系统，以及免疫系统、心血管系统、呼吸系统的快速发育。

采取的有效措施：做好开水和开食工作，确保第 1 天雏鸡吃料两次；做好前 10 小时的开食工作，保证 100%雏鸡随时吃料和喝水。前 10 小时每小时撒料一次，保证最快速度提高雏鸡的饱食率，进而提高雏鸡的自身抵抗力。同时加强一周内管理刺激雏鸡食欲，使用高营养优质饲料增进采食量，确保一周末体重和胫骨长超过标准。

（2）采取多次加料和控制喂料的办法杜绝腺胃炎的发生。腺胃炎的危害是采食慢，体重不达标准，死淘率增加。

采取的有效措施：使用高营养优质饲料缩短采食时间，使 8 日龄后每天下午净料 2~3 小时，加料次数不少于 4 次。每次加料时一定要让鸡吃完料再加。8 日龄后每天关灯前 3 小时让鸡把料吃净。延长使用小料桶的时间，确保雏鸡采食方便。尽量增加加料次数，0~4 日龄每天加料不少于 8 次，5~10 日龄每天加料不少于 6 次，11 日龄后每天加料不少于 4 次。

（3）使用优质饲料控制喂料有利于青年鸡的成本控制：青年鸡育雏过程中体重达标准即可，但胫骨长要以超过标准为好，不要过分追求大体重，可以采取 3 周后的控制喂料办法控制好体重以减少饲料的投入。控料加大了鸡的活动量，也有利于雏鸡均匀度的提高。每个品种都有它的品种标准，达标准是最好的。

采取的有效措施是：使用高营养优质饲料缩短采食时间，保证体重达标准和胫骨长超过标准，才能有效地进行控制喂料时间。使雏鸡形成抢料吃的习惯很重要。提前达到体重才能控制喂料时间。

（4）采取遮光饲养的思路，确保蛋鸡准时开产，杜绝因推迟开产造成的损失：4 周后推行遮光减少光照时间的办法确保开产前的光照刺激以保证蛋鸡的准时开产，同时采取强光开水开食一周，促使一周体重和胫骨长超过标准。两周后开始弱光以顺利吃料为准。

采取的有效措施：使用高营养优质饲料缩短采食时间，保证体重达标准和胫骨长超过标准，使 4 周前能顺利地把光照减少到 8~10 小时。这样就能确保 16 周光照刺激时蛋鸡准时开产。

（5）两周内尽量减少使用抗生素的机会，因为此阶段各个器官和系统没有完全发育，过度用药可能会加重肝肾负担，影响到肝肾的正常发育。一周内绝对不能在饲料或饮水中使用灭蝇药品，以防止灭蝇药品对早期的消化吸收系统带来影响，若用量不合理后果会很严重。

采取的有效措施：使用高营养优质的颗粒全价饲料，减少饲料带来杂病的发生，杜绝病从口入。做好接鸡前鸡舍的清理、冲洗和消毒工作。提高饲养管理水平给鸡提供良好的生存环境。有干净的环境和良好的管理，3 周内的雏鸡不会出现肠道问题和呼吸道的问题。

（6）缩短采食时间是培育高产优质青年鸡的关键措施：缩短采食时间的前提条件是体重达标准和胫骨长超过标准。这样做的好处是不管在什么阶段都能保证关灯前 2~3 小时空料的时间，保证了饲料的品质，就是进入炎热的夏天也能

保证饲料的营养。这样才能保证蛋鸡顺利饲养600天。

采取的措施就是：使用高营养优质的颗粒全价饲料缩短雏鸡的采食时间，养成快速采食的良好习惯。做好开水开食工作，保证一周体重和胫骨长均超过标准。8日龄后采取有效的控制喂料办法。进行合理的遮光管理办法。杜绝腺胃炎的发生。减少抗生素药品的使用量以防伤肝和肾。

（7）青年鸡的成本控制：对于青年鸡饲养者来说，优质的青年鸡才能开拓市场。饲养出优质的青年鸡还能把成本降下来这才是双赢。成本控制是青年鸡饲养必须面临的问题，也是青年鸡饲养者能否生存的关键。

采取的措施：

（1）确保饲料的利用率降低饲料的成本：使用高营养优质的颗粒全价饲料缩短雏鸡的采食时间，养成快速采食的良好习惯，确保一周体重和胫骨长超过标准。这样能保证鸡只消化系统的最大限度的发育，保证以后生产过程中饲料代谢的完全。鸡只采食速度的提高有利于腺胃炎疾病的预防。加入的饲料短时间吃完，则饲料在舍内高温情况下就不会发霉变质，则能杜绝腺胃炎的发生，也就能保证和提高鸡只对饲料的利用率，能顺利地解决四周后体重不达标准的现象。鸡只准时安全出栏自然就降低了饲料的成本。

（2）合理控制育雏时的温度，减少煤的投入，降低煤电水费。育雏前几天的温度，31~33℃为宜。考虑到我们的国情及鸡舍的硬件设施，其实在育雏过程中不是温度高了就好，是温差小了温度稳定才有利。雏鸡前几天卧在一起是它的习性，想让雏鸡一个一个去卧的话，只有在高温环境下。

（3）减少药品费用的投入从这几个方面去做：育雏前的整理工作要做到鸡舍冲洗干净，空舍干燥7天以上（病原微生物都离不开水分，干燥是最廉价的消毒剂），外加20%石灰水处理地面。这样减少了细菌感染的机会，用药自然减少。加强舍内管理工作，给鸡群创造一个良好的环境减少疾病的发生。两周内减少抗生素药品的投入，避免滥用药现象的发生。

（4）提高饲养密度减少工人工资和管理费用的投入。现在一些青年鸡场，为了方便管理防止疾病的发生，一个（0.5米×0.65米）笼位只养8只，但按合理密度能养到12只/位，则可以提高1/2的饲养密度。按一个标准化鸡舍（122米×15米），大约可饲养68 000只。若按8只/位，则只养45 300只。按两个人去饲养，人均工资3 000元/月，外加管理费用5 000元。三个月一批去计算，则工资总投入23 000元。高密度饲养的栋只鸡工资费用是0.338元/只。现在的饲养密度则是0.508元/只。

关于接青年鸡的注意事项：

接青年鸡时对青年蛋鸡来说是个大的应激因素，这种应激因素随着鸡只年龄增加，应激因素也相应增加。为了最大限度地减少应激因素对鸡群带来的危害，应采取如下措施做好准备工作，减少不必要的应激，以提高以后的产蛋性：

（1）提前做好全部准备工作，确保供料供水正常。若使用自动喂料器具，接鸡要前提前调试，主要调试加料的量和用料均匀性。人工加料防止漏料洒料即可。提前调好供水，调试所有乳头饮水器防止洒漏给鸡群造成应激。

（2）接鸡前注意入舍时鸡舍温度达到原鸡舍温度为好。鸡舍内可以放煤炭炉，并封闭所有进风口。

（3）对鸡舍进行彻底清理消毒，确保接鸡前鸡舍干净整洁。清理舍内杂物，防止建设过程的杂物发生霉菌给鸡群的危害，这点很重要。

（4）检修维护笼具和光照的均匀性，确保笼具安全。防止新笼没有承重试验而带来的危害，防止因为光照不均匀带来的危害。

（5）加入良好多维素，预防应激因素的发生。减少新环境和运输过程的应激。

（6）使用优质全价饲料，确保营养全面，减少部分鸡只因采食不足而带来的危害。

（三）817 肉杂鸡种鸡产蛋鸡产蛋上升期的管理（18~22 周）

转群是为了合理的饲养蛋鸡，使蛋鸡达到合理的饲养条件而必做的工作。但转群同样也带来重大的应激。主要表现：捉鸡装笼的应激和路途上的应激；对新环境和新饲养员的应激；适应新喂料器具和饮水器具的应激，这是个最大的应激。

母鸡接受光照刺激（112 日龄）效果取决于母鸡在育成期（均匀增加饲料和体重）采食足够量的营养物质与否。营养不足，加光照，也不能达到按时开产，而且产蛋率低。相反营养足够（112 日龄，每只鸡采食蛋白总量 1 100 克，代谢能 83 717 千焦）时加光照，鸡反应较好，产蛋率高。光照刺激→光照时间+光照时间→效果最好。

逆季提前加光照，避免推迟开产，前提条件是鸡必须采食足够的蛋白能量后效果才好。母鸡性成熟时体重较轻 1 450~1 500 克，更容易对光照刺激产生反应。由于母鸡产蛋上升快，体重不会在高峰前超重（前提是依据鸡对能量的需求而加料）。高峰后体成熟，体重增长缓慢。母鸡体重缓慢增加时，获得的产蛋率最理想，高峰前和高峰后都适用，但各期标准不同。

种鸡管理中公鸡体重缓慢的增加时获得的受精率最好。20~28 周龄每周增重要符合要求，公鸡发育均匀，不超重，种蛋受精率高。24 周时即喂高峰料量，

可提高公鸡均匀度，残弱公鸡也少，公鸡繁殖期的能量需求是随着周龄的增大而缓慢增加的。

18~22 周控制体重不超过标准，并使鸡只获得生长发育（体重增长、生殖系统发育)，为产蛋期提供一个较高的体重素质。

如果公鸡或母鸡体重在性成熟前后给料过多，体重增加较快，这样对鸡的应激较大，再加上其他一些应激因素，易导致产蛋高峰前母鸡较高的死亡率→猝死症，卵黄性腹膜炎，代谢疾病。公鸡繁殖率降低→腿病→残弱鸡。

本阶段每周补充保健砂 4 克/只，加入饲料中供给，也可以用专用保健砂石盆供给，让鸡只自由采食补给也行的。

（四）817 肉杂鸡种鸡产蛋鸡产蛋期的管理（23~86 周）

1. 饲养设备及饲养面积　按笼位配齐所有设备，尽量使用自动上料设备。如果育雏、育成、产蛋在同一鸡舍饲养时，在 10 周左右可以全部上笼了。

2. 光照程序　育成期封闭鸡舍光照强度 1~2 勒克斯，给光 8 小时，遮黑 16 小时，到 112~114 天增加光照到 12 小时，强度增加 4~5 倍。增加光照要考虑的因素（鸡群抽样母鸡 3%，其中 85%达到以下水平）：达到 112~114 天；95%的鸡的平均体重达到 1.4~1.5 千克；胸肌发育由钟形到丰满的“V”形；耻骨间距达到 1.5~2 指宽；耻骨处有脂肪沉积；累计摄入能量不小于 18 000 千卡，蛋白质累计摄入量不少于 1 080 克。

光照强度与鸡群周龄的关系：1~7 日龄，使用 30~40 勒克斯。8 日龄至加光前，使用 1~2 勒克斯；加光后到淘汰，使用至少 15~20 勒克斯。

光照增加与产蛋时间的关系：加光时应直接增加光照到 12 小时；见第一枚蛋加光到 14 小时；5%产蛋加光到 16 小时。

育雏期达标准增重；育成期周均衡增重；输精时公鸡应是以本品种的标准体重为好；使用时的大群公鸡的均匀度不能低于 95%；提前三周定群；使用时确保有好的周增重每周要 100%称重；产蛋期每周有 30 克的周增重；每周上调料量；产蛋期确保微量营养素充足。

3. 种公鸡的管理重点　管理种公鸡的目的是饲养足够数量的高质量公鸡，在 22 周龄时与母鸡进行交配，然后在产蛋阶段产下尽可能多的受精蛋。高质量的公鸡就意味着公鸡在整个生产阶段具有维持高受精率的潜力。无论什么时候，公母鸡比例都要特别合适。如 23 周龄母鸡数量都在 8%~10%。从收集的数据以及其他的信息看，强调种公鸡的管理已经不仅仅看重种公鸡的体重而是对鸡的体重、骨骼、均匀度、体况以及交配比例的综合考虑（图 12-1)。关键是体重和饲料从 1 日龄到产蛋是逐渐增加的。产蛋时的体重已经经过控制确保生长速率合

适，体况与日龄相符合。

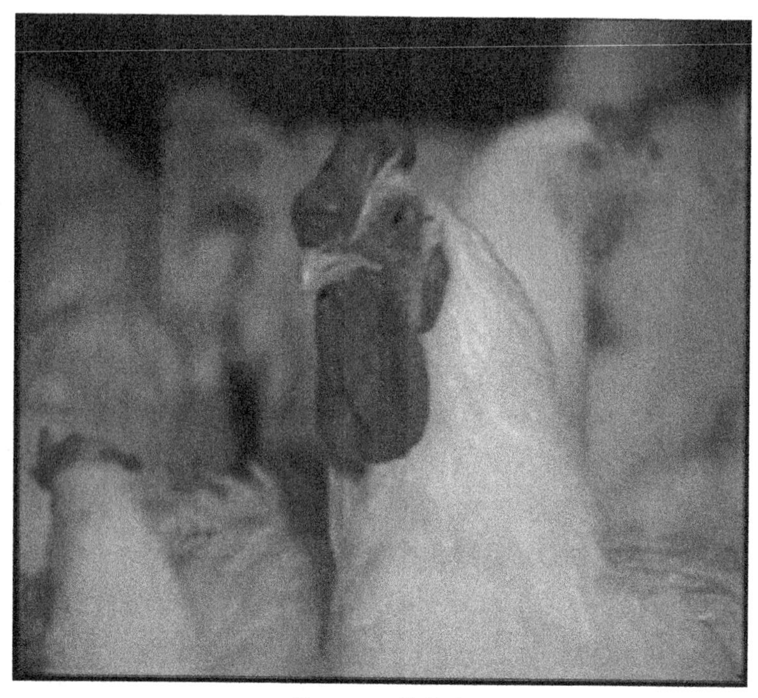

图 12-1　种公鸡

早期生长：鸡早期生长良好很重要。鸡群在 0~14 天生长良好，到 6 周龄时饲喂颗粒料。如果鸡群骨架、羽毛、心血管系统以及免疫系统发育良好，7 天、14 天、21 天和 28 天体重应该能够达到目标体重。合理的骨架形成对于育种舍内的成熟公鸡建群比较有利。如果 28 天的体重满足要求，均匀度也达到最佳，在接下来的时间里要求将鸡群按等级重新分群也会减少。在 5 周龄的时候选择后备鸡用作种用很重要。这里将发育较好的鸡（CV 在 5%~7%）移至育种舍，考虑到将来会出现一些不可预知的损失而多增加一些鸡只。有腿病或者骨骼缺陷的鸡转到一些不符合要求的鸡群中。保持鸡群大小均匀，要求饲养过程中要有合理的饲养密度、饲喂空间以及饲料消耗量。在 10 周龄时将鸡群分为两种等级证明是有效的。但是 10 周龄以后再进行分级却一点好处也没有，因为这时鸡的骨骼已经长成 86%以上，管理者已经没有机会再去做任何努力进一步影响骨骼大小发育。

鸡群密度在 3~5.5 只/米^2 比较合适。如果使用一个固定支架系统，饲喂空间在 10 厘米^2/只也是可以的，第 10 周时 15 厘米^2/只，15 周则 18 厘米^2/只。从第 10 周开始，在生长速率上保持养分充足是很重要的。在这个时间足细胞开始

发育，睾丸继续发育到23周的时候达到性成熟。从第15周开始，睾丸开始迅速发育，体形生长必须紧跟上，这一点很关键，否则受精能力会推迟或者消失。在育种上一直对种公鸡的饲料转化率进行筛选，因此在中间饲养过程中需要稀释日粮养分来增加鸡的采食量以确保鸡采食足够的养分用于生长和发育。在转到产蛋舍之前，必须对公鸡进行最后筛选。筛选的公鸡均匀度必须好，体态上扬，体形发育良好。有腿或者骨骼缺陷的公鸡不能选作种用，因为这种鸡往往不能交配成功甚至可能对母鸡造成伤害。发育阶段应该与母鸡尽可能接近，以鸡冠、肉垂和羽毛成熟度作为观察标志。最好在母鸡移入前24小时将公鸡移到母鸡产蛋舍内，这有助于公鸡觅食和饮水。公鸡在30周龄前必须根据生长情况进行饲喂以确保鸡的生理和心理达到成熟状态。

生长速率的损失会推迟受精时间，对后期受精也不利。到24周为止，公鸡每天采食量必须达到135克/天，到种鸡的生产下降为止每天增加1克，然后以体重与体形情况，每周必须加料以刺激种公鸡的活力，但是维持体重极为重要，饲喂水平取决于营养价值和分阶段饲喂系统的效率。重要的必须要提醒的是公鸡饲喂空间必须保持不变，随着公鸡数量的下降饲喂空间必须不停地调整。这可以预防公鸡发育不均匀。

在生产高峰后的公鸡管理原则和程序与生产高峰前相似。公鸡的体重和体况通过调整鸡的采食量来控制。所以随着公鸡的逐渐生长，必须控制体重保证鸡缓慢的稳定增长（30克/周）。经常采集公鸡样本进行称重以确保体重在目标范围内。必须对每个公鸡样本进行评估以测定鸡是否保持在理想体况能够繁殖。鸡群采食量的变化是基于对采集样本的评估结果。样本量太小可能会导致管理决策错误。

在30周龄以后，公鸡每周体重增加大约30克，这样持续30周时间。体重数据应该与其他信息一起综合考虑，决定饲喂量。公鸡的饲喂量变化很大，主要取决于饲喂系统能否预防公母鸡分食的能力。如果控制比较好，公鸡的饲喂量正常在140~165克/天，在接下来的时间里必须逐渐增加，每周增加1克，从30周龄开始，必须维持生长和体况。饲喂量取决于分阶段饲喂体系的安全以及饲料的能量水平。

公鸡饲喂不足或者饲喂过量都可能发生，这也会产生一些问题。在40周龄以后进行限饲比较普遍。公鸡需要食物来维持、生长以及保持交配活力。如果营养相差过大，首先受影响的就是公鸡的交配能力。公鸡开始反应变得迟钝、情绪低落，没有活力。进而出现羽毛脱落、食欲下降，交配能力下降以及啼叫声减少。除此之外，泄殖腔变得苍白、公鸡泄殖腔的可变性加大。当这些情况发生时，相对活跃一些的公鸡会利用它们的体储备工作很短一段时间，但是其他一些公鸡会停止交配。如果情况严重，大多数鸡群将不能恢复。总之，这会导致受精率降低。一旦观察到这些症状，必须立即采取大量纠正措施：检查公鸡饲喂器是否能被母鸡使用，并检查公鸡饲喂空间是否充足（18 厘米^2 或者 7～9 只公鸡/栏）。若都没有问题则饲喂量必须增加 5～10 克/天。必须检查一下每周平均体重增加数据的精确度，如果存在以采样重为新称重。公鸡饲喂过量会导致公鸡胸肌发育过度，体重超标，这些都会对母鸡造成伤害，在与公鸡交配时候以及脚垫产生更大的应激。根据生理状况进行常规淘汰个别公鸡。脚差、腿弱、不长肉、鸡冠不好以及泄殖腔颜色不好的鸡应该淘汰。当公鸡转移时，必须保持饲喂空间不变。管理种公鸡的技术不是“高新技术”。注意细节，监控和维持正确的体增重以及体形可以减少受精率下降问题的发生。观察公鸡的行为并对此做出正确的反应，这有助于保持种公鸡的质量，从而提高受精率。

（五）817 肉杂鸡种鸡、产蛋鸡、种蛋消毒管理办法

（1）保证蛋箱内垫料的干净、充足，及时更换、添加新鲜垫料。

（2）严格按照捡蛋程序进行捡蛋，防止蛋在窝内存放过久，造成堆积破裂细菌污染。

（3）在捡蛋时动作要轻，大头朝上缓慢放到蛋托内，防止种蛋撞击蛋托而造成破裂。

（4）从蛋箱内捡出种蛋后，立即分级挑选，把合格蛋与其他的蛋及时分开。

（5）将合格蛋表面的鸡毛、稻壳等污物去掉，并标记时间、舍号。

（6）立即用 3 倍量的甲醛与高锰酸钾密闭熏蒸，时间为 20 分钟，时间不能太长或太短。

（7）在场内运输过程中，要用棉被遮盖，注意防止种蛋在阳光下直射、防止温度过高，防止风雾雨水的侵袭，防止灰尘落在种蛋上，冬季不要在舍外长时间停留，注意防冻。

（8）运输种蛋时，不要一次性拉得太多，垂直摆放不宜过高，一般高度不超过 6 个蛋托。运输过程要平稳，装蛋时动作要轻。

（9）运蛋车每次送完蛋后，清洗并用消毒剂喷洒、擦洗消毒。遮盖种蛋的被子等每天用 2 倍量的甲醛和高锰酸钾熏蒸消毒 12 小时以上。确保棉被干净卫生，棉被要配备两个被罩。

（10）进入鸡舍的蛋托必须经过浸泡消毒，未经消毒的蛋托不得入鸡舍。

附录　无公害817肉杂鸡与817种蛋鸡生产操作规程

无公害817肉杂鸡与817种蛋鸡，是产地环境、生产过程和最终产品符合国家无公害食品标准和规范，经专门机构认定，按照国家《无公害农产品管理办法》的规定，许可使用无公害农产品标识的产品。无公害蛋鸡与鸡蛋符合国家食品卫生标准，具有无污染、安全、优质及营养的特点。根据我区农产品安全区域化管理要求，现制定我区无公害蛋鸡与鸡蛋的生产管理技术操作规程。

一、鸡场的产地环境要求

无公害蛋鸡与鸡蛋生产的前提必须是通过产地认定，认定产地要具有明确的区域范围和一定的生产规模（商品蛋鸡存栏1万只以上），并符合无公害产地环境标准，即符合《畜禽场环境质量标准》（NY/T 388—1999）等。产地环境是实施无公害生产的首要因素，只有产地环境的水、大气、土壤、建筑物、设备等符合无公害生产要求，才能从源头上保证蛋鸡健康生长需要，减少环境对蛋鸡生长发育及蛋鸡生产的终产品鸡蛋的质量产生影响。

1. 水　鸡场饮用水须采取经过集中净化处理后达到国家《无公害食品　畜禽饮用水水质》（NY 5027—2008）的水源。与水源有关的地方病高发区，不得作为无公害蛋鸡及鸡蛋生产地。

2. 土壤　选址地势高燥，生态良好，在无或不直接接受工业“三废”及农业、城镇生活、医疗废弃物污染的地方建场。鸡场地面进行混凝土处理，养鸡以笼养为主。

3. 大气　鸡场建造应选择在区畜牧部门划定的非疫区内，位于整个地区的上风头，背风向阳。要求远离村镇和居民点及公路干线1000米以上，周围5000米内无大中型化工厂、矿厂，距其他畜牧养殖场、垃圾处理场、污水处理池等至少3000米以上，等等。

4. *建筑设施* 鸡场用地符合当地土地利用规划的要求，交通方便，水电供应充足，整个养殖、加工等场所布局规范、设置合理，场内生产区、生产管理区、生活区、隔离区应严格分开，完全符合防疫要求，四个区的排列应根据全年主风方向及地势走向（由高到低）依次为生活区、生产管理区、生产区、隔离区。生产区内按工厂化养殖工艺程序建筑，分育雏舍、蛋鸡舍、贮蛋室、贮料室等。地面、内墙表面光滑平整，墙面不易脱落、耐磨损和不含有毒、有害物质，具备良好的防鼠、防虫、防鸟等设施。整个建筑物排列必须整齐合理，合理设置道路、给排水、供电、绿化等，便于生产和管理。生产、加工等所用设施（备）严格采用无毒、无害、无药残的用具等。

5. *环境保护* 生产区域地内生产、加工等场所要避开水源保护区、人口密集区、风景名胜区等环境敏感地区，无噪声或噪声较小，环境安静。场内设置专用的废渣（粪便、垫料、废饲料及散落羽毛等固体废物）储存场所和必备的设施，养鸡用废水粪渣等不得直接倒入地表水体或其他环境中。储存场所地面全部采用水泥硬化等措施，防止废渣渗漏、散落、溢流、雨水淋湿、恶臭气味等对周围环境造成的污染和危害。用于直接还田的鸡粪，须进行无害化处理，使用时不能超过当地的最大农田负荷量，避免造成地表源污染和地下水污染。鸡场要本着减量化、无害化、资源化原则，采用生态环保措施，对废渣进行统一集中的无害化处理，其所有排污经验收要符合国家或地方规定的排放标准。

二、鸡场的防疫管理要求

1. *防疫要求* 鸡场区域周围应设置围墙，防止不必要的来访人员。鸡场所有入口处应加锁，并设有“谢绝参观”标志。鸡场大门口设消毒池和消毒间，消毒池为水泥结构，要宽于门，长于车轮一圈半，即池长6米、宽3.8米、深0.5米，池内存积有效消毒液。所有人员、车辆及有关用具等均须进行彻底消毒后方准进场。严格控制外来人员进出生产区，特别情况下，外来人员经淋浴和消毒后穿戴消毒过的工作服方可进入，要同时做好来访记录。本场人员进场前，要遵守生物防疫程序，经洗澡淋浴，更换干净的工作服（鞋）后方可进入生产区。在生产区内，工作人员和来访人员进出每栋鸡舍时，必须清洗消毒双手和鞋靴等。鸡场内要分设净道和污道，人员、动物和相关物品运转应采取单一流向，防止发生污染和疫病传播。每栋鸡舍要实行专人管理，各栋鸡舍用具也要专用，严禁饲养员随便乱串和互相借用工具。饲养管理人员每年要定期进行健康检查，取得健康证后上岗。养鸡场内禁止饲养其他禽类或观赏鸟等动物，以防止交叉感染。

2. 消毒净化要求

（1）环境卫生管理要求：鸡场卫生是非常重要的，清洁卫生是控制疾病发生和传播的有效手段，包括鸡舍卫生和鸡场环境卫生。保证鸡舍卫生，要做到定期清除舍内污物，房顶粉尘、蜘蛛网等，保持舍内空气清洁。保证环境卫生，要做到定期打扫鸡舍四周，清除垃圾、洒落的饲料和粪便，及时铲除鸡舍周围 15 米内的杂草，平整和清理地面，设立“开阔地”。饲养场院内、鸡舍等场所要经常投放符合《农药管理条例》规定的菊酯类杀虫剂和抗凝血类杀鼠剂类等高效低毒药物，灭鼠、灭蚊蝇，对死鼠、死蚊蝇要及时进行无害化处理。

（2）消毒净化管理要求：各生产加工场所要统一配备地面冲洗消毒机、火焰消毒器等消毒器械。对舍内带鸡消毒，每两天 1 次，在免疫期前后两天不做。消毒时，要定期轮换使用不同的腐蚀性小、杀菌力强、杀菌谱广、无残毒、安全性强的消毒药，如过氧乙酸、氯制剂、百毒杀等。对环境消毒每周 1 次，要选用杀菌效果强的消毒药，如氢氧化钠、生石灰、苯酚、煤酚皂溶液、农福、农乐、新洁尔灭等。还要注意定期更换消毒池和消毒盆中的消毒液，防止过期失效。

3. 免疫接种管理要求　鸡场内养殖鸡群的免疫接种，要严格执行《无公害食品　蛋鸡饲养兽医防疫准则》（NY 5004—2001）的规定，充分结合本地疫情调查和种鸡场疫源调查结果，制定科学的符合本场实际的免疫程序。日常工作中，要严格按规定程序、使用方法和要求等做好养殖鸡群的免疫接种工作。免疫结束后，工作人员还要将使用疫苗的名称、类型、生产厂商、产品序号等相关资料记入管理日志中备查。

4. 疫病检测管理要求　鸡场要按照《中华人民共和国动物防疫法》及其配套法规的要求，结合本地情况，制定好本场的疫病监测方案。常规监测的疫病有鸡新城疫、鸡白痢、传染性支气管炎、传染性喉气管炎等。监测过后，要及时采取有效的控制处理措施，并将结果报送所在地区动物防疫监督机构备案。

三、鸡场投入品的管理要求

1. 种鸡选择要求　鸡场内优先实行自繁自养和全进全出制。种鸡要选择按照国务院《种畜禽管理条例》规定审批生产的外来或地方品种，如罗斯褐、罗曼、海兰鸡等外来品种，或江汉鸡、双莲鸡、文山鸡、绿壳鸡等各地方品种。未经审定的品种不得作种用。选购雏鸡应到有种禽生产许可证，且无鸡白痢、新城疫、支原体、结核、白血病的种鸡场，或由该类场提供种蛋所生产的，经过产地检疫健康的雏鸡。到外地引种前要向当地动物防疫监督机构报检，到非疫区选购，并做好防检疫和隔离观察工作，严防疫病带入。

2. 饲料使用要求

（1）饲料中使用的营养性饲料添加剂和一般性饲料添加剂产品应是《允许使用的饲料添加剂品种目录》所规定的品种，或取得试生产产品批准文号的新饲料添加剂品种。饲料添加剂产品应是取得饲料添加剂产品生产许可证的正规企业生产的、具有产品批准文号的产品。饲料添加剂的使用要严格遵照产品标签所规定的用法、用量使用。

（2）贮存饲料的场所要选择干燥、通风、卫生、干净的地方，并采取措施消灭苍蝇和老鼠等。用于包装、盛放原料的包装袋和容器等，要求无毒、干燥、洁净。场内不得将饲料、药品、消毒药、灭鼠药、灭蝇药或其他化学药物等堆放在一起，加药饲料和非加药饲料要标明并分开存放。运输工具也须干燥、洁净，并具备防雨、防污染等措施。鸡场一次进（配）料不宜太多，配合好的全价饲料也不要储存太久，以 15~30 天为宜。使用时按推陈贮新的原则出场。

3. 兽药使用要求　兽药使用要严格遵守国家农业部《食品动物禁用的兽药及其化合物清单》《兽药停药期规定》等，本着高效、低毒、低残留的要求，规范鸡群用药，合理应用酶制剂、益生素、益生原及中草药等绿色饲料添加剂和有机微量元素。严禁使用无批准文号的兽药或饲料添加剂，严禁超范围、超剂量使用药物饲料添加剂，严禁使用抗生素滤渣或砷制剂等作饲料添加剂。使用兽药或药物饲料添加剂时，还必须严格遵守休药期、停药期及配伍禁忌等有关规定。凡产蛋鸡在停药期内其所有产品不得供食用，一律销毁。

四、鸡场的生产管理要求

1. 技术培训　鸡场内要合理配置技术及生产管理人员，所有人员要一律实行凭证（培训证）上岗制度。场方要定期对生产技术人员进行无公害食品生产管理知识等的继续培训教育，切实提高人员素质。

2. 鸡舍清理和准备　鸡场采取“全进全出”制，当一栋蛋鸡转群淘汰后，应先将鸡舍内所有设备（粪便、病残鸡及各种用具等）清理出去，然后将鸡舍及设备等冲洗消毒干净。空舍 14 天后，再将所有干净用具放到鸡舍中，按要求摆放好，将喂料设备和饮水设备安装妥当。对自动饮水系统（过滤器、水箱和水线等），采用碘酊、百毒杀、氯制剂等浸泡消毒，然后用清水冲洗干净后待用。

3. 接雏　鸡场在接雏前 2 天，要给育雏舍加温，使温度达到 31~33℃，然后将饮水器灌满水，水中可加 3%葡萄糖。雏鸡到来后，提供饮水与开食同时进行。

4. 温度控制　鸡舍内第 1 周温度要保持在 30~33℃，以后每周可下降 2~3℃，21 天以后温度控制在 20℃左右。鸡舍确切温度要视鸡群活动情况而定，降

温过程不要太快，以免雏鸡受凉刺激，日夜温差变化要控制在1℃内。

5. 通风　要确保鸡场内经常通风换气，除去有害气体。冬季严禁用煤炉取暖，以防引起一氧化碳中毒。通风要做到循序渐进，窗户在早、晚凉时小敞，中午热时大敞；有风时小敞，无风时大敞。当进入鸡舍，感觉气味刺鼻时，要及时敞开通风，同时注意保证室内温度。饲养前期要做到以保温为主，兼顾通风；后期以通风为主，兼顾保温。

6. 湿度　鸡场进雏后前7天要经常带鸡消毒或洒水以提高湿度，相对湿度要保持在70%左右。8天以后尽量保持鸡舍干燥，相对湿度控制在50%以下。冬季，当空气过度干燥时，要通过喷雾消毒增加湿度。

7. 密度　在育雏前期饲养密度可大些，随着鸡的生长，要经常扩群，确保鸡群能够活动。一般1日龄每平方米饲养鸡只数为50只，20日龄为30只，40日龄为8只。12日龄后集中上笼（三层全阶梯式标准蛋鸡笼）饲养。

8. 饲喂　鸡场内使用的饲料要确保符合《无公害食品　蛋鸡饲养饲料准则》（NY 5042—2001）的要求，饲料中可以拌入多种维生素类添加剂，但不允许额外添加药物或药物饲料添加剂。特殊情况下，添加的药物和药物饲料添加剂必须符合相关要求。在产蛋期内，严格执行停药期，不得饲喂含药物及药物添加剂的饲料。鸡群喂料应根据需要确定，确保饲料新鲜、卫生。饲养人员日常要随时清除散落的饲料和喂料系统中的垫料等，不得给鸡群饲喂发霉、变质、生虫的饲料等。

9. 饮水　鸡场要全部采用循环式自由供饮水系统。前10天供饮温水，水温为18~20℃。饲养人员每日要刷洗、消毒饮水设备，所用消毒剂要选择百毒杀、漂白粉、卤素等符合《中华人民共和国兽药典》规定的消毒药。消毒完后用清水全面冲洗饮水设备。饮水中可以适当添加葡萄糖或电解质多维素类添加剂，不能添加药物和药物饲料添加剂，特定情况下添加的药物饲料和药物添加剂必须符合相关的要求。

10. 光照控制　鸡舍前30天采用24小时光照，以后每天光照23小时。光照强度前30天为20勒克斯或5.4瓦/米^2，30天后可通过减少灯泡功率或数量，将光照强度减至2.5~5勒克斯或6~1.2瓦/米^2。要尽量选用多个低功率灯泡，以保证光照均匀，还要定期进行光照强度检测。

11. 日常管理　饲养管理人员每天要例行“六查一处”：一查卫生，看鸡舍内外脏乱情况；二查通风，看鸡场内通风状况；三查消毒，检查消毒池和消毒盆中的消毒液，以免过期失效；四查鸡群动态，看鸡的精神、采食等是否正常；五查喂料，看饲料新鲜度等；六查产蛋，检查蛋的大小、色泽等。一处，即及时对病死、淘汰鸡等进行无害化处理。

12. *病死鸡处理*　当鸡场发生疫病或怀疑发生疫病时，要依据《中华人民共和国动物防疫法》采取以下措施，及时报驻场官方兽医确诊，并按规定向所在地区动物防疫监督机构报告疫情，如确诊发生高致病性疫病时，要配合动物防疫监督机构，对鸡群实施严格的隔离、扑杀措施；发生新城疫、结核等疫病时，要对鸡群实施清群和净化措施；其病死鸡或淘汰鸡的尸体等在官方兽医监督下，按《病害动物和病害动物产品生物安全处理规程》的要求做无害化处理，并对鸡舍及有关场地、用具等进行严格的消毒。

13. *疾病治疗*　鸡群发生疾病需进行治疗时，应在兽医技术人员指导下，选用符合规定的治疗用药。特别在产蛋期，严禁随意或加大剂量滥用药物，造成药残超标，影响鸡蛋产品的质量安全。

14. *鸡蛋检验*　鸡场每日要定时捡蛋，及时入库，集中净化分级处理消毒后，统一包装上市销售。鸡场质检组技术人员要对每批鲜蛋随机取样，进行质量抽检，严格执行国家制定的常规药残及违禁药物的检验程序，对检验合格的出具场方质检证明，随货流通。不合格的，集中销毁，严禁出场销售。

15. *蛋鸡淘汰*　淘汰蛋鸡在出售前6小时停喂饲料，并向当地动物防疫监督机构申报办理产地检疫，经检疫合格的凭产地检疫证上市交易；不合格的，及时予以无害化处理，防止疫情传出。运输车辆要做到洁净，无鸡粪或化学品遗弃物等，凭动物检疫证明和运载工具消毒证明运输。

16. *日常记录*　鸡场内要建立完善相应的档案记录制度，对鸡场的进雏日期，进雏数量、来源，生产性能，饲养员，每日的生产记录（日期、日龄、死亡数、死亡原因、存笼数、温度、湿度、防检疫、免疫、消毒、用药），饲料及添加剂名称，喂料量，鸡群健康状况，产蛋日期、数量、质量，出售日期、数量和购买单位等全程情况（数据），及时准确地记入养殖生产日志中。记录要统一存档，保存两年以上。

附表　817肉杂鸡标准化示范场验收评分标准

申请验收单位：　　　　　　　　　　　　　验收时间：　　　　年　　月　　日

必备条件(任一项不符合不得验收)	条件	结论
	1. 场址不得位于《畜牧法》明令禁止的区域	可以验收□ 不予验收□
	2. 两年内无重大动物疫病发生，无非法添加物使用记录	
	3. 种禽场有“种畜禽生产经营许可证”	
	4. 拥有“动物防疫条件合格证”	
	5. 建立完整的养殖档案	
	6. 年出栏量不低于10万只，单栋饲养量不低于5 000只	

项目	考核内容	考核具体内容及评分标准	满分	得分	扣分原因
一、选址和布局(20分)	(一)选址(5分)	距离主要交通干线、居民区1 000米以上，距离屠宰场、化工厂和其他养殖场1 000米以上，距离垃圾场等污染源2 000米以上	2		
		地势高燥，背风向阳，通风良好	2		
		远离噪声	1		
	(二)基础条件(4分)	有稳定水源及电力供应，水质符合标准	2		
		交通便利，沿途无污染源	1		
		有防疫围墙和出入管理办法	1		
	(三)场区布局(4分)	场区的生产区、生活管理区、辅助生产区、废污处理区等功能区分开，且布局合理。粪便污水处理设施和尸体焚烧炉处于生产区、生活管理区的常年主导风向的下风向或侧风向处	4		
	(四)净道与污道(3分)	净道、污道严格分开	2		
		主要路面硬化	1		
	(五)饲养工艺(4分)	采取全进全出饲养工艺，饲养单一类型的禽种，无混养。	4		

续表

项目	考核内容	考核具体内容及评分标准	满分	得分	扣分原因
二、生产设施（30分）	（一）鸡舍建筑（5分）	鸡舍建筑牢固，能够保温	2		
		结构具备抗自然灾害（雨雪等）能力	2		
		鸡舍有防鼠、防鸟等设施设备	1		
	（二）饲养密度（2分）	饲养密度合理，符合所养殖品种的要求	2		
	（三）消毒设施（8分）	场区门口设有消毒池或类似设施	2		
		鸡舍门口设有消毒盆	2		
		场区内备有消毒泵	2		
		场区内设有更衣消毒室	2		
	（四）饲养设备（10分）	安装有鸡舍通风设备	4		
		安装有鸡舍水帘降温设备	1		
		鸡舍配备光照系统	1		
		鸡舍配备自动饮水系统	2		
		场区无害化处理使用焚烧炉，使用尸体井扣1分	2		
	（五）辅助设施（5分）	有专门的解剖室	3		
		药品储备室有常规用药，且药品中不含违禁药品	2		
三、管理及防疫（30分）	（一）制度建设（3分）	有生产管理制度文件	1		
		有防疫消毒制度文件	1		
		有档案管理制度文件	1		
	（二）操作规程（5分）	饲养管理操作技术规程合理	3		
		动物免疫程序合理	2		
	（三）档案管理（10分）	饲养品种、来源、数量、日龄等情况记录完整	2		
		饲料、饲料添加剂来源与使用记录清楚	2		
		兽药来源与使用记录清楚	2		
		有定期免疫、监测、消毒记录	2		
		有发病、诊疗、死亡记录	1		
		有病死禽无害化处理记录	1		

续表

项目	考核内容	考核具体内容及评分标准	满分	得分	扣分原因
三、管理及防疫（30分）	（四）生产记录（3分）	有日死淘记录	1		
		有日饲料消耗记录	1		
		有出栏记录，包括数量和去处	1		
	（五）从业人员（4分）	分工明确，无串舍现象	1		
		应有与养殖规模相应的畜牧兽医专业技术人员	2		
		从业人员无人畜共患传染病	1		
	（六）引种来源（5分）	从有畜禽生产经营许可证的合格种鸡场引种	3		
		进鸡时有动物检疫合格证明和车辆消毒证明。引种记录完整	2		
四、环保设施（20分）	（一）环保设施（9分）	储粪场所合理	2		
		具备防雨、防渗设施或措施	2		
		有粪便无害化处理设施	2		
		粪便无害化处理设施与养殖规模相配套	1		
		粪污处理工艺合理	2		
	（二）粪污处理（4分）	场内粪污集中处理	2		
		粪污集中处理后进行资源化利用	1		
		粪污集中处理后达到排放标准	1		
	（三）病死鸡无害化处理（5分）	使用焚烧炉并有记录，采用深埋方式处理并有记录的最高5分	5		
	（四）环境卫生（2分）	垃圾集中堆放处理，位置合理	0.5		
		无杂物堆放	0.5		
		无死禽、鸡毛等污染物	1		
总分			100		

验收专家签字：

817肉杂鸡场（12栋）预算表如下：

12栋817肉杂鸡舍工程造价：

名称	单位	数量	单价（万元）	金额（万元）
鸡舍地坪	个	12	1	12
鸡舍	个	12	34	408
边沟	米	2 400	0. 016	38. 4
水渠	米	800	0. 025	20
料库				2
消毒间				1. 5
院内围墙	米	558	0. 023	12. 8
后门岗	平方米	64	0. 045	2. 88
厕所	个			3. 2
合计				500. 78

817肉杂鸡场12栋工程设备：

工程名称	单位	数量	单价（元）	金额（万元）
水井	米	200	350	7
育雏开食盘	个	200×12	3	0. 72
真空饮水器	个	200×12	2	0. 48
链条式料线	套	12×3	12 000	43. 2
水线	套	12×3	4 000	14. 4
低压线路				8
热风炉	台	12	20 000	24
自购水帘	栋	12	4 000	4. 8
自来水工程				4
流动机组	台	1		32
自购风机	台	72	1 070	7. 704
合计				146. 304